你有你的计划，世界另有计划

万维钢 著

UNEXPECTED NARRATIVES

How to Think Straight in a Modern World

电子工业出版社·

Publishing House of Electronics Industry

北京·BEIJING

内 容 简 介

本书是"得到"App订阅专栏《万维钢·精英日课》第二季的精选，集结了全球经济、社会、科技、哲学等领域的最新思想，并用中国人习惯的表达方式分享给你。

不是所有人都有现代化思维。万维钢为之努力的，是第一时间用全球主流精英思想武装你。

图书在版编目（CIP）数据

你有你的计划，世界另有计划 / 万维钢著. —北京：电子工业出版社，2019.5
ISBN 978-7-121-35966-8

Ⅰ.①你…　Ⅱ.①万…　Ⅲ.①成功心理 – 通俗读物　Ⅳ.①B848.4–49

中国版本图书馆CIP数据核字（2019）第015383号

统筹策划：白丽丽
统筹编辑：刘晓蕊
策划编辑：林飞翔
责任编辑：张　毅
印　　刷：三河市鑫金马印装有限公司
装　　订：三河市鑫金马印装有限公司
出版发行：电子工业出版社
　　　　　北京市海淀区万寿路 173 信箱　邮编　100036
开　　本：720×1000　1/16　印张：24　字数：357 千字
版　　次：2019 年 5 月第 1 版
印　　次：2024 年 12 月第 18 次印刷
定　　价：68.00 元

凡所购买电子工业出版社图书有缺损问题，请向购买书店调换。若书店售缺，请与本社发行部联系，联系及邮购电话：（010）88254888，88258888。

质量投诉请发邮件至zlts@phei.com.cn，盗版侵权举报请发邮件至dbqq@phei.com.cn。
本书咨询联系方式：（010）57565890，meidipub@phei.com.cn。

欢迎来到真实世界

王先生每月到手的工资有一万多元，这个收入水平在他所在的城市还算不错，但显然也不是特别高，王先生想要更多。王先生对未来有很好的规划，他认为靠工资收入是发不了财的，他必须投资。

王先生想要的东西，叫作"复利"——也就是用钱生钱，而且用钱生出来的钱还能再生钱。王先生知道，如果每年能有哪怕10%的利息，利滚利之下，仅仅需要7年，一笔投资就能翻番。王先生并不指望像买彩票一样一夜暴富，但10%的要求难道高吗？他精心选择了几个投资产品。

为了未来的幸福生活，王先生总是省吃俭用。每当要花钱的时候王先生就想，今天的1块钱就是7年后的2块钱，这哪里是钱，分明是种子！我能吃种子吗？

王先生耐心地等待时间的回报。

*

35岁这年，李女士下定了决心。她再也忍受不了领导的颐指气使，她不愿被别人指挥，她有一个企业家的梦想。李女士认为再不创业就赶不上这拨大潮了，她毅然辞职。

李女士早就做好了准备。她上过好几次创业课，完全知道创业公司是怎么运行的。她写了一份完美的商业计划书，她找到了几个志同道合的合作伙伴，她甚至已经说服了一位投资人。

为了筹集前期投资，李女士已经卖掉了自己的房子。人们都说这是一个冒险的决定，可是创业哪有不冒险的？

明天，公司将正式开张。李女士就好像一头狮子，做好了战斗的准备。

*

赵总环视会场，心中有一点悲壮感。公司业绩持续下降，他刚刚临危受命成为新的 CEO，今天是第一次主持会议。赵总让中层干部谈谈想法，可是谁也没说出什么有价值的思路。

"那就我来说吧。"赵总拿出自己制定的一份公司管理改革方案，他告诉大家改革的必要性和紧迫性，然后逐条宣读：

"第一，公司从即日起实行准军事化管理，不分职位高低一律不许迟到早退，要有铁的纪律，下级必须服从上级。

"第二，对经理人员实行量化目标考核制，完不成目标的一律降级，甚至开除。

"第三，……"

赵总注意到了会场中的不满情绪，但是他知道治乱世必须用重典。他决不允许公司倒在自己的手上，哪怕落个骂名也在所不惜。"我只看结果！"赵总壮怀激烈地说。

**

我们每个人都生活在自己给自己讲的故事里。所有好故事里都有个英雄，有个历经奋斗战胜敌人的主题，中间会有些冲突，但总会有个完美结局。王先生放弃短期的享乐，应该得到长期的好处。敢想敢干的李女士应该是当代青年创业者的榜样。力排众议、使出雷霆手段的赵总，更应该成就力挽狂澜的伟业。

他们付出了努力和牺牲，所以他们应该收获很好的回报。这样的结局才是公平的，对吧？

真实世界不是故事。

真实世界没有主角。这个世界不是为了你，甚至也不是为了人类的幸福而存在的。世界不在乎你的命运，而且没有义务让你理解。

真实世界没有主题。主流和非主流、好人和坏人、好的主义和坏的主义，这些划分常常站不住脚。从不同的视角看同一件事，你往往会有不同的看法。

真实世界没有完美结局。如果你对世界上的事情了解得够多，你会发现，更可能的结局是王先生投资赔了钱，李女士创业失败，赵总折腾一番被灰溜溜地赶下台。

你有你的计划，世界另有计划。

**

这本书出自我在"得到"App的专栏——《精英日课》。我们的读者是愿意审视自己思想的人，是社会的中流砥柱，是人群中的精英。你不是来听故事的，你想了解真实世界。有关真实世界的知识有时候能把人从故事里解救出来。

我们会讲到真实世界里财富增长和投资的数学原理。如果王先生知道这些，他就能意识到指望所谓"复利"发家致富，纯粹是让人自我安慰的心灵鸡汤。

我们会讲到有关"运气"的知识和"有效市场假说"。如果李女士知道这些，她就能意识到"梦想"可不是创业的好理由。

我们会讲到"系统思维"。如果赵总知道这些，他就能意识到直接命令是最差的管理方式。正确思路是把公司当成一个系统，追求高层控制和基层自治之间的平衡。

看似都是日常的问题，其实背后都有大学问。这些学问不是我拍脑袋想出来的，也不是某个门派学者的一家之言——它们代表"当前科学理解"，是目前学术界对这些问题所能给出的最好答案。

作为精英，只想这些日常的问题还不行，你必须有足够的见识才能提出一般人连想都想不到的问题。你的眼光得放长远，由自己到社会，由近及远。你甚至得审视自己的世界观。

从自身出发，我们要讲一个有关"自我控制"的新学说，一个基于香农信息论的人生观和一个基于统计数学的人生哲学。

涉及社会，特别是现代社会，我们要讲讲个人如何用知识跟社会打交道，讲讲现代社会一些看似违反常识的特殊逻辑。

这本书里有关于学习方法、决策判断和"好人坏人"之类接地气的内容，我保证有新意——问题是寻常的问题，解法是精英的解法。

这本书里还有关于宇宙、物理学、人的意识和计算机的科学思想，而且还有"哥德尔不完备性定理"之类特别烧脑的话题。

为什么你需要琢磨这些东西？人难道不能老老实实地过好自己的小日子吗？因为这些才是真实世界的样子。寻常的生活，上班赚钱、下班看电影、考研、买房、带孩子，跟老板玩玩办公室政治、跟同事搞搞小攀比，其实是被人为安置了、遮挡了、审查了、扭曲了之后的世界一角，是个假象。

罗曼·罗兰（Romain Rolland）曾说，世上只有一种真正的英雄主义，那就是认清生活的真相后依然热爱生活。事实上大多数热爱生活的人之所以

知识就在得到

尽善尽美　　弗求弗迪

热爱生活，是因为他们一直生活在小日子和小故事里，他们处理不了真相。了解真实世界需要勇气和智慧。

我们为那些一辈子生活在小日子和小故事里的人感到遗憾。真实的世界实在太有意思了，"了解"比"开心"要高级得多。

了解，并不一定能让你更开心。读书可能会让你背负更多的包袱，你也许时而扼腕叹息，时而惆怅，时而迷惘，甚至时而胆怯。但是读书一定能让你少一些偏见和妄念。你会更有能力做出科学的判断，你会更有办法，你会更能承担责任，你会有一个更酷的气质。

我们读书不是为了开心。欢迎来到真实世界。

目录 | CONTENTS

第三章

感性中的理性

第四章

思维中的系统

第五章 | **智识的两难**

第六章 | **现代化的惆怅**

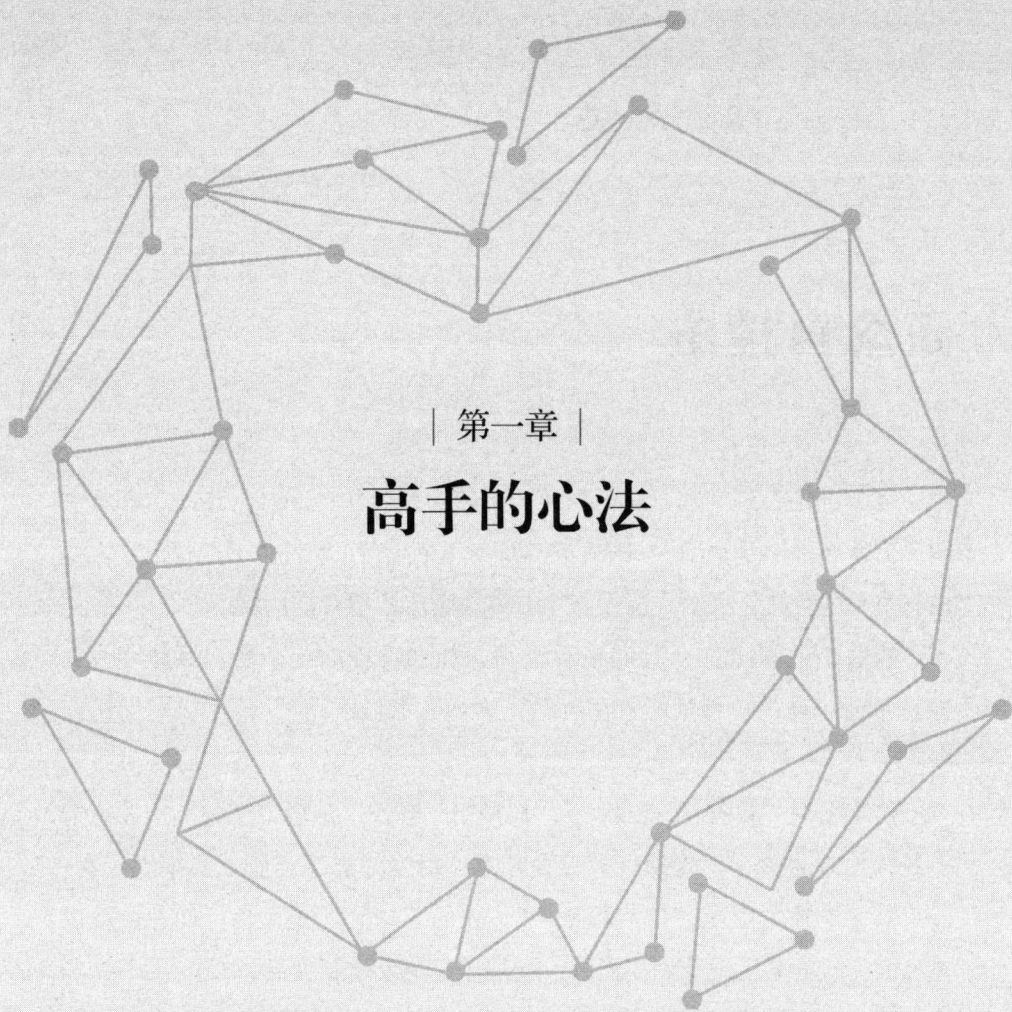

第一章

高手的心法

如果你需要在散步的时候听音乐，不要散步。而且，请不要听音乐。

——纳西姆·塔勒布《随机生存的智慧》

正念自控法

美国进化心理学家、科学作家罗伯特·赖特（Robert Wright）有本书叫《为什么佛学是真的》（*Why Buddhism Is True*）。赖特在书中提出，人并没有单一的自我，大脑中至少有 7 个模块轮流控制我们的决定。

从这个框架出发，我们来看看励志和成功学的一个热门话题——自控。所谓"自控"就是能管住自己，去做"该做的事"，而不被短期诱惑所吸引。

传统上说"自控""意志力"，都是用"理性"战胜"感情"——感情上我很想吃甜食，但是理性告诉我吃甜食对身体有害，所以我拒绝甜食。一个著名的比方就是"象与骑象人"。人的感情好比是大象，而理性就像是驾驭大象的骑手。我们要做的，就是让骑象人控制大象。

还有一个常见的说法：人的自控力就像肌肉，越锻炼它，它就会变得越强。

这些说法，我自己以前写文章也讲过。但今天看来，它们可能都过时了。

❶ 买，还是不买

先来说一个实验。我们知道心理学家和行为经济学家的科研经费都相当有限，有时候做实验声称会给受试者奖励，结果也就奖励几元钱。但是在下面这个实验里，麻省理工学院和卡内基梅隆大学的研究者，可是拿出真金白银来，想看看消费者到底怎么花钱。

实验中，研究者给每个受试者 100 美元，让他们到一个购物网站上，想买啥买啥——条件是，在受试者做决定时，研究者要通过功能性磁共振技术密切观察他们的大脑活动。

研究者发现，在一个人决定买与不买的过程中，人脑中的两个区域起到了关键作用。

第一个区域是"伏隔核"，它的作用是提供愉悦感——当人预期能得到回报或看到自己喜欢的东西时，伏隔核就会变得活跃。实验结果表明，受试者面对一个商品时伏隔核越活跃，他就越可能买这个商品。

第二个区域是"岛叶"，它的作用和伏隔核正好相反，当人预期会感到痛苦或不愉快时，岛叶就会变得活跃。可想而知，岛叶越活跃，人就越不会买这个商品。

这个发现很有实用价值。试想一下，一个销售人员如果能时刻监控周围顾客的大脑活动，进行精准推销，岂不是可以少费很多口舌？

但问题是，如果一个人面对某个商品，既想买又不想买，那哪个区域活跃呢？答案是两个区域都活跃。一方面，这个商品能给他带来愉悦感，让他产生买的冲动；另一方面，他会犹豫买这个商品是不是浪费钱。

而最终要不要买，就得看伏隔核和岛叶这两个区域哪一个更活跃。这就非常有意思了。

❷　理性对感情，还是感情对感情

人们购买商品的决策过程其实是两种感情的较量——正面感情超过了负面感情就买，反之就不买。这其实符合人脑的"模块说"，大脑随时被各个模块接管，谁的声音更大谁就做主——而每个模块，都是感情模块。决策，其实是感情和感情的竞争。

那理性起到了什么作用呢？赖特说，理性的作用是给感情提供信息和辅助。

赖特举了一个例子。他特别喜欢吃巧克力，但他知道巧克力含糖量高，吃多了对身体不好。那当赖特纠结于要不要吃巧克力时，难道说"不吃"就是理性的，"吃"就是感情的吗？并非如此，其实两个声音都是感情的。

一个感情是想吃巧克力。它为了说服其他感情，会列举各种理性的理由——你一会儿不是还要工作吗？吃巧克力可以让你的精力更充沛。

但是不吃巧克力，也是一种感情，这个感情是想获得健康和长寿。这个感情也会列举理性理由，如巧克力吃多了身体会变胖。

也就是说，每一个感情模块都在使用理性来帮自己说话。理性，只不过是感情的武器。

一些心理学家赞成赖特的说法。哈佛大学的乔舒亚·格林（Joshua Greene）教授认为，人所谓的抽象理性思维系统，位于大脑背外侧前额叶皮层——但这一皮层并不是一个独立的系统，它正好和多巴胺系统紧密联系在一起。我们知道，多巴胺系统能够评价每件事情的价值有多大，提供快乐的回报。这就是说理性也是演化的产物，并不能完全摆脱动物性。

每个模块的工作方式都基于感情，各个模块都可以调用理性。我们的意识以为自己在做理性分析，其实意识只不过是在倾听各个模块用理性来为自己找理由而已。

我们的所有决策都是从感情开始的，以感情结束。理性只不过是感情的工具，感情才是真正的决策者。

如此说来，自控的关键就不是调动理性，而是调配感情。

❸ 自控的机制

以前说自控力是一种肌肉，越练越强。但仔细想想，这个比喻似乎有些问题。比如有个人一开始意志力很薄弱，喜欢喝酒，越喝越迷恋喝酒的感觉，最后无法自拔，那么显然他的"自控力肌肉"根本就没用上。如果自控力肌肉这么容易就用不上的话，自然选择为什么还要给大脑留下这个设定呢？

还有，生活中有些自控力很强的人，可能明明爱喝酒但知道喝酒误事，平时滴酒不沾——结果偶然遇到挫折，精神崩溃，喝了点酒，就"破功"了，变成一个嗜酒的人。这似乎也不对，照理来说，他练了那么久的自控力，肌肉应该很强才对，怎么一下子就没用了呢？

可见"肌肉说"不太可靠。而"模块说"则提出了另一种自控的理论。

我们大脑所做的每一个决定，都是各个模块感情力量强弱对比的结果。想要管住自己不吃巧克力，就应该让"不吃巧克力"这个模块变强。

而模块变强的机制则是增加"满足感"。比如这次"吃巧克力模块"战胜了别的模块，成功地让你吃到了巧克力，你马上就能获得一种快乐的满足感，那么下一次争论时，"吃巧克力模块"的力量就会更强，别的模块就更争不过它。

总结来说，这是一个"在争论中取胜 → 获得快乐奖励 → 自身力量更强 → 下次争论更容易取胜"的过程。

快乐的感觉，正是自然选择最喜欢的激励手段。而这是一个正反馈循环。这就是为什么短期冲动总是难以克服，一次次的满足只会让它一次比一次强，你最后必须加大剂量才能让它满足，就好像吸毒。这也解释了为什么一个戒酒很长时间的人，偶尔喝一次酒就马上又想喝酒。因为他的喝酒模块并没有失去力量，只不过一直被压制而已。偶尔喝一次酒带来的巨大的满足感，就足以把它再次激活。

这也是为什么要引诱一个人去赌博，最好的办法就是一开始就让他赢，一次次的赢牌给他带来的刺激越来越大，他就很容易陷进去，难以自拔。

如此说来，最好的自控方法应该是打断正反馈，不让相关模块获得即时奖励和满足感。

这正是佛学的自控法。

❹ 正念自控法

正念自控法是耶鲁大学医学院的贾德森·布鲁尔（Judson Brewer）在研究中亲测有效的办法。布鲁尔找了一些烟民来做戒烟实验，他教给烟民们的方法，其实就是我们熟悉的"正念冥想"。

布鲁尔的方法分四步，缩写为 RAIN：

（1）识别感情（Recognize the feeling）。当你想抽烟时，你要意识到，想吸烟是一个感情。

（2）接受这个感情（Accept the feeling）。不要把这个感情推开，要承认自己想吸烟，而且承认这是一个合理的感情。

（3）观摩研究这个感情（Investigate the feeling）。从旁观者的角度分析以下问题：这个感情的力量有多强？是你身体的哪个部分有吸烟的需求？这个感情有"颜色"吗？是什么"材质"的？当你从各个角度去分析它时，就会发现这个感情不再是你的一部分了。你越分析它，它就离你越远。

（4）分离（Non-attachment）。这样，你和这个感情就分开了，这时候你已经不想吸烟了。

冥想时，我们任凭各种情感在眼前经过但是不参与，练的就是这个功夫。

这个办法和"用意志力压制对抗"非常不一样。布鲁尔打了个比方。现在有个机关，只要老鼠一碰它，就能得到食物。老鼠就代表你的感情，机关就代表你是否接受这个感情。以前的意志力训练是推开这只老鼠，不让它去触碰机关。而现在的正念方法是允许老鼠触碰机关，但是碰到机关后并没有食物给老鼠。感情出来了但是得不到回报，时间长了以后，这只老鼠也就不会再去碰机关了。

意志力方法是"对抗"，正念方法是"化解"。

实验结果是布鲁尔的方法比美国肺科协会推荐的传统戒烟方法更有效。

其实我们面临的很多问题都是自控问题。比如你工作时爱走神，总想去看手机，最好的解决方法就是你先承认自己想看手机，然后闭上眼睛想想自己为什么想看，分析分析"看手机"这个感情到底是什么性质的……这样，你可能就不想看手机了，就可以回过头来继续工作。

有点"模式"意识

如今，有些汽车除了普通的驾驶操作，还提供"模式"选项——比如"舒适模式""运动模式""环保模式"等。以前的车不讲模式也开得挺好，现在的车为什么要搞模式呢？

这是因为开车跟开车不一样。有时你追求舒适感，有时你追求操控感，一个模式就是一种风格。之所以要讲"模式"而不是直接调整汽车，是因为改变风格不是调节车上一两个控制选项就行，需要整个系统的协调。

比如，运动模式就意味着汽车的悬挂要硬一点，换挡要更快，发动机要增加转数，油门要更灵敏，方向盘要变重，给人一种更强的操纵感。如果是舒适模式，那这些选项就都要变得更柔和，让驾驶变得更平稳。要是环保模式，那就需要想方设法省油。

模式，是把汽车看作一个各部门协调统一的系统。你不是操控一个部门，你操控的是汽车这个"整体"。这显然是一种高级的管理。

那人也有模式吗？

游戏玩家太知道这是什么意思了。比如《魔兽世界》就曾设定战士有3种不同的"姿态"，分别是战斗姿态、防御姿态和狂暴姿态。它们有的强调防守，有的为了快速输出伤害而宁可牺牲防守。这些不同的姿态就好像是汽车的各种模式。

我们完全可以说真实世界中的人也有不同的姿态或模式，比如工作模式、休息模式、娱乐模式、社交模式等。对于这些模式我们不需要按一个按钮，而是自动就切换了。切换模式时，我们身体的各个部位似乎也没什么明显变化。

但下面要重点讲的两个模式就很不一样。这是整个身体系统的全面切换。

❶ 压力和系统

这两个模式就是人对外界压力的应激反应。斯坦福大学教授罗伯特·萨波尔斯基（Robert Sapolsky）有本书叫《为什么斑马不得胃溃疡》（*Why Zebras Don't Get Ulcers*），写得非常有意思，书中就提到了人的压力应激反应模式。

我们先从系统论和模式的角度看看压力问题。

以前科学家看人体是线性思维，以为人体是哪里有问题就调节哪里，追求"稳态平衡"（homeostasis）。现在人们意识到人体是一个复杂系统，面对一个外来压力，人体是全身都参与反应，整个系统各个地方都要微调，这叫作"应变稳态"（allostasis）。

比如，美国旧金山市现在缺水，如果按照线性思维，市政府只要要求居民节省抽水马桶用水就可以了，其他生活都不受影响。但人体真正的运行方式是，一旦有缺水危机，不但生活各个方面都要节约用水，还会要求从中国进口大米！为什么？因为这样旧金山市就不用自己灌溉水稻田了。

我们面对压力时，就是这样一个全身的协调反应。这就是为什么人在压力之下，身体的很多方面——比如睡眠、记忆力、消化能力、免疫力——都可能出问题，还会影响怀孕、变老，且更容易对药物上瘾。

面对压力，人不是改变了一个控制选项——而是切换到了另一种"模式"。

❷ 压力模式和放松模式

人体里负责协调压力反应的系统叫"自主神经系统"。自主神经系统是大脑自动的反应，不需要人有意识地去控制。你在路上走，突然有个东西跳出来吓到你，你一害怕身体就会产生各种反应，比如毛孔收缩，迅速蹲下，也可能双臂收缩在一起，这就是自主神经系统的作用。自主神经系统有两个模式。

一个模式是压力模式，由交感神经系统控制。交感神经系统能让人紧张、积极起来，相当于进入了战斗姿态。交感神经系统会最大限度地把葡萄糖和脂肪输入血管，让血压升高，加大呼吸频率来提高血液里的供氧量，同时让心率加快。这样我们整个身体就都准备好了，可以逃跑也可以战斗。

压力模式开启时，为了集中使用能量，要暂时停止那些与危险处理无关的身体功能，比如消化功能、肌肉修复的功能、免疫系统的功能等。

另一个模式是放松模式，由副交感神经系统控制。与压力模式正好相反，它是让整个身体的各方面循环都慢下来。

在放松模式下，心跳变平稳，血压降下来，身体该修复的地方就修复，免疫系统该工作就工作，能量该储备就储备。

一般动物大部分时间都处于放松模式，只有面临生存危机时才会开启压力模式。比如斑马，当没有狮子威胁时，它就悠闲地该干啥干啥。一旦狮子要吃它了，它才开启交感神经系统，进入压力模式，调动全身能量赶紧逃跑。

狮子也是如此。狮子捕食的出击成功率大概只有 1/3，如果想抓斑马没抓到，它和全家就可能要面临一天甚至几天的饥饿，所以狮子捕猎时也会切换为压力模式。但只要不是捕猎，狮子就处在放松模式。

我们看《行星地球》这样的纪录片，总会感慨野生动物生活得真是不易。它们一天到晚为了最基本的生存而奔忙，有上顿没下顿，还动不动就面临被捕杀的危险。

可是它们不会得胃溃疡。

❸ 为什么人会得胃溃疡

人的生活比斑马好得多，可是人却感受到了更多的压力。

绝大多数人不用担心吃不上饭，也不用担心被追杀，面对的一般都不是迫在眉睫的生存压力。但我们看到堵车就很烦躁，工作期限要到了，任务还没完成就会感到紧张和焦虑。斑马没有这些烦恼。

更重要的是，我们还要担心一些现在并没发生、但未来可能要发生的事情。比如买房后每个月要还高额贷款。本来现在的工资足够还贷款，但你有时会担心，万一失业了，这贷款怎么还。

这些事情加在一起，就使得很多人长期处于压力模式，由交感神经系统支配。

交感神经系统会让肌肉收紧，血液流动速度加快，心率也会提高。这就需要更强的肌肉来维持血管的正常运转，于是毛细血管就会变硬，血压会进一步升高，这是一个恶性循环。你需要开启负反馈回路让自己放松下来，可是你来不及。

如果血液流动速度总是很快，血管就会发炎，这会导致血栓，长期下去人就会得高血压和心脏病。

如果长期处在压力模式下，放松模式不能启动，副交感神经系统不能正常工作，你的身体得不到修复，没有足够的能量储备，就会感到很疲惫，免疫系统也不能完全发挥作用，胃溃疡和各种传染病就是这么来的，还有糖尿病和抑郁症等各种附带的结果。

可以说，这些病都是心病。

这些病出现的根本原因，就是你不是斑马。脊椎动物面对压力会开启交感神经系统，但这个系统不是让你一直开着用的。你原本应该在短暂的危险过后赶紧切换到放松模式。

④ 主动切换

萨波尔斯基打了个特别好的比方。他说当龙卷风来袭时，你大概不会在这一天粉刷车库的墙壁。

我们总要先处理迫在眉睫的危险，没事了再做日常的生活维护。两个模式本来应该是这么用的，但如果一个人总是面临迫在眉睫的危险，他就没时间做生活维护了。

书中提到了一些减压方法：一个办法是追求一点控制感，如果你对生活哪怕有一点点的掌控，你的压力也会大大减少；一个办法是寻求帮助，让别人分担一点压力；主动帮助别人也能减轻自己的压力——这可能是因为当我们主动帮别人时，我们就有控制感。

伊丽莎白·布莱克本（Elizabeth Blackburn）在《端粒效应》（*The Telomere Effect*）一书中提到，身体疾病不是对压力的反应，而是对"你对压力的反应"的反应。如果你把压力当成挑战而不是威胁，积极应对，你的端粒不会因此变短。不过根据模式论，长期处在压力状态下，不管是威胁还是挑战，都是不好的。

那怎么才能去除压力呢？萨波尔斯基的建议是如果你确实控制不了，那就换个角度看待问题，别把它当成压力。比如考试确实考不好了，怎么办？你可以换一个想法，告诉自己这并不是一次失败，而是一种提醒。

简言之，就是要分清哪些是可控的，哪些是不可控的——可控的话你就好好控制，不可控的话你就把它放下。

所有这些道理和方法，大约可以理解为，要有一个主动切换模式的意识。斑马总是活在当下，人总是想得太多。如果能常常意识到自己有权从压力模式中退出来，能自主切换到放松模式，对身体健康将会大大有利。

所以，我们多么希望能像打游戏一样一键切换姿态！时刻对自己的状态保持强认知，能主动切换模式，这不就是高手的境界吗？

怎样"调控"快乐

　　快乐总是短暂的。哪怕再愉快的事，如果没有变化，时间一长，我们也会觉得没意思。我们总是在寻求新的刺激、更加耸人听闻的东西、不一样的乐趣。

　　哲学家和心理学家早就明白这一点。罗伯特·赖特的《为什么佛学是真的》，就说过这个道理。快乐总是短暂的，这是自然选择的设定。只有让你得不到长久的快乐，你才永远有动力去寻找快乐，你才会为了生存和传播基因而一直努力奋斗。

　　面对这个设定，佛学的办法是别太把快乐当回事儿：短暂的快乐是幻觉，人活着是为了体验真实的世界。但如果我们就是想多体验一点快乐，该怎么办呢？

　　那就得研究一下快乐机制的底层原理了。

　　2017 年 3 月 15 日，美国西北大学神经生物学教授英迪拉·拉曼（Indira M. Raman）在《鹦鹉螺》杂志上发表了一篇文章，叫《不快乐是口感清洁剂》（Unhappiness Is a Palate-Cleanser），从脑神经科学的角度，说明了为什么快乐总是短暂的。

❶ 机制

研究人有不同的研究方法。心理学家把人的大脑当成一个黑匣子，从外面推测人是怎么想的，总结一些宏观的规律。脑神经科学家是把这个黑匣子打开，看看里面的结构，弄清楚电信号、化学过程等到底是怎么回事。心理学的规律不一定可靠，但如果脑神经科学家能找到底层的机制，那这个规律就算是坐实了。

对脑神经科学家来说，大脑要做的就是三件事：接收信息、分析信息、采取行动。这三个步骤都是由神经元控制的。拉曼这篇文章最出乎我意料的地方就在于限制快乐居然发生在接收信息这一步。

所谓接收信息，就是把外界的诸如声音、光、电、触觉这些物理信号变成大脑能理解的电信号。这个工作是由"转导蛋白质"完成的。转导蛋白质接收到外界的物理信号之后，会形成一个"离子通道"，带电离子的运动形成电信号，大脑神经元就接收这个电信号。

关键在于，离子通道对外界刺激的响应，并不是由外界刺激的强度所决定的，而是由外界刺激强度的改变所决定的。

也就是说，只要刺激一直存在，哪怕这个刺激比较大，离子通道也会慢慢关闭。只有当刺激发生改变，比如突然加强，或者从无到有的时候，离子通道才会产生响应。

这就有点像青蛙。我们知道青蛙看不见不动的东西，只有当一个东西动起来，青蛙才能看见。这当然是因为青蛙大脑的认知带宽实在有限，只能关注动的东西。人的视觉能力当然比青蛙强得多，但是底层原理差不多。

拉曼举了几个例子。比如厨房里有人正在炒菜，一个人正好从外面回来，一开门会闻到很强烈的味道——但是炒菜的人因为一直都在厨房，并不会觉得味道有多重。再比如游泳，刚下水时感觉水特别凉，但是过一会儿就不觉得凉了。人对冰箱的感觉也是如此，有些冰箱会发出嗡嗡的声音，但是如果习惯了，你就感觉不到这个声音了。

脑神经学家把这个过程叫作"适应"（adaptation）。从很明亮的室外走到房间里，你会觉得房间特别暗，但是待一会儿后就什么都能看清了——你的眼睛适应了房间里的亮度。

❷ 制造快乐的两种方法

哪怕刺激一直很强，时间长了你也会适应。刚开始吸毒时人的反应都特别大，慢慢地，同样的剂量就不能让人满足了，必须加大剂量才行。当然我们都没有吸毒的体验，但是吃辣也是一样。第一次吃辣椒特别刺激，时间长了你就觉得辣椒放少了不行。

快乐是短暂的，不满足是长期的。这是一个无间道，你是在失望中追求偶尔的满足。要不怎么佛陀说这是"苦"呢。

连低等生物都是这样。拉曼说有一种动物叫海兔，你轻轻一碰它，它就有很大的反应。但是如果你一直不停地碰它，它就不敏感了。你就需要再加大力度，给它更强的刺激，它才会再反应。

老鼠也是如此。研究人员训练老鼠，为了让老鼠完成一些任务，就给它们食物作为奖励。一开始老鼠都是给吃的就干活，后来发现一般的食物已经不能让老鼠努力工作了，得给好吃的食物才行。

但是研究者也做了一个任何人都能想到的改变。如果先把老鼠饿上一段时间，它还会不会挑食？不会。只要老鼠足够饿，它就愿意为任何食物而努力工作。

其实这个道理还是离子通道对刺激的变化做出的反应。从有食物到有更好吃的食物，这是一种变化；从不给食物到有食物，这也是一种变化。所以感受快乐的方法一共有两种：

（1）追求多样性。新奇的、不一样的刺激会让我们快乐。

（2）追求间隔性。哪怕是以前经历过的刺激，如果间隔一段时间再出现，我们还是会感到快乐的。

拉曼最后给的建议是间隔。虽然我们大部分时间是不快乐的，但也正因为有了中间这些不快乐，我们才会感到快乐。正所谓"不经历风雨，怎么见彩虹"。

心理学家的研究方法虽然没有脑神经学家这么高级，但是心理学家对此也有洞见。

❸ 调控快乐

快乐是短暂的，这个道理其实人人都知道。经济学家称之为"边际效应递减"，心理学家也称其为"适应"（habituation），跟脑神经学家说的"adaptation"其实是一个意思。总而言之就是再好吃的东西一直吃，人也会觉得不好吃了。解决方法就是要么追求多样化，要么追求间隔。

十多年前有本书叫《撞上幸福》（*Stumbling on Happiness*），作者是哈佛大学的心理学教授丹尼尔·吉尔伯特（Daniel Gilbert），书中也提到了这一点。但是吉尔伯特有一个洞见。他说，这两招不要同时使用。没有间隔，你才需要考虑多样性；如果有时间间隔，就不需要再搞多样性了。

人们吃中餐一般都是几个人点一桌子菜一起吃，可是吃西餐通常都是每个人只吃自己点的一道菜，缺乏多样性，所以快乐更短暂。如果你昨天晚上在一家餐馆吃饭，今天晚上又来同一家，那么哪怕这家餐馆只有一道菜是你喜欢的，你今天也应该换一道菜，来点多样性。如果你是每个月才去一次这家餐馆，那你就应该每次都点最爱吃的那道菜。

这个建议和拉曼说的"不快乐是口感清洁剂"是一致的。以我之见，这就是我们在这个物质极大丰富的现代社会保持快乐的最佳方法。

快乐在今天这个世界是廉价的。设计电子游戏的人非常明白怎么让人快乐，他们最主要的手段就是第一个方法——多样性。游戏里会不断有新鲜的刺激，让你一直玩下去，乐此不疲。上网看微博、刷视频也是如此。这种电子化、工业化的刺激密集度比真实日常生活高太多了。没有人能抵抗这种快乐的吸引。

但是我注意到，这些娱乐项目有个本质的弱点。

设计者总是希望你一直留在他的产品里，所以他总是使用第一个制造快乐的方法。他负担不起第二个方法，也就是间隔。

所以在这个时代，间隔出来的快乐更稀缺，所以更宝贵。

这就意味着我们应该更多地使用间隔的方法对快乐进行调控。比如，再好吃的东西，也别一次吃太多；再好玩的游戏，也别无限制地玩。适可而止是为了长期的享受。而且这涉及生活的主动权：被多样性吸引是"被"吸引；间隔则总是你主动。

而第一个方法也有高级的用法。这就是要追求比较"深"的东西。搞学问，学科的道理越深越好，你每进一步都有新的刺激。做事业，目标越远大越好，这样你才能一直有新的挑战。这就是为什么对有使命感的人来说工作才是最大的快乐。

所以我们的快乐调控策略就是，浅的东西用间隔，而深的东西自带多样性。

一个基于信息论的人生观

信息论是现代世界非常重要的一种观念。你肯定听过"比特""信息熵"之类的词，这些概念似乎都比较技术化，那不搞技术的人也需要了解吗？

答案是：非常需要。在我看来，信息论并不仅仅是技术理论，更是一种具有普世价值的思想。了解了信息论，你就多了一种观察世界的眼光，甚至可以从信息论中推导出一种人生观来。

❶ 信息与冗余

先来看两条"消息"：

（1）怎想再很，末第铎制释能锁其那策铜怎亚，狄幺濑互梯是日方通的。

（2）对这些村民来说，星期天是休息的日子，至少不需要到田地里干活。

第一条消息是我胡乱打出来的，第二条则是 2017 年获得诺贝尔文学奖的石黑一雄的小说《被掩埋的巨人》中的一句话。请问，哪条消息的"信息量"更大？

从直觉上来说，第二条的信息量更大，因为它至少是一条信息，而第一条则完全是乱码。但第二条消息只不过是看起来更有**意义**而已——信息量更大的其实是第一条。

第二条消息中有很多**多余**的字，即便把有些字去掉，留下空白，你也能猜到它们是什么字。比如说：

"星期＿＿是休＿＿的日＿＿。"

你一看就能猜到这句话是"星期天是休息的日子"。这就是说，第二条消息是可压缩的。

而第一条消息则不同，拿掉任何一个字，你都猜不出它是哪个字。这是一条不可压缩的信息。至于这条消息有没有意义，那是另一回事。也许它是一个密码，也许它是一些人名和地名的组合，但关键在于，你无法省略其中任何一个字。

也就是说，一段消息所包含的信息量，并不仅仅由这条消息的长短决定。这就好像人生一样，活了同样岁数的两个人，他们人生经历的丰富程度可能大不相同。

如果信息量不由其长短决定，那我们该如何衡量它呢？

❷ 香农的洞见

上述例子中的两条消息，有些字是多余的，它们并不提供新信息；有些字虽然不算多余，但拿掉了我们也能猜出个八九不离十，它们提供的信息量比较小。比如：

"至少不需要到田地里干＿＿。"

最后空格这个字是什么？汉语中以"干"开头的词并不多，适合放在这里的无非是"干活""干事""干仗"等。现在我告诉你这个字是"活"，你肯定不会感到惊讶——所以"活"这个字提供的信息量很小。

现代信息论的祖师爷，克劳德·香农（Claude Shannon）有一个洞见：一个东西信息量的大小，取决于它克服了多少不确定性。

举个生活中的例子。有个人生活非常规律，平时会去的就是家里、公司、餐馆、健身房这四个地方。如果我雇你做特工，帮我观察这个人，随时向我汇报他的位置，那你每次给我的信息无非就是"家里/公司/餐馆/健身房"中的一个——即使你不告诉我，我猜对的概率也有1/4。所以你给我的信息价值不大。

但如果这个人满世界跑，今天在土耳其，明天在沙特阿拉伯，我完全猜不到他在哪里，你给我的信息可就非常值钱了。

你提供信息之前，这个人的位置对我来说具有不确定性。你的信息，克服了这个不确定性。原来的不确定性越大，你的信息就越有价值。

我们用一个简单的公式来量化这个思想。

❸ 信息熵

香农从统计物理学中借鉴了一个概念——信息熵。这个概念看起来吓人，其实很简单，就是一段消息的"平均信息量"。

前面我们提到，一个东西信息量的大小取决于它克服了多大的不确定性。香农对信息量的定义是，如果一个字符出现在这个位置的概率是 p，那么这个字符的信息量 I 就是：$I = -\log_2 p$。其中"$\log_2$"是以 2 为底的对数，这是初中数学的内容。

香农举例说，假设我们有一个完美公正的硬币，每次抛出正面朝上的概率都是 1/2，如果这一次抛的结果是正面朝上，这个消息的信息量就是：$-\log_2(1/2) = 1$。

而信息熵，就是把一条消息中出现的所有字符，做信息量的加权平均。还是用硬币的例子，1 表示正面朝上，0 表示反面朝上，一系列投掷结果可能是：0011100101。

如果正反面出现的概率都正好是 1/2，那这一串消息不管多长，信息熵都是 $1/2 \times 1 + 1/2 \times 1 = 1$。香农规定信息量的单位是"比特"，这个信息熵就是 1 比特。这意味着，对消息中的每个字符，至少需要 1 比特的信息才能编码。

如果这个硬币"不公平",出现 1 的次数比出现 0 要多,比如 1101110011,那信息熵就不是 1 比特了。这个例子中,0 出现的概率是 30%,1 出现的概率是 70%,信息熵就变成了:$-(0.3 \times \log_2 0.3 + 0.7 \times \log_2 0.7) = 0.88$(比特)。

信息熵跟消息的长度没有必然关系,它表示的是这段消息中字符的"不可预测性"。一段字符串中出现的各种字符越是杂乱无章,越具有多样性,信息熵就越高。比如这样一个字符串——asdogrpfkn,每个字母都不一样,它的信息熵[1]是 3.3 比特。而如果字符串中有很多重复的字母,那它的"可预测性"就很高,信息熵就会变低,比如字符串"asdfasdfooasop"的信息熵只有 2.5 比特。

这里为了简化,计算时只考虑了字符出现的频率。如果从语法和内容角度进一步考虑每个字符的可预测性,信息熵就是另一个数值了。

信息熵之所以叫"熵",是因为它跟统计物理学中熵的公式几乎一样。物理学里"熵"大致描述了一个系统的混乱程度——信息熵也是如此,越是看上去杂乱无章的消息,信息熵就越高,信息量就越大。

如果一段消息只能从 0 和 1 两个数字中选,它的信息熵最大也只有 1 比特;如果能从 26 个字母中选,信息熵最大可以达到 4.7 比特;如果是从 2500 个汉字中选,信息熵则可以达到 11.3 比特。这就是为什么中文是一种更高效的语言。

你如果没看懂上述数学部分,不要紧,只要记住一句话:可供选择的范围越广,选择的信息量就越大。

④ **空话与人生**

信息量的概念出自香农 1948 年的论文《通讯的数学原理》[2],当时香农只有 32 岁。这个理论一出来就受到了热烈欢迎,让人耳目一新。香农的同事瓦伦·韦弗(Warren Weaver)是这么向公众讲解信息论的:"从信息角度来看,最重要的不是你说了什么,而是你能说什么。"[3]

比如，某个公司的 CEO 讲话，讲的都是空话、套话——他说前半句你就能猜到后半句，他一说"团结"，你就知道后面是"一致向前看"，一说"万众"，后面跟着的肯定是"一心"，那他就算讲 3 个小时也毫无信息量。他必须说一些让你根本无法预测的话，才有信息量。

信息，在于你从多大的不确定性中做出了选择；信息，在于你制造了多少意外；信息，在于你有多大的自由度。

比如，有个人每天都按时上班，从不迟到。他今天来上班了，请问这是新闻吗？当然不是，这个消息的信息量等于 0。而另外一个人，想上班就上班，想不上就不上，他今天来上班了，这才是新闻。第二个人比第一个人拥有更多自由。

我们每个人都希望度过值得回忆的一生，最好还是"值得记录"的一生。值得记录，不就是提供了有效的信息吗？

以我之见，从信息角度来讲，人生就是要活一个"选择权"。如果你从来都是按部就班、不敢越雷池半步地生活，干什么都是高度可预测的，那你的人生就不值得记录。而如果你的生活跌宕起伏、充满意外，就值得记录，甚至值得出自传、拍电视剧。

我在《智识分子》一书里举过一个例子：上级交给你一个任务，非常明确地告诉你第一步干什么、第二步干什么、到什么地方、找什么人接洽、话术是什么。如果你只能完全按照这个剧本执行任务，请问你贡献了什么信息呢？没有。你没有自由度。

反过来说，如果你有能力不按剧本走，敢给自己加戏，在关键时刻有选择权，你做的事让围观群众感到很意外，这才算是留下了信息。

所以信息论的价值观是要求选择权、多样性、不确定性和自由度。我们不只想老老实实地活着，我们还想活出"信息"来。

我们想在这个世界上留下自己的痕迹。

这就是香农关于信息的第一个洞见：一个东西真正的信息量，在于它克服了多大的不确定性。这个洞见给我们提供了一种观察世界的眼光。有了这种眼光，你再看身边的很多东西，其实都没什么信息量。

⑤　怎样把信息量最大化

先看一个香农本人设计的例子[4]，有这样一句英文：

Most people have little difficulty in reading this sentence.

香农说，这句话中有很多冗余的字符。就算把其中所有的元音字母都去掉，如果你英文比较熟练，也能猜出来这句话是什么：

Mst ppl hv lttl dffclty n rdng ths sntnc.

第二句话能够表达同样的意思，和第一句相比，它的信息密集度显然更大。据我所知，有些古代文明的文字就根本没有元音字母，让你自己猜。

这个去除一句话中的冗余字符的过程，就是"压缩"。这句话还可以进一步压缩，比如其中的介词（in）和定冠词（this），就算没有你也知道是什么意思。我们中国的文言文，大约就是一种高度压缩的文体，言简意赅，特别省竹简。

香农认为英语是一种冗余度非常高的语言，一般英文文本中 75% 的字符都是多余的。

前面我们说了，汉字的信息熵比英文字母高很多，所以同样长度的一句中文和英文，中文的信息量就会大出许多。同样的一本书，如果翻译成中文，就会比英文书薄出许多。最高效的文本应该像乱码一样，让你找不到任何规律。

非常可惜的是，信息革命真正开始改变世界的时候，香农已经得了老年痴呆症。香农年轻的时代，他的理论并没有得到很好的应用，当时所谓的通讯无非也就是发发电报、打打电话，字符压缩不压缩的意义不大。等到互联网普及之后，音频和视频的压缩可就太关键了，没有压缩算法我们就不可能在计算机上听音乐和看电影。香农没有发明具体的压缩算法，但是所有压缩算法都用到了香农的观念。

如果压缩是高效传播信息的办法，那我们平时说话为什么不尽量压缩一下，为什么容忍那么大的语言冗余度呢？

首要的原因是有噪声。

⑥ 香农的第二个洞见

在香农发表信息论之前，困扰贝尔实验室科学家的一个问题是怎么克服通讯过程中的噪声。一段电码在传送过程中，噪声可能会把原本的 0 变成 1，把 1 变成 0。一开始人们的想法都是把信号放大，让信号的强度远远高于噪声——但这其实是个囚徒困境！因为如果每条通讯都扯着嗓子喊，声音是越来越大了，但是互相之间的干扰也越来越强，彼此都是对方的噪声，信号越强，噪声也越强。

香农的第二个洞见就是，克服噪声的正确办法，是增加信息的冗余度。

举一个最简单的例子。假设我们要传递的消息都是由 ABCD 四个字母组成的，而我们传递的方式是用 0 和 1 两个数字对这四个字母编码的。最高效的编码方式，是两个数字对应一个字母，比如：

$$A = 00 \quad B = 01 \quad C = 10 \quad D = 11$$

根据这个编码，"000110" 就是 "ABC"，简单明了。但是这个编码系统有危险，因为如果传递过程中有噪声，把其中第二个 0 变成了 1，那整个信息就成了 "010110"，消息就变成 "BBC" 了！

怎么解决这个问题呢？香农说，应该给编码增加一些冗余度。比如可以用五个数字代表一个字母：

$$A = 00000 \quad B = 00111 \quad C = 11100 \quad D = 11011$$

这样一来，哪怕传播过程中出了错，当你看到 "00001" 这样的非法编码时，也能立即猜到它是 A。

想想这个道理。我们日常说话不就是这样吗？我们的话都有很大的冗余度，有时候啰里啰唆，一个意思说好几遍，但是这样能确保你即便有几个字没听清楚，也能知道我说的是什么意思。而如果我这篇文章是用文言文写的，那你理解起来就没那么容易了。

后世所有的信息编码系统都要考虑到出错和纠错问题，基本原理正是香农说的增加冗余度。所以说，想要让别人充分理解你的意思，最好的办法不是用更大的声音对着他喊，而是多给他说几遍。

❼　可预测和不可预测

信息的本质是克服了多少不确定性，也就是不可预测。而冗余度的本质恰恰是提高可预测性。

那么从信息论角度，我们的人生面临一个矛盾：一方面你希望自己活得更有效率，能给世界留下更多信息，做事要有创造性，越不可预测越好；另一方面，你又要跟人好好交流，要增加冗余度，给别人一个合理的预期，让人觉得你是可预测的，这样才能形成合作。如果一个人连上一次班都是新闻，那就太不靠谱了。

既要有创造性，又要可预测，这才是合理的信息输出。

比如说写文章，如果你的观点非常新颖，语言又特别简练，那信息量就太大，别人很可能难以理解。而如果你文章中的道理很少，车轱辘话却说了很多，那也不行。信息量到底要多少才好，这是一门艺术，你得慢慢摸索。在我看来，增加文字冗余度的唯一好处就是方便别人接收，只要读者能理解、能记住，信息就应该越密集越好。

反过来说，读书则是一个**接收**信息的问题。现在有各种关于"速读"的方法，而从信息论的角度看，阅读速度并不是由眼球转动的速度决定的。

接受一段信息速度的快慢，取决于这段信息对我们来说，在多大程度上是**可预测**的。

如果作者说上半句你就知道下半句，作者说一个典故的开头你就知道结局，那么这本书显然就可以读得非常快。而如果这本书的内容对你来说是全新的，读到哪一段都一惊一乍，那你就只能慢慢细读。

所以一个人读书速度的快慢，从根本上来说，取决于这个人以前读过多少书。对一个领域了解越多，读这个领域的新书就越快。小说看多了，再看新小说就觉得到处都是俗套。

如此说来，阅读的过程其实是读者和作者之间的一场较量。作者使出各种手段让读者预测不到他下一步要说什么，而读者一旦预测成功，就会有一种战胜了作者的感觉。

再进一步，我们还可以从接收信息和输出信息这个视角审视一下人生。

我们平时学习知识、积累经验，就是要减少世界给自己的不确定性。新人看哪里都新鲜，老手看哪里都俗套——只有这样，我们才能从一大堆可预测的事物之中敏感地抓住那些不寻常之处，那才是真正有价值的信息。

而我们做事，则要给世界增加一点不确定性。别人都以为我会这么做，然后我就真的这么做了，那我跟一台机器有什么区别？我要输出信息，就得做一些别人想不到我会做的事。

信息就是意外。从"信息论"这个维度出发，有两种事情是特别值得我们去做的：

（1）出乎别人意料的事。

（2）给自己增加选项的事。

做事出乎意料，你做的这件事才值得被记住。有更多的选项，你才有能力做出乎意料的事。有选择权的人也可能故意做一些可预测的事来促进交流和合作——但只要你真的拥有选择权，不管你是选了 A 还是选了 B，就都是真的信息。选项 = 自由度。

你可能会说，难道我们做事不应该多做好事少做坏事吗？为了出乎意料而去做一些损人不利己的事，这也行吗？当然不行。但是请注意，我们这里说的仅仅是信息论这一个维度。人生有很多维度，好人坏人是另一个维度。一个恪尽职守的保安在公司站了 3 年岗，他做的事很对、也很好，但是不值得记录。一个不负责任的医生违反操作规程把病人治死了，他做的事很坏，但是值得记录下来。

当然，并不是所有人都想给这个世界留下信息。我们这里说的是如果你想留下信息，你应该怎么做。

最后，我想引用电影《辛德勒的名单》（*Schindler's List*）里的一句台词。这句话大意是说，按照规定去杀人，那不能算你有权力，你并不真的掌握别人的命运。什么叫权力？"权力是我们有充分的理由去杀一个人，但是我们不杀。"

提高学习成绩的最简单心法

假设你是正在上中学的孩子的老师或家长，在学年刚开始时，你让孩子看了一段 25 分钟的视频。20 天之后，又让他看了视频的下集，也是 25 分钟。仅此而已。结果到学年结束时，孩子的学习成绩有了一个切实的提高，简直像魔术一样。你相信吗？

心理学研究经常不靠谱，但下文提到的实验可能是有史以来投入了最大力量、做得最严格的一个实验。这项研究的论文现在还处于审稿阶段，它的预印本被《英国心理学会研究文摘》的一位撰稿人看到，所以我们能够提前得知。[1]

研究里说的理论你可能早就知道，这就是斯坦福大学心理学教授卡罗尔·德韦克（Carol Dweck）的"思维模式"理论。这是德韦克的招牌理论，我认为这个理论将来可以刻在她的墓碑上。

❶ 思维模式理论

德韦克的理论说，人对智能的思维模式可以分为两种。一种是所谓的"成长型思维模式"（growth mindset），认为学习不在于天赋，而在于努力，只要努力用功，什么都能学会。另一种叫"固定型思维模式"（fixed mindset），就是特别相信天赋的作用，擅长的东西就是擅长，要是不擅长怎么学都没用。

德韦克证明，成长型思维模式有利于人的成长。而且她还建立了因果关系，也就是说，只要你能向一个孩子灌输成长型思维模式，就能促进他的成长。

这个理论已经非常成熟了，德韦克很早之前就出了一本书，这本书的中文版至少有 3 个版本，最新的一版叫《终身成长：重新定义成功的思维模式》（ *Mindset: The New Psychology of Success* ）。

我们上面所说的这个研究，就是通过给学生看两段灌输成长型思维模式的视频，来提高他们的学习成绩。

❷　心理学实验

这个研究可以说是心理学界的一桩盛事。它由 23 位心理学界的领军人物同时主导，其中包括德韦克，还有以"坚毅力"（grit）概念闻名的安杰拉·达克沃思（Angela Duckworth）等人。

研究者从美国的 65 所中学里选了 12542 名九年级学生，把他们随机分成两组。一组叫实验组，就像我们开头说的那样，实验组看了关于成长型思维模式的两段视频，视频告诉他们人的智能不是固定的，只要你愿意学习就可以变得更聪明。另一组叫控制组，也看了两段视频，但他们看的是一般的介绍大脑的视频，并没有涉及成长型思维模式。

这个实验非常严格，就像医学界测试新药一样。研究者请了独立的第三方来监督和管理整个实验，实验被设计成"三盲"实验——参加实验的学生、老师和最后分析实验数据的三拨人，都不知道谁被分到了哪个组，也不知道实验的目的是什么。

实验结果是，学期结束时，实验组的平均 GPA（Grade Point Average，平均学分绩点）比控制组高出了 0.03 分。这个差距其实很小，美国的 GPA 系统中 A = 4 分，一般学生拿 3 分左右的话，0.03 分相当于成绩提高了 1% 而已。

这个效应当然很微弱，但考虑到这是一项针对一万多人进行的实验，它就是一个显著的效应了。研究者只是让学生看了两段视频而已，这等于是不费吹灰之力就把成绩提高了 1%。对应到高考，这就相当于是 700 分和 707 分的差别。

而且实验对差生的影响更大，他们的 GPA 提高了 0.08 分。实验组期末考试成绩得 D 和 F 的概率还降低了 3%。另外，有些学生在看了视频之后，更愿意选择有挑战性的课程。

研究者认为这个看视频的方法实在太简便易行了，几乎不花一分钱就能提高学习成绩，应该全面推广。不过在我看来这个意义不大。我认为实验最大的意义在于再次证明了"成长型思维模式"对人的干预确实是有效的。

❸ 思维模式在现实中的体现

有研究[2]说，如果你系统性地把学生的思维模式给固定化，他们的整个学业都会发生显著变化。

中国的教育系统默认每个孩子都有可能上大学，一直到高中，大部分人都是奔着大学去的，无非是最后能不能考上的问题。而有些国家则是很早就把学生强行分流。比如波兰，学生到了一定年级之后，如果有关当局判断他不是上大学的料，将来应该当个蓝领工人，他就会被送到职业学校去。

设想一下，那些被判定为"不是学习的料"的孩子，他们会是什么心态？等于是被强行设定了"固定型思维模式"。结果他们的学习成绩果然直线下降。有研究者认为，美国基础教育之所以搞不好，也跟很多家长一开始就不打算让孩子上大学有关。

思维模式还会影响人们对工作中各种挑战的态度。[3]

拥有固定型思维模式的人在面对一个任务时，会认为任务是对他个人能力的一种测试。比如让他考试，他会认为考试是证明他行还是不行，因而非常担心万一搞砸了别人就会质疑他的能力。他很容易把任务当成威胁。

而拥有成长型思维模式的人，会把任务当成一个学习的机会。他并不是通过任务来证明什么，而是通过任务来提高自己。他把任务当成机会，结果他的表现会好得多。

而且思维模式是可以被外界影响的。有一个著名的例子[4]，有一年，普林斯顿大学给刚入学的大一新生增加了一项考试。普林斯顿大学是美国最好的大学之一，这些学生好不容易进来，可以说是优中选优的幸运儿，但没想到学校居然又加了个考试。

其实这次考试的真实目的是做个心理学实验。学校对一半的学生说，考试是为了确认你们是否真的够资格上普林斯顿大学；但对另一半学生说的是，你能上普林斯顿大学已经很厉害了，但我们还要看看你到底有多牛，这些题比较难，看你能做到什么程度。

结果，第一组学生只答对了70%的题，而第二组学生答对了90%的题。仅仅是考试前对心态的一个简单影响，就有这么大的作用。

所以思维模式确实很神奇。一个有意思的问题是，明明有大量的研究证明，人的智商是很难提高的，那为什么相信成长型思维模式就真的能让人表现更好呢？我的理解是，智商确实很难提高，但学习成绩和人生的成就是可以提高的。人的表现毕竟不仅仅是由智商决定的，努力也很重要。

想想吧，一个成绩一般的学生，因为偶然看了两段视频，得知人的智能是可以成长的……从此心里就埋下了成长型思维模式的种子。他从此奋发，取得了显著的进步。

❹　埋下成长型思维模式的种子

我看了研究报道，第一时间跟我的儿子进行了一番对话。我问他，你说聪明的人是天生聪明呢，还是学习之后变聪明的？我儿子马上说是学习之后变得聪明的。他说："李白不就是听了'铁杵磨成针'的故事才开始努力学习的吗？"我一听，还行啊！

我还特地考证了一下。李白"铁杵磨成针"的故事出自宋朝祝穆的一本书[5]，原文一开头就说"世传李太白读书山中……"，这个故事很可能只是传说。古代就算技术落后，也不至于拿那么粗的铁杵磨针，而且李白被公认是天才。我怕这个故事的真相毁了儿子三观，所以得对他保密。

德韦克有一个特别简单、但是肯定更有效的灌输成长型思维模式的方法，虽然比看视频麻烦一点。

假设你的小孩完成了一项任务，比如考试考得不错，或者作业写得好，这时你就要给他一个口头表扬。这个表扬方式非常关键，你要字斟句酌。

如果你表扬孩子聪明——"这题你都会做？我儿子太聪明了！"他就会陷入固定型思维模式之中。他会把以后每一项任务都当成证明自己聪明的测试，他会非常害怕被证明不聪明，他会尽量选择简单的任务。

所以你一定要表扬他努力——"不错啊！这次做得很好，看来你下了很大功夫！下次继续！只要你努力，什么事都能做成！"

德韦克的研究表明，这么说，你才能在他心中埋下成长型思维模式的种子。他会把每一项任务都当成成长的机会，会愿意花更长的时间钻研难题，会主动选择困难的任务。

正确的学习方法只有一种风格

老一辈的人谈起学习来总爱说"书山有路勤为径，学海无涯苦作舟"。现在认同这句话的人好像已经很少了，没人以吃苦耐劳为荣。新一代更愿意追求"科学的"学习方法，认为学习这件事应该是快乐的，最好能寓教于乐，让每个人都能轻松愉快地获得知识。

我听说美国医院有个说法——病人有"不疼的权利"：既然病人来医院了，那甭管用什么方法，先把疼痛给止住再说别的，动刀之前得先打麻药。这是一个充满现代感的权利。那学习这件事，学生是不是也有不疼的权利呢？

比如有种教育理念说，既然每个人的性格和喜好不同，就应该根据每个人的喜好量身定制学习方法。用自己最喜欢的方法学习，就好像选发型、时装和卡拉 OK 歌曲的风格一样，不是很好吗？

现在有一个流行的学习风格分类模型叫 VARK（Visual, Aural, Read/write, Kinesthetic，VARK 把学习风格分成四种：视觉、听觉、读写和动手实践），你可以到它的官网[1]测试一下自己喜欢的学习风格。如果是视觉型的，你可能喜欢用看图片的方式学习；听觉型的可能更愿意听老师讲；读写型的人爱用读书和记笔记的方法；动手实践型的人最爱做实验和演示。测试结果是学生们的确有不同的类型，还有的学生是混合型的。

这四种风格就像四个门派一样，不同类型的学生分属不同的门派。世界是多元的，每个人都有自己的选择，这多好啊。

好是好，但问题是，用自己喜欢的风格学习，是不是就能取得更好的学习效果呢？

这个问题已经被人研究过很多年，结论是……否定的。2017 年 5 月29 日，《科学美国人》网站刊登了一篇研究综述[2]，介绍了最新的研究结果。

以前关于学习风格的研究主要针对课堂教学，比如如果学生喜欢视觉化的教学，就专门给他视觉化的教育，这种方法已被证明并没什么好效果。现在网络教育越来越普及，很多时候是学生在家里自学，课堂教学可能不像以前那么重要了。那就自学来说，跟学生喜好匹配的学习方法有没有好处呢？

答案……还是没好处。

这个研究是这样的。先用 VARK 模型对学生进行测试，发现每个人的确都有自己喜欢的学习方法，但大部分学生，并没有使用自己喜欢的方法。比如有的学生说自己最喜欢动手实践，但是他实际的学习过程里并没有多少动手实践。等于是这些人都在用自己不喜欢的方法学习。

但是有差不多 1/3 的学生，学习方法跟自己的喜好是匹配的。可以想见他们的学习过程肯定更愉快，那这些学生的学习成绩是不是比别人更好呢？并没有！虽然他们在用最喜欢的方法学习，可能很享受学习的过程，但并没有获得更好的成效。

看来，"享受"不等于就能学得更好。研究还发现，很多学生都喜欢的那些方法，恰恰对谁都没好处。比如把单词、公式、各种知识点做成卡片，没事儿拿出来翻看，人们认为这个方法有利于加强记忆。还有些学生喜欢用外部网站检索一些相关信息，按理说这有利于开阔视野。但是研究表明，这些方法的效果并不好。闪视卡片只是简单的重复，外部信息可能跟你要学的知识点关系没那么大——它们不能帮你加深对知识的理解和掌握。

那到底什么方法才是有效的？心理学家几十年的研究结果表明，真正有效的方法对每个人都有效，不管你喜不喜欢。

有效的方法可以归结为：

第一，要在学习时间上安排一定的间隔，不要突击学习。

这个间隔学习法的原理是人脑的"记忆曲线"。隔一段时间回想前面学过的，然后再学新的，这个方法最有利于记忆。

第二，在不同的场景下、用不同的方式学习同一个内容。

比如同一个知识点，在课堂上看老师演示一遍，这是视觉；回家自己精读课本，这是读写；下一堂课再动手操作一遍……这样用不同的方法来学习同一个内容，效果很好。

而且有些特定的内容适合特定的方法。我特地查了相关的研究[3]，让学习方法和学习内容相匹配，而不是跟学生的喜好相匹配，才是科学的做法。

第三，要经常参加测验，看看自己是不是真的掌握了相关的知识。

这其实就是我们常说的刻意练习的"反馈"。不测验，你就无法知道自己是不是真学会了。

第四，要把新学到的知识和以前的知识建立连接。

新旧知识连在一起，熟悉 + 意外，它才算是真正长在了你的大脑之中。

这些方法并不神奇。没有用到什么高科技，也不需要家长和老师配合、一惊一乍地给你演个节目才能让你学会一点知识。

但是这些方法不简单。而像什么闪视卡片，还有中国老师特别强调的工整漂亮的课堂笔记，则是简单、可操作、的确能证明你在学习、但实际上没什么用的方法。

更值得注意的是，这些方法也不好玩。

学习好的同学的学习方法都是相似的，学习不好的同学各有各的学习方法。

孩子需要玩，在玩的过程中能学到宝贵的技能。但学习可不全是玩。特别是高年级学生，如果想掌握一些高级技能，需要刻意练习——刻意练习并不好玩。

刻意练习要求重复训练。重复的东西不好玩，我们看小说、电影、电视剧，最不喜欢剧情重复。刻意练习时，你一直在遭遇挫折、在犯错误。你要不停地重复这个过程，直到真正学会为止。这是一个艰难的过程。

说到这里我就想起尼尔·波兹曼（Neil Postman）的《娱乐至死》（*Amusing Ourselves to Death*）。这本书是 20 世纪 80 年代出版的，那时还没有"刻意练习"这个词，但是波兹曼的论述正好说到了点子上，简直振聋发聩。

波兹曼说，从来没有任何一位先贤说应该寓教于乐。教育哲学家从来都认为获得知识是一件困难的事情，学习是要付出代价的，耐力和汗水不可少。

波兹曼说，教育的目的，本来应该是摆脱现实的奴役！要想获得出色的思辨能力，对年轻人来说绝非易事，这是异常艰苦卓绝的斗争。

关键词是"斗争"。学习是一场斗争。这个知识你不懂，这个技能你不会，这个现实你改变不了，那你怎么办？你得斗争啊！你以为看个电视纪录片、看个科幻电影、听一段故事掉几滴眼泪就算斗争了吗？

现在很多人把看电视当学习。电视节目不是让你学习用的。纪录片吸引观众的唯一办法是讲故事，用讲故事取代说理，用动之以情取代晓之以理。看完故事你得到了精神上的享受，觉得很愉悦，你能记住一件新鲜事——但这跟真正的掌握是两码事。

寓教于乐不是最有效的学习方法。你喜欢愉快的学习过程，但你更喜欢获得真知。管用的方法不好玩，只有付出了努力和汗水，有过挣扎和斗争，你才能真正掌握知识。

达·芬奇诅咒

你可能认识这样的人——他们非常聪明，精神生活无比丰富，特别喜欢学习，有很多爱好，对各种事情都了解，在各个学科都有涉猎。他们都是有意思的人，你喜欢和他们聊天，总能跟他们学到你不知道的东西。

但是，这些人没有取得什么重大成就。他们年轻的时候充满自信，年龄大了却有一种失落感，觉得浪费了自己的才华。这些人可能陷入了"达·芬奇诅咒"。

《达·芬奇诅咒》（*The Da Vinci Curse*）是几年前出版的一本小书，作者叫莱昂纳多·洛斯彭纳托（Leonardo Lospennato）。你也许知道，达·芬奇的名字也叫"莱昂纳多"——可惜这本书的作者虽然有跟达·芬奇一样的名字，甚至也是个聪明人，却没有达·芬奇那样的成就。

达·芬奇是一位画家，还是一位建筑师，他擅长人体解剖，在科学上有很多成就，还搞了很多技术上的发明创造。达·芬奇，是个全才。而"达·芬奇诅咒"的意思则是一个人也像达·芬奇一样对什么东西都感兴趣，也像是个全才，结果却一事无成。

这里我们讲讲聪明人的才华战略。

现在很多人认为真正的人才应该是"通才"，不仅擅长自己领域的东西，而且涉猎广泛，琴棋书画都会，十八般武艺都懂，上得了厅堂下得了厨房。因此，我们每个人都应该学一点人文艺术、历史政治方面的知识，这样才能借鉴各个领域的思想，解决复杂的问题。

但是请注意，了解其他领域，可不是让你平均用力。

要知道你不是达·芬奇，现在也不是达·芬奇的时代。

❶ 专才的世界

达·芬奇是 16 世纪的人，那时其实没有多少知识。大部分人都是文盲，一个真正的聪明人一两年学完一个学科也是可能的。如今别说一个学科，你想在某个学科的某个细分领域达到专家水平，都需要很多年的训练。

比如你想严肃地从事医学这个职业，那你想的肯定不是什么都会的那种全科医生，你必须专攻一门，比如外科手术——而且还不是所有的外科手术——仅仅脊椎手术这一个项目，就够你钻研一辈子了。

我以前是位物理学家，我可不是什么物理学都研究，在好几年里我研究的是"受控核聚变等离子体的计算模拟"这一个小小的领域里面的若干课题。那些课题如此之细，以至于我都不知道怎么才能用让你感兴趣的方式给你讲讲我自己的工作。

很多人觉得，作为一个物理学家，肯定得对当前物理学的各项进展，什么引力波、暗物质这些东西有所了解啊，这是作为一个物理学家的自我修养。但问题是，引力波方面的最新进展，对我自己的研究有什么帮助吗？

正确的答案是很难直接借鉴。诚实的答案是一点帮助都没有。

这就是现代人面临的局面。如果你的梦想是当科学家，可是你整天都读科学新闻，什么《自然》《科学》这些杂志一本都不落下，那你很可能在科研上一事无成。因为你根本没时间去做专业的事情。

想在现代社会中成为专家，你必须花大量的时间在一个领域刻意练习。

而具有"达·芬奇人格"的人，感兴趣的领域实在太多了。他们看什么都有强烈的好奇心，总会被更新奇的事物所吸引，以至于根本没办法静下心来专注于一个领域。

《达·芬奇诅咒》这本书的作者洛斯彭纳托就是这样的人。他 18 岁时突然对小提琴特别感兴趣，结果学了几个月又对别的东西感兴趣，小提琴课也不上了。

聪明人做事总是要讲兴趣的。但是"兴趣太多"，未必是达·芬奇诅咒的真正原因。

❷ 兴趣的深与浅

安杰拉·达克沃思的《坚毅力》(Grit)这本书里有个观点我觉得非常对。达克沃思说兴趣分为两种。

一种是初学者的兴趣。你看到一个新奇的东西觉得挺有意思，想要去了解一下。这个兴趣是肤浅的，不能支持你走很远。下次看到更有趣的，你就会忘了这个东西。

还有一种是专家的兴趣。这种兴趣是只有你深入到一个领域之中，才能体会到的那些很微妙的东西。这种微妙不是新奇的刺激，外行根本就理解不了，而你一旦理解了，它就会强烈地吸引你继续钻研。你会越钻研越感兴趣，越感兴趣越钻研，你就能在这个领域里长期挖掘，你就能有所成就。

所以要说兴趣，专家的兴趣才是高级兴趣。那为什么有达·芬奇人格的人无法抓住一个领域深入呢？洛斯彭纳托自我反思，认为这是因为他们害怕竞争。

如果想要严肃地做好一个项目，你会面临竞争的问题，你得名列前茅才行。可是有达·芬奇人格的人不愿意参加竞争。

其实他们如果真的好好竞争也不见得争不过别人，但是他们更希望不竞争就能证明自己的能力。他们会只学一点基本知识和技能，然后就告诉自己我已经知道这个领域是怎么回事了，我要愿意做肯定能做好……那我何必真做呢？于是他们转向下一个兴趣。

正是这种不愿意竞争的情绪使得他们永远都走不远。而你可以想到，如果你永远都浅尝辄止，那你确实是不受指责的，你比别人多掌握了一个领域的知识，别人对你只有赞美！

可是如果你深入进去，严肃地对待这个领域，想要靠它吃饭的话，你就会面临挫折、困惑、批评，你会感到自卑，会质疑自己的能力……但正是这些东西，才能使你成长。

所以深入钻研是个充满痛苦的过程，越深入进步速度越慢，你是在用 80% 的功夫磨炼最后那 20% 的技艺。可是有达·芬奇人格的人只想体验快乐，他们只想花 20% 的功夫，获得看起来像是 80% 的技艺。

结果他们到了中年可能会有一种绝望感。人生已经过半，自己却一事无成。年轻时的快乐经历和高光时刻都只存在于回忆之中。这时候该怎么办呢？

❸ 选择一个项目

洛斯彭纳托虽然会的东西多而不精，但他毕竟是个聪明人，在 IBM 公司找了个程序员的职位。但他还是想，难道自己这一辈子就只是一个普通的程序员吗？

幸运的是洛斯彭纳托找到了一个自己人到中年还能深入发挥的领域：电吉他设计。设计电吉他这件事要用到声学、物理学、电子工程学、设计和音乐，这些知识正好他都感兴趣，而且都学过一点，正好能用上。

我在亚马逊网站上查洛斯彭纳托的书，他总共就写了两本书：一本是《达·芬奇诅咒》，另外一本讲的是电吉他设计。

所以洛斯彭纳托的建议是，如果你有达·芬奇人格，最好寻找一个能综合利用你的各项技能的活动。这个活动一定要复杂，因为聪明人喜欢复杂的东西，也只有复杂的东西才能体现你的能力。

洛斯彭纳托说选择领域要考虑三个标准：第一，你得确实喜欢这个领域；第二，你得在这个领域中有天赋；第三，这个领域必须能让你挣到钱。

最后洛斯彭纳托还给了两个性格方面的建议，简直是肺腑之言。一个是聪明人都喜欢拖延，达·芬奇本人就非常爱拖延，而你想做事就得把拖延的毛病给治好。

另一个是你得克服自恋情绪。很多聪明人都自恋，适度的自恋可以给你自信，但自恋过度，就会在极度的兴奋和抑郁之间摇摆。今天觉得这个事情有意思就特别想干，热情一旦没了就感到挫败和郁闷——干事儿的人最好情绪不要这么波动。

④ **家长的达·芬奇诅咒**

作为两个孩子的家长，我读这本书有个启发。我觉得现在很多家长也有达·芬奇诅咒的问题——总想把孩子培养成达·芬奇。

现在各种课外辅导班非常多，如果你愿意投入时间和金钱，给孩子报名是非常简单的事情——简单到已经成了一种诱惑。如果花这么一点代价，就能给孩子增加这么多技能，这样的事儿谁不想干？

可是现代世界没有达·芬奇。一个同时学习绘画、冰球和武术外加三种乐器的孩子，如果足够好学，也许可以在每个项目上都达到足以赢得家长赞赏的水平，但他几乎不可能在任何项目上达到足以赢得竞争的水平。这不就是达·芬奇诅咒吗？

如果小孩学了一段时间就对大部分课外课程都没有兴趣了，这其实可能是个好事儿，说明他做出了战略选择。

而如果这个孩子在每一个课外班上的表现都非常好，那反而有危险。课外兴趣班上得再好也只是学些皮毛，在课外班上证明自己是容易的。孩子可能会满足于这样的证明，真以为自己什么都会，对廉价的表扬沾沾自喜，那他很可能就会畏惧竞争，不敢深入到一个领域中去跟高手拼一拼。

现代社会很复杂，也许像洛斯彭纳托那样找一个综合性的事情干很容易。但现代世界同时也很专业，也许那样的事儿不好找。你需要做出战略选择。

什么都想学不代表真本事。敢于不学什么东西，才是真厉害。

你在潮流的位置

现在有个流行概念叫"信息过载"，说的是面对互联网时代海量的信息，人们有一种恐慌感。你可能听说过关于信息过载的解决方案，比如使用过滤信息的机制，看信任的人推荐的信息，等等。

我的信息没过载。互联网信息并没有让我恐慌，我只恨信息太少。"信息过载"在我看来是个不需要解决的伪问题。

但我妻子有时会给我人为制造信息过载。比如我俩一起做家务活，她喜欢指挥我。我正在切菜，她又给我分配倒垃圾的任务，我说你能不能一次只给我一个任务！这种情况是真正的信息过载。向一个决策系统同时输入太多信息，它就会无所适从。战斗机飞行员有时会信息过载，他不能同时处理太多的紧急信号。

但要说知识类的信息，所谓的信息过载只是人在认知初级阶段的表面症状而已。

以前印刷术刚刚在欧洲普及，市面上一下出现了大量廉价的书籍，有学者担心信息过载——当然那时不一定是这个名词——这么多书可以读，一天到晚读都读不完，人可怎么办？

但事实是人们都存活下来了。就算特别爱读书的人，临终遗言也不会是"只恨我还有352本书没来得及读……"书多不是问题，人们能适应。

而现在我们正在适应互联网。"得到"App上的《李翔知识内参》有篇文章叫《皮尤报告：谁会害怕信息过载？》，其中就提到现在感觉信息过载的人已经比十年前少了，而且还是受教育程度低的人和老年人居多。大部分年轻人并不因为信息多而恐慌，反而是拥有的信息接触路径越多越从容。

可问题是，明明有这么多书没读，这么多文章没看，怎么还能不恐慌呢？答案是如果你感到恐慌，那是因为你看的还不够多。

比如，在国产电影电视剧领域，我相信任何人都不会有信息过载的感受。我国每年生产无数影视作品，但观众翻来覆去都找不到几部好看的。当然现在影视剧水平确实有待提高，但别忘了，电视机刚刚普及时，却是不管什么节目都能让全家老少关了灯一起看的。

这是因为现在我们看得太多了。

再比如足球，世界五大联赛再加上中超都是值得看的，天天看也看不过来，可是并没有哪个球迷因为没看全而感到恐慌。还有好莱坞电影和美剧，一开始就像是打开了一扇大门，大家看什么都是好东西，真有点信息过载的感觉，现在也都淡定了。30 年前的留学生中有个词叫"文化冲击"，说中国人刚到美国会觉得什么都不一样，感到不适应——现在这个词已经没人用了，中国有些地方比美国还像美国。

不管是什么领域，看多了，就不恐慌了。绝大多数内容，你不看都知道它大概能给你带来什么——通常并不能带来什么。

在读书和学术研究领域，也能达到"我看得太多了"这种境界吗？其实并不难。你要真致力于学问，很容易就能达到这样的境界。我来给你分解一下这个路线图。这条路一共有四个阶段。

❶　第一阶段：信息过载

比如现在有个研究生，学习成绩非常好，基础知识很扎实，但是从来没做过研究。有一天他终于拿起一篇真正的论文，发现看不懂。他去参加学术会议，发现这么多报告都是他从未听过的，与会者几乎都不认识。他感到了信息过载，心中充满恐慌。

这时他应该如饥似渴地浏览各大权威期刊，绘制自己的知识图谱吗？不是。他要做的是选择一个课题深入进去，在导师的指导之下，做一个真正的研究。他必须精读几篇相关的论文，甚至要重复一下别人的结果，看看自己往下能做些什么。

他要做的是单点突破。这个点越大，他接触的其他相关研究就越多。一篇论文引导他看另一篇与之相关的论文，渐渐地就开始对这个领域有所了解。

我们看电影也是如此。新手看电影的正确方式不是整天浏览电影目录，而是找个喜欢的先看再说！有人喜欢收藏电影，硬盘里装满了电影文件，但几乎都没看过，这样的人不会成为电影专家。同理，开始读书的正确方法也是找本喜欢的先读再说。

❷ 第二阶段：发现联系

研究生做课题略有心得，相关论文也看了不少，下次出去开会时，终于听到了几个能听懂的报告。他注意到有几个与会者的论文他刚刚读过，还上去跟他们聊了几句。他感到自己已经不是一个局外人了。

我以前刚开始搞科研时，是把看过的论文都按照题目分类，跟某个课题相关的放在一起。后来发现了另外一条线索，那就是人。同一个研究者做过好几个不同的课题，如果你对他这个课题感兴趣，就很可能对他的另一个课题也感兴趣。

这样你就慢慢意识到课题和课题之间、人和人之间都有联系。整个研究领域，其实是一张由人和想法组成的网！外行看到的是一个一个的东西，内行看到的是联系。

如果你喜欢一个导演，会把他所有的电影都找来看；你喜欢一个作者，会读他以前出的书，顺藤摸瓜。

❸ 第三阶段：把握潮流

看多了，你就发现值得关注的人和课题其实只有那么多。我们看娱乐圈里那些追星的粉丝，还有人们追逐各种时尚品牌，他们完全知道自己喜欢什么。

科研到了这一步，你会追踪几个关键课题的进展，你会时刻注意领域内关键人物的动向。就好像武侠小说里的门派一样，你知道这个江湖上都有谁，谁是谁的弟子，谁跟谁是仇家——更重要的是他们都在做什么。

你不但看过已经发表的论文，还知道那些还没发表，但是他们正在做的研究。你知道现在圈内关心什么问题，什么样的课题能申请到科研经费，什么样的课题能发表到顶级期刊上去。你知道风口在哪。

要说读书的话，你发现每年虽然都有很多新书，但真正值得读的也不是很多。你从以前的被动接收信息，已经变成了主动寻找信息。

❹ 第四阶段：等待惊喜

行业老手都有一定的预测能力。你会发现很多事情并不出乎你的预料。有些老科学家好几年都用同样的几页 PPT。有些书你一看封面就大概知道是什么内容。有些号称明星云集、投入巨资的大片，你连预告片都懒得看。

你会觉得现在这个世界的进步速度太慢了，并没有太多信息能让你兴奋，你有时还感到很无聊。

而与此同时，你心中正在期盼一些东西。你密切关注一些人和事的进展。新产品的谍照、剧组探班的报道、当事人在微博上的只言片语，你都注意到了。无数人等着乔治·马丁（George Martin）出下一本《冰与火之歌》（*A Song of Ice and Fire*），你甚至担心他能不能活着完成任务。

你盼望某个小说能被拍成电影，但是没人拍。你对某个课题有巨大的疑问，你希望有人去深入调研一下写本书给你看，但是没人写。

我在"得到"App 上开的《精英日课》专栏的任务是介绍英文世界的

新思想，我每天浏览大量的网站、杂志、书籍去寻找新思想，感觉越来越不好找。有时出版社喜欢出"名家合集"，让各领域的名人写篇短文讲讲自己领域的新思想，我现在对这种庆典式的书已经不抱希望了——拿过来一看要么是我知道的，要么根本不值得大惊小怪。

但是只要保持关注，你就总会得到惊喜。有时是你不认识的作者，不知怎么就写出来了一本好书。有时去电影院时你没抱什么希望，结果居然是一部很新颖的猛片。有时是你熟悉的一个研究小组突然宣布取得了突破性进展。

一旦遇到这样的惊喜，你可能会很激动。对比当初的恐慌，现在这个激动，感觉多好啊。

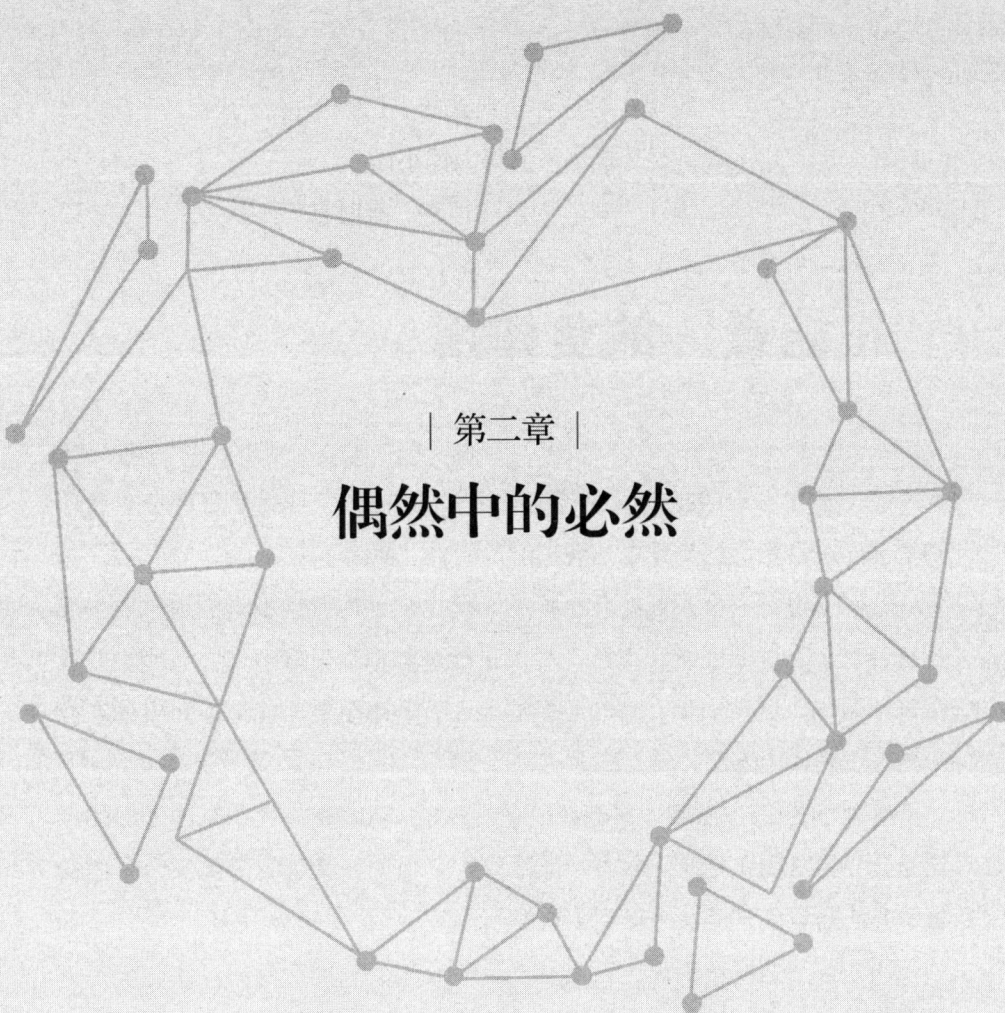

第二章

偶然中的必然

对当前事物来说，"长远"是个误导性的指导。从长远来看我们都死了。

——约翰·凯恩斯《货币改革论》

"正能量"的负作用

有本长盛不衰的畅销书叫《遇见未知的自己》，作者是张德芬。我不知道你读过没有，这是一本充满正能量的书。

这本书说，一个人处在什么样的心境之中，他就会不自觉地总要去寻找符合这个心境的环境和东西，所以正能量心境带来好运气，负能量心境带来坏运气。更进一步，好的心境还能让人心想事成，能把你想要的东西带给你。具体的方法，就是想象。

查理·芒格（Charlie Munger）有一句名言："得到一个东西最好的办法是让自己配得上它。"那么，张德芬这个理论，就是"得到一个东西最好的办法是想象自己已经得到了这个东西"。

用张德芬的原话来说，就是"当你真心想要一件东西的时候，全宇宙都会联合起来帮助你"。

这个理论科学吗？正能量真有用吗？

❶ 正能量

用想象的办法得到一个东西，这个思想并不是张德芬的原创，它来自一个已经流传了上百年的叫作"吸引力法则"的理论体系。十几年前流行的一本书——朗达·拜恩（Rhonda Byrne）的《秘密》（*The Secret*），说的就是吸引力法则。

《秘密》也好，《遇见未知的自己》也好，吸引力法则的操作套路是一样的：

你要放松自己的心情；

想象一下自己想要的东西到底是什么，比如你想要一个学位，那你就想想学位证书是什么样的，得到这个学位以后会是什么样的情景，越仔细越好，你要坚信自己能够得到这个东西；

向宇宙或者上帝索要这个东西，把它吸引过来；

想象自己已经得到了这个东西，并为此向宇宙或上帝表示感谢；

等着……过一段时间之后，你就能得到这个东西。

这分明一听就不靠谱，怎么还能把东西吸引来呢？

当然，这里面是有机制的，也许上帝听到了你的心声，也许整个宇宙之中有一张正能量网络，还有人说这是因为量子物理学！

吸引力法则有用没用我们暂且不说，我想大多数人肯定是不信这个吸引力法则的，但是绝大多数人，都或多或少地相信类似的东西。

比如，现在有一个身材不好的人想健身，人们就会鼓励他，说你应该想象一下自己身材好是什么样。多想想健身的结果，这不是一个很好的正能量激励方法吗？

再比如，有很多搞成功学的人，号召我们把自己的目标写出来，贴在墙上，每天早上起来大声朗读。"我要成为百万富翁！我要拥有大房子！我是个强人！"每天强化。我们看有些公司和组织，就经常组织员工喊这种正能量口号。

如果你觉得这些都不太高级，还有别的形式。比如参加高考的学生，把名校的校徽贴在墙上，或者给自己画一张录取通知书。

还有更高大上的做法，叫作"你的梦想是什么"。"梦想"，在我们这个时代绝对是好词。汪峰老师最爱问："你的梦想是什么？"以前有首歌叫《北京欢迎你》，其中有一句歌词就是"有梦想谁都了不起"。有梦想的年轻人才有活力，才充满朝气，才自信。

在张德芬的另一本书《遇见心想事成的自己》里有个说法：为什么中国现代年轻人无法实现他的梦想呢？根本原因在于他们不敢梦想。原话是这样的："我一直认为，'心想事成'应该是每个人与生俱来的本事。但是，为什么那么多人心想事不成，甚至事与愿违呢？……第一层障碍是，从小到大，没有人告诉我们应该如何梦想，或是鼓励我们让梦想成真。"

所有这一切，真的有用吗？

当你遇到这种问题的时候，你的第一反应，应该是做个科学实验。

❷ 负作用

关于正能量的科学实验早就有人做过，而且做了不止一个。

心理学作者彼得·霍林斯（Peter Hollins）有一本书叫《关于幸运的科学》（*The Science of Being Lucky*），其中就列举了好几个这样的实验。

1999 年加州大学研究者做过的一个实验是这样的。学校里再过几天就要期中考试了，研究者想看看正能量梦想对考试成绩有没有什么影响。受试学生被分成了三组：

第一组学生每天花几分钟想象自己**已经**取得好成绩之后，是一种什么感觉——这组就是"正能量组"；

第二组学生的任务也是每天花几分钟想象，但想象的是自己在什么时间、什么地点、如何准备考试；

第三组是控制组，没有想象任务，该怎么复习就怎么复习。

实验结果是正能量组学生的考试成绩最低。他们不但得分低，而且为考试做准备花的时间也最少。他们梦想自己取得了好成绩，的确获得了更多自信——但自信的结果是他们就不怎么准备考试了。当然正能量梦想也有好的作用，第一组学生的心情，在考试之前一直比其他两组好。

考试成绩最好的是第二组。他们想象了准备考试这个动作，可能这个想象起到了提醒的作用，他们真的花了比别人更多的时间准备考试，结果自然取得了更好的成绩。第三组的成绩排在第二组和第一组之间。

由此说来，正能量梦想不但对结果没有帮助，反而有负作用？

其他实验也有同样的发现。有个研究测试了吸引力法则对大学毕业生找工作有没有什么帮助。实验组的学生按照张德芬说的那样，想象自己已经得到了好工作是什么情景——比如想象自己在大公司里有个高薪的职位，想象自己坐在写字楼里工作的样子。

结果发现，按吸引力法则进行了想象的人，他们发出的工作申请书比别人少，实际花在找工作上的时间和精力比别人少，收到的录取通知也比别人少，最后他们得到的工作的平均工资也比别人低。吸引力法则，只起到了负作用。

霍林斯这本书中最有意思的是 2015 年的一个实验。这项研究是让大学生测试正能量思维对找男女朋友有没有帮助。

实验者先找到一些有暗恋对象、但从未表白过的大学生，让这些学生自由想象，将来会和自己暗恋的对象发生什么样的关系。有的学生想象出来的是正能量的情景，比如跟心仪对象在教室里突然之间目光相遇，充满深情，彼此之间马上迸发了火花。但也有很多学生的想象不由自主地充满了负能量，比如一个女孩想象的是："本来我们都是单身的，有一次我们两个终于有了说话的机会，他向我发出了邀请！可是我居然跟他说我已经有男朋友了……我把事儿给搞砸了。"

根据张德芬的说法，正能量想象应该带来好的结果，负能量想象应该带来坏结果。

但结果恰恰相反。过了 5 个月之后，研究者考察了这些学生感情生活的变化——想象正能量的学生，交友成功率明显不如想象负能量的学生。

类似这样针对所谓"正向思考"（positive thinking）的实验，我还在别处看到过好几个。有个实验[1]考察做大手术的病人，让一组病人想象自己恢复之后的样子，比如参加舞会之类；另一组病人则想象手术的凶险、恢复过程的困难——结果正能量组的恢复情况远远不如负能量组。

还有个说法不是说比赛之前要多微笑，能给自己带来自信吗？有个研究[2]的统计结果是格斗比赛之前越爱微笑的，越容易输。

这些研究一致表明，正能量对结果只有负作用。

❸ 白日梦应该怎么做

前几年流行一句话叫"梦想还是要有的，万一实现了呢"。我听着感觉特别别扭。这种自我激励也太廉价了。如果查理·芒格炖的是真鸡汤，"梦想"这种说法简直就是用鸡精冲出来的鸡汤。马丁·路德·金（Martin Luther King）说"我有一个梦想"，那是用一个为当时社会规范所不容的、有点离经叛道的设想激励听众，是一个持不同政见者在高喊自由。你拿一个个人的美梦糊弄自己，这算什么事儿呢？

正能量梦想之所以有负作用，就在于它想象的是做事的**结果**，人们会自我暗示，仿佛已经得到了这个结果，以至于不想去做事了。

而取得了好效果的实验，都是让人想象做事的**过程**。

高水平的运动员经常要想象自己比赛的情景是什么样的。他们想的可不是拿了冠军去领奖，而是比赛的细节：场上的风向，裁判是不是公平，对手如何表现，自己如何应对，有没有可能发生意外……这样的想象有利于比赛。

甚至还有研究说，在头脑里想象一个训练的过程和动作细节，就好像真的参加了训练一样能起到作用。

想象过程，相当于模拟训练；想象结果，那是精神鸦片。

如果一个人不好好面对现实，不好好解决真问题，大谈什么"梦想"，这和愚昧有什么区别？

怎样用系统下一盘大棋

"运气"这个词是老百姓带有主观感性的说法，高观点的说法叫"概率"。佛学讲"色即是空"，其实我们平时所谓的好运气、坏运气，都是戴着有色眼镜看概率，而且看到的常常与事实相矛盾。

比如，福利彩票让选 7 个数字，都选对了就中大奖。开奖的时候小王发现自己选对了 6 个，只有 1 个数字没中。那你说小王是什么心情呢？他跟千万大奖擦肩而过肯定很沮丧。围观群众也会说，小王这个人没福气啊。

还有个小张，有一次跟旅游团坐小公共汽车去山里旅游，结果出了车祸，旅游团里的其他人都死了，只有他一人幸存，而且毫发无损。他的亲戚朋友会说，小张真是运气好，福大命大造化大。

可是咱们仔细想想这两个说法，其实正好说反了！彩票中奖号码 7 个数字你能猜中 6 个，这是极小概率的事件，小王的运气已经是极好了，只是没有好到中大奖而已。再说车祸，有多少人出去旅游要冒生命危险？出车祸是极低概率的事件，居然发生在小张身上，说明小张的运气已经差到极点了，怎么能说是福大命大呢？

感情的波动，蒙蔽了人们看概率的双眼。

佛陀的眼中，好运气坏运气都是空的。高手的眼中只有概率。我知道概率，我就对事情的结果有个基本预期。明知道彩票中奖概率低，我根本就不会指望中奖。坐小公共汽车有风险，但是小公共汽车便宜，如果我选择接受这个风险，那出了事我也不怨天尤人。

老百姓关心具体事件的成败，高手关注的是一个概率系统。只要这个系统合理，那么具体事件结果都只是偶尔有波动，长期看高手一定是赢。

这里我想介绍几个高手建立概率系统的方法。这些方法的原理都非常简单，但是从克服心理障碍这个角度来说，有的很容易，有的特别难。咱们先说容易的。

❶ 中奖者

现在经常有人搞微博转发抽奖之类的活动。只要做个小小的动作，比如转发一条微博，就有机会获得苹果手机之类的奖品。这种抽奖的中奖率显然都很低，但是有人就专门干这个事儿，而且真的收获了不少奖品。

据报道，英国一位叫作迪·可可（Di Coke）的女士，参加各种抽奖活动获得的奖品总价值已经超过了 30 万英镑，平均每年都能进账 1.5 万英镑。她是怎么做到的呢?

可可女士做事还是有门道的。她每个星期参加 400 次抽奖。[1]但她不喜欢那种微博转发之类的抽奖，动作太简单，参与的人太多，中奖的概率太低。她喜欢有奖答题之类需要花时间的活动，因为要花时间，参与的人就少，中奖概率就比较高。

可可女士的方法不一定值得提倡，可能有这个时间还不如去找个正经工作。但可可女士的可贵之处在于她把抽奖当成一个系统! 她的心态稳定，一次没抽中，不会感到沮丧;这次抽奖中了，也不会感到特别兴奋。有了这个系统，可可女士获得抽奖收入是必然事件。

而且可可女士这个系统在心理上容易接受，因为抽奖活动都是免费的，永远都不会输钱。如果涉及输钱，那就需要克服心理障碍了。

❷ 连续的输赢

你敢不敢跟我赌抛硬币？如果硬币正面朝上，你就输了，你得给我
1000 元钱；硬币反面朝上，你就赢了，我给你 1500 元。对你来说，这个
赌局的数学期望值，也就是你的平均预期收入是：

$$-1000 \times 1/2 + 1500 \times 1/2 = 250 \text{ 元}$$

这相当划算。但是我想很多人会拒绝这个赌局，因为毕竟存在一个输
1000 元的风险。

但是如果我愿意跟你连赌一万把，那你还愿不愿意玩呢？你当然愿
意！玩一两把你可能会输钱，玩一万把，一切波动都会被抹平，你是稳赚
不赔，你的总收入将在 250 万元左右。

可是生活中根本就不会有人跟我们玩这样的游戏，这个思考实验有
什么意义呢？丹尼尔·卡尼曼（Daniel Kahneman）在《思考，快与慢》
（*Thinking，Fast and Slow*）这本书里，就此提出过一个建议。

生活中的确没人跟你连赌一万把，但是你可以把一生之中大大小小的
概率选择当成一个系统来全盘考虑。只要每一次遇到数学期望值为正的时
候你都选择赌，那么长期看来，你必然是赢的。

当然，这些选择有个前提，那就是，就算某一次赌输了你也可以承
受。但这个要点在于，大事也好小事也好，赌钱也好赌别的也好，不管是
什么形式，你应该把它们放在一起来考虑。

这样一来，就算这次失败了，你也可以像可可女士一样根本不在乎。
你在乎的是一生的原则和系统。

❸ 球星与系统

假设你是个少年足球运动员，上小学的时候就被一位体校教练看中
了。教练跟你父母说：这孩子是万里挑一的足球天才，只要让他跟我好好
练，将来绝对是国家队主力的水平。

家里很高兴，就同意你踢球了。你到体校之后发现教练确实特别重视你，训练中经常给你吃小灶，生活上也是嘘寒问暖。你慢慢感到自己真是个天才，也许中国足球的希望就在你身上！你内心很骄傲，有时候还会耍耍大牌。

但是很不幸，有一次训练的时候你受伤了，伤情严重，医生说你从此之后不能再踢球了。你感到天都塌下来了！教练来家里看你，他也非常痛心。

那么请问，教练是不是也感到天塌下来了呢？

对不起，没有。教练不可能把所有希望都寄托到你一个人身上，事实上他手里有好几个像你一样有天赋的球员。

那你说，不对啊，教练说我是国家队主力的水平，怎么可能有这么多孩子都有国家队主力的水平呢？这就是概率问题。如果你一直好好地练到成年，那你就是国家队主力。问题是足球是一个淘汰率很高的运动，青少年选手会因为各种原因退出训练，有进国家队天赋的人很多，不断淘汰，最后剩下的那几个才能进国家队。

教练搞的是个系统工程，你只不过是在他系统中的候选池子里。站在教练角度来看，失去一个天才球员的确是重大损失，但也仅仅是**一个**损失。对你来说足球前途已经断送了，对教练来说这叫"风雨中这点痛算什么"。

有的人拥有系统；有的人拥有的，只是别人系统中的一个角色。

所以人要想真正安身立命，得建立自己的系统。那如果你有一个系统，你应该怎么看待系统里的那些角色呢？

❹　过滤短期信息

有个股票交易模拟实验[2]，非常能体现思维模式的作用。研究者召集一些人，来模拟一个股票市场 25 年的交易——当然实验不用进行 25 年，受试者只要在一定时间内定期参与一下就行。

整个市场里只有 A 和 B 两只股票可供选择。研究者事先设定：A 股票模拟的是一个基金，表现很稳定，但是长期回报率比较低；B 股票在 60%

的情况下上涨，在 40% 的情况下下跌；总体来说，B 股票的设定表现比 A 股票好。正确的做法，应该是坚决买 B 股票。

但问题是，实验里的"投资人"并不知道这个设定，他们只是时不时看一下 A 股票和 B 股票的表现，然后自己做决定。

研究者想知道的是信息对决策的影响。实验根据"投资人"的表现进行了分组，有的投资者每隔"五年"才看一次股价，有的投资者"每年"看一次，有的投资者则是"每个月"都看股价。

实验结果是你查看股价的频率越低，赚的钱越多。每五年看一次股价的人挣的钱平均比每个月看一次的人高出两倍。

这是为什么呢？每五年看一次，在这么长的区间内 B 股票的表现比 A 股票好是非常明显的趋势，投资者肯定会把钱坚决投到 B 股票上面。可是如果你看短期表现，那经常会出现 B 股票在跌、A 股票在涨的情况，有时候 B 股票还跌得很厉害！短期看，你不容易看出来 B 比 A 好。

事实上我以前听说过，研究表明，业余股民的确不应该太频繁地查看股价。长期投资往往就是最好的策略。

这个道理是，有时候你了解的信息越多，你的判断反而越不准确。多出来的那些信息并不是真正的知识，而是伪知识。高手做事应该过滤短期信息，专注长期表现。

这个思路其实就是系统思维，要不计一城一池之得失。

"试玉要烧三日满，辨材须待七年期"，这句话说着容易做起来难。如果所有信息都出来了，画个趋势图看看哪个信息最重要很容易。但如果信息是一点一点地出来，那短期波动就有很大的迷惑性。

所以"色即是空"不仅仅是一种哲学，也是一种修行：当你一次赌博输了钱、损失一个好球员、买的股票正在往下跌的时候，你得对自己的系统有多大的信心，才能保持住定力。

没有系统的人一惊一乍，有系统的人心静如水。

正念运气观

一个人的命运，当然要靠自我奋斗，但是也要考虑到历史的进程，以及运气。上文我们说了怎么系统性地对待运气，这里要说的是个人到底能不能提高自己的幸运度。我们说的可不是鸡汤，这些内容有严肃的科研结果支持。

咱们先假想一个场景：有两个大学生，小王和小张，马上要毕业了，正在找工作，但是现在就业市场不太好。两个人的背景相似，学习成绩也差不多，找工作都很积极。有一天，小王到学校附近的商场买东西，偶然遇到一个人，跟这个人聊了几句，结果就发现这个人是某公司来学校招聘的。两人聊得很不错，那人直接就给了小王一份非常好的工作。而小张，很可惜，没有遇到这样的机会，一直到毕业也没有找到工作。

我们大概可以说："小王的运气比小张好。"但是你一旦严肃对待这句话，问题可就大了。

我们之前说运气仅仅是概率而已。总有一些人被认为运气好，难道运气是人身上的光环吗？这不又成了"吸引力法则"了吗？

❶ 相信运气的人

一般人有两种常见的"运气观"：一种像咱们中国人认为的一样，运气是人的一种"属性"。有的人天生运气好，有的人天生运气不好，因此人分为有"福"之人和无"福"之人。有"福"之人干什么事儿，运气都会比别人好一点。另一种观念在西方可能比较流行，认为运气是可以随时变化的：可能你这几天运气好，但是过几天运气就不好了。

恒定的和变化的，你觉得这两种运气观哪个有道理呢？应该说都没道理，运气只是概率而已，并不是什么有时陪伴你有时离开你的"光环"或者"能量场"。

但是观念可以影响人。心理学上有个说法叫"自证预言"（self-fulfilling prophecy），是说你认为自己是什么样的人，你就可能变成什么样的人。那认为自己运气好的人，会变成什么样的人呢？

2009 年，加州大学洛杉矶分校的管理学家玛雅·杨（Maia Young），组织了一个关于运气的研究。[1] 她想看看相信"恒定运气"（我耳朵大有福）的人，和相信"变化运气"（我有时候运气好有时候运气不好）的人，做事风格有什么不同。

研究者对 185 位大学生做了问卷调查。问卷统计了每个学生的运气观和工作风格。关于工作风格，主要考察了两个方面：第一，愿不愿意接受有难度的挑战；第二，做一件事能不能坚持下来。

统计结果是，那些相信自己天生有好运的人，做事更愿意接受挑战，也更能把事坚持下来。

迎接挑战，还能坚持下来，这些可都是奋斗者的宝贵素质啊！

也许是这些人做事比较成功，所以他们才感觉自己运气好。也许是因为这些人相信自己运气好，所以更敢于接受挑战，也更愿意坚持。也许因果关系已经不重要，这本来就是一个相辅相成的正反馈过程。

关键在于，"相信自己有好运气"和"获得好运气"之间，可能是有联系的。而这方面的研究，早就有人做过了。

❷ 好运者的三个素质

英国的心理学家理查德·怀斯曼（Richard Wiseman）在 2013 年出了一本书，叫《幸运因素》（*The Luck Factor*，这本书的中文版叫《正能量 2：幸运的方法》）。怀斯曼做了很多研究证明：运气是真有用。

怀斯曼做了一件有点不寻常的事儿。他在报纸杂志上刊登广告，费了很大的劲儿招募了 400 个认为自己一贯运气特别好和认为自己一贯运气特别差的人。他想看看这些人是不是真的运气那么好或者那么差。

怀斯曼安排的一个实验是这样的：他要求受试者挨个完成一项单独任务——走一小段路，到咖啡店里去买一杯咖啡。

任务非常简单，但怀斯曼在其中设置了两个机关。他在通往咖啡店的必经之路上放了一些钱，这些钱正好够买一杯咖啡。他在咖啡店里安排了一个商人，假装在那儿等咖啡。

结果怀斯曼发现，那些宣称自己有好运的人的确是有好运。他们在路上发现了地上有钱，捡起钱来到咖啡店里买了一杯咖啡，等咖啡的时候主动跟商人聊了一会儿天。这不就是咱们前面说的小王吗？也许聊这一会儿就能聊出一个机会来。

而那些宣称自己没有好运的人，还真的没有好运。他们没注意到地上有钱，买了咖啡之后也没跟人搭话，老老实实等在那里。

那如此说来，这些人对自己的认识是对的——真的有运气好和运气不好的人。难道说运气光环真的存在吗？当然不是。

其实是性格决定命运。怀斯曼发现，运气好的人有三个性格特征：

第一是外向。外向者喜欢跟陌生人聊天，他总能注意到那些有意思的人，然后从聊天中获得新的信息。另外，外向者也善于让别人注意到自己，这样别人也会主动找他。

第二是开放。开放的人愿意尝试新的东西，对风险没有那么害怕。

第三是神经质程度低。所谓神经质，就是容易焦虑、紧张、嫉妒。而运气好的人恰恰没有这些负面的情绪，做事非常放松。

怀斯曼还做过一个实验。他给受试者发了一份报纸，让受试者数一数这报纸里面有多少张照片。

其实这份报纸的第二页上有个新闻标题，用大字写着："别数了，这份报纸里面一共有 43 张照片，直接告诉研究人员就行了。"同一页的下方还有一个新闻标题，写着："别数了，赶紧去找研究人员要 250 美元！"

实验中，当运气差的人还在专心地数着照片的时候，运气好的人已经拿着报纸找研究人员领赏去了。

❸ 怎样制造好运气

咱们想想怀斯曼这些研究里的幸运者。他们的行为模式跟张德芬说的吸引力法则可不一样。张德芬说的是要想获得好运气，你得发挥想象力，你想要什么东西、你得到这个东西之后是什么样，想得越具体越好，反正就是坐在那里想。而怀斯曼研究中的这些幸运者，他们可不善于想象——他们善于**发现**。

别人完成任务就是完成任务，幸运者完成任务的同时还注意到一些别的东西。他们在买咖啡的路上捡了钱、在等咖啡的时候跟人聊天、在数照片的时候顺便还浏览了一下报纸上的新闻标题。

而那些不幸者呢？让他们干啥就干啥，兢兢业业不敢越雷池一步。

让我总结的话，这种随时能发现周围世界的亮点、主动增加信息的行为，才是幸运行为。

怎么才能改善自己的运气呢？怀斯曼提供了一些建议：

第一，多参加一些新活动，体验一些新东西。运气好的人喜欢尝试新事物，运气不好的人一天到晚就干自己那点工作。

第二，要相信自己的直觉。如果你直觉上认为一个东西有意思，就应该去大胆探索。如果你喜欢什么课程，就应该去学学。运气不好的人还在权衡纠结利弊的时候，运气好的人都已经尝试过了。

第三，要乐观。乐观就是相信自己运气好。乐观的人就敢于尝试。

第四，要善于在坏事中发现好事。哪怕遇到不幸和失败，其中也有希望和机会，运气好的人能更好地恢复过来。

说白了，怀斯曼想让我们做的就是：创造机会、发现机会和敢于行动。

好机会往往是你主动找出来的，不是"全宇宙联合起来"给你送来的。同样一个有用的材料，爱迪生找到了你没找到，那可能仅仅是因为爱迪生找得比你多。

最近看到一组数据很有意思，有人对个人创业的成功率做了一项研究。[2] 我经常说："失败不是成功之母，成功才是成功之母。"这个研究证实了这一点——有过成功经验的创业者，他再创办一个新公司，再次成功的可能性是30%；而有过失败经验的人再次创业的成功可能性只有20%。如此说来，创业这件事的运气，也是跟着人的。如果你要搞风险投资，应该尽量投给那些成功过的人。

但是请注意，有过失败的经历，也比没有经历强——第一次创业的成功率，只有18%。这就很有意思了，这说明有很多人不是一上来就成功，而是多次尝试、多次失败之后才取得了成功。这不就是幸运者的基本素质——乐观加坚持吗？

我们还可以用佛学来看看怀斯曼的实验。佛学里有一个概念叫"痴"。所谓"痴"，就是你心中装着一个情绪，看什么东西都用这个情绪的视角去看，跟这个情绪无关的东西你都视而不见。完成实验任务的时候，运气差的人眼中就只有跟任务相关的照片和咖啡，这不就是"痴"吗？

而运气好的人之所以运气好，就是因为常常能跳出自己的主观视角，随时留意到周围事物的价值。这不就是"正念"吗？

正常化偏误

"正常化偏误"（normalcy bias）可能是你不太熟悉的一个概念，这个概念是说，当灾难已经发生的时候，人们往往意识不到灾难的发生，还以为一切都正常，这样就耽误了脱身的最佳时机，结果导致自己面临巨大的危险。

说白了，就是现在局面已经很不正常了，你还在假装正常。

了解这个道理，有利于你在任何不利情况下保持全身而退的能力。

❶ 真实的灾难场面

我们看电影里的客机如果发生事故，乘客们就都很害怕，出现恐慌。但是真实的情况是，飞机出事儿的时候，大部分乘客都表现得很平静。

比如 2013 年韩亚航空 214 号班机在旧金山着陆的时候坠毁，飞机已经起火冒烟，都已经死人了，乘客下飞机的时候还是不慌不忙，有的乘客居然还惦记着拿上自己的行李再走 。

这在网上遭到了一致谴责。都这个时候了还想着拿行李，这不是要钱不要命嘛！但其实，人们面临危险的正常反应，就是认为一切还很正常。

9·11 事件中，飞机已经撞上世贸中心大楼了，这么不正常的事儿都发生了——但是当时在世贸大楼里工作的人，居然还有心情跟亲友打电话闲聊。亲友说看电视新闻你们那儿飞机撞楼了，工作人员居然没当回事儿。接到疏散通知以后，有的人还在楼道里跟同事聊天，想先看看别人的反应再说，结果就没跑出来。

像这样的例子举不胜举，咱们再说两个经典的。我们知道庞贝古城是在一次火山爆发时整体被火山灰淹埋的，全城两万多人几乎都死了。考察庞贝遗址时发现，人们死之前似乎还在做日常的事儿，好像根本就没有反应时间。

但事实是从火山爆发到火山灰抵达庞贝古城，中间有好几个小时的时间。在这几个小时内，庞贝古城的大部分人居然都待在室内，没有赶紧疏散撤离！

另一个例子是纳粹统治时期德国那些富有的犹太人。1935 年，希特勒迫害犹太人的政策已经非常明显了，有 10 万犹太人已经逃离德国，但是还有 45 万人选择了等待。他们总觉得……不至于吧？也许最坏的时候已经过去了——结果都被送到集中营迫害致死。

"正常化偏误"，真应该作为一个成语典故写进我们的文化基因里啊！

❷ 强行正常化

为什么会有正常化偏误呢？因为思维惯性。平时日子一直都是这样过，我们就假定日子永远都这样过。哪怕看到不正常的事儿，心里也总想给它一个正常化的解释。[1]

一位女性目睹了一起交通事故，眼睁睁地看见有个人被撞飞上了天，而她对此的解释是那一定是个稻草人。2017 年拉斯维加斯发生枪击事件，有些人还以为枪声是放烟花的声音。你正在银行办事，突然进来几个蒙面人，你的第一反应很可能不是有人要抢银行，而是在拍电影。

一般估计，当灾难发生的时候，70% 的人会有正常化偏误，15% 的人会被灾难给吓得失去行动能力，只有剩下 15% 的人能反应过来赶紧逃离。人们不经历灾难的时候总担心有人传播谣言制造恐慌，而事实是，一旦灾难真的来了，大多数人根本就没有恐慌能力。这就给救灾带来极大的困难。美国好几次飓风灾害，政府下了命令必须撤离，很多老百姓就是坚决不走。

正常化偏误和人们常说的"黑天鹅"现象有本质区别。所谓"黑天鹅"是说一个极小概率的事件，本来以为它不可能发生，结果它就发生了。黑天鹅事件并不经常发生，而且在发生之前通常没有特别明显的征兆，所以只要一发生就能带来巨大灾难。

而正常化偏误则是灾难或者**已经**发生了，或者已经有非常明显的征兆马上就要发生了。火山已经爆发，飞机已经坠毁，事情已经非常不正常了，人们还在假装正常。这个偏误更可怕，因为各种小灾难比黑天鹅事件多得多。

而且正常化偏误还不仅限于那种特别剧烈的灾难。

《经济学人》杂志的记者梅根·麦克阿德（Megan McArdle）写过一本书叫《逆转：接受失败，做一个上行的人》（*The Upside of Down*），把正常化偏误用到了日常生活之中。

麦克阿德 37 岁才结婚，这不是因为她喜欢晚婚，而是被前男友耽误了。她跟前男友相处很多年，在这很多年里，两个人都明显感到二人的关系并不好，这段感情不可能有结果。但是两人也从来都没激烈地争吵过，没有什么分手的契机，结果日子就这么一直对付着过下来了。

麦克阿德说，失败的公司不也是这样吗？2008 年金融危机之前的很多年里，人们就已经明确知道通用汽车公司不行了：没有过硬的产品，工会力量太强大，工资太高，稍微算一算账就知道公司每年花在退休金上的钱多到根本维持不下去。

通用汽车急需一场激进的、彻底的变革。但是当时管理层是怎么做的呢？是上上下下自己欺骗自己。公司只搞了些小打小闹的改进措施，大家都在假装公司能够维持下去——一直到维持不下去为止。

事后分析历史，我们都觉得当时的人怎么那么愚蠢。可是当你身处历史现场作为当事人时，正常化偏误就是能起作用——要不怎么叫科学规律呢？

❸ "无我"，才能有我

我查阅了很多文章，人们提出过各种避免正常化偏误的方法。有人说我们应该对周围的环境保持敏感度；有人说我们要多了解灾难知识；还有人说我们的教育不行，现代教育就是鼓励人服从、从来不讲独立思考。这些说法都有道理，但是这些道理并不足以克服正常化偏误。

我想说另外一个道理。我们应该学学 AlphaGo（阿尔法狗）下围棋的精神。

人类棋手看过 AlphaGo 的棋谱之后有个感慨，说 AlphaGo 的每一步都是走在整个棋盘上最应该走的地方。那你说这不是废话吗？不是。人类棋手常常做不到这一点。

我们有个思维惯性。比如咱俩在棋盘上的一个局部厮杀，就好像打一场战役一样，我们的思维惯性总是想把这个局部处理完了，再去别的地方。

其实正确的做法是不管这场战役打没打完，只要局部的争夺价值已经小于棋盘另外一点的价值，就要在这里脱先（围棋术语），去另外一点。人类棋手一直都在教育自己这么做，但是总会有做不到的时候。

而 AlphaGo 完全没有这个思维惯性。AlphaGo 下棋是东一下西一下，人类棋手有时候根本跟不上他的思路。AlphaGo，是纯粹的全局思维。

全局思维其实就是"无我"和"上帝视角"。这才是破解正常化偏误的关键。

回到庞贝古城，"我我我"的思维是我现在身处城中，考虑要不要离开；全局思维则是，假设现在你置身事外，可以随便选择待在任何一个地方，那么在看见火山已经喷发了的情况下，你是选择待在城里，还是待在城外距离火山几百公里远的地方。

回到 1935 年，如果你是个只有原来一半资产的犹太人，但是可以在全世界任选一个地方居住，你会选择德国吗？

回到空难现场，如果现在的你身处飞机之外，而飞机着火了，你会去飞机里拿行李吗?

当然，真实的操作是有成本的，离开城市要走路、出国会有财产损失——但是跟事情的严重后果相比，物质成本其实可以忽略不计。真正的成本是人的心理惯性——而 AlphaGo 没有心理成本。

最后我再说一个克服了正常化偏误的故事。[2]1980 年以前，英特尔公司做内存条生意赚了很多钱。到了 80 年代，日本的公司迅速崛起，他们的内存条更廉价，而且技术也已经超过英特尔公司了。但是英特尔公司的人有一个正常化偏误，他们总觉得日本公司不行，自己的技术肯定领先。事实上英特尔公司的内存业务已经明显难以为继了。

1985 年，英特尔主席安迪·格鲁夫（Andy Grove）和 CEO 戈登·摩尔（Gordon Moore）就面临一个重大决策：到底应该怎么对待内存部门。一方面这个部门确实不行了，另一方面大家对这个部门都很有感情。最后格鲁夫问了摩尔一个问题。他说如果咱俩现在都被免职了，新来一个 CEO，你猜他会怎么做。

摩尔说，他猜新 CEO 一定会裁掉内存部门。格鲁夫马上说，那咱俩为什么不能先走出公司大门再走回来，假装咱俩就是新 CEO 呢？于是他们砍掉了内存业务，专注于做 CPU，这次转型非常成功。

格鲁夫和摩尔，做到了"无我"。

标准差和人生哲学

你肯定听过"正态分布"和"标准差"这两个概念，但它们具体的含义你却并不一定了解。我想从这两个概念出发，说一点人生哲学。

我们的目的不是学数学，这里不会出现复杂的数学公式，我想给你一个直观的解释。有了标准差这个概念，你以后考虑问题时就多了一个思维工具，观察世界时就会有更精确的眼光。

在我看来，正态分布和标准差，是这个不确定的世界里数学家送给世人最有用的礼物。

这个思想可以用在很多事物上，但是为了简单起见，咱们还是用投资来打比方。

❶　只有期望是不够的

假设现在你手里有一笔钱，想投资做点小生意。你的一个朋友找到你，说他知道一个好生意。他建议拿这些钱在国内采购一批药品，运到非洲去卖掉，只要两个月的时间，平均会有 40% 的利润。请问这个生意你做不做呢？

两个月赚 40%，这在任何地方都是好生意。但是在你做决定之前，肯定会问一个问题——风险。

如果你今天给我 10 万元，我过两个月一定、确定、肯定还给你 14 万元，这样的生意谁都会抢着做——所以世界上根本就没有这样的生意。

你朋友介绍的这个非洲生意其实是这样的：10 万元的货，运到非洲某国，如果一路上没有任何差错，能卖到 28 万元。这是 180% 的利润！可是这个非洲国家的政局不太稳定，腐败横行，你们这批货有 50% 的可能会被直接没收，那就是血本无归，利润是 -100%。

考虑到概率，这批货到非洲的"数学期望值"是 $180\% \times 0.5 - 100\% \times 0.5 = 40\%$。正好是 40% 的利润。

如果你有很多钱，每两个月都能拿出几十万元来做一次这样的生意，那么长期下来，你的确能收获 40% 的平均利润，你不用在乎风险。这个道理我们前面在《怎样用系统下一盘大棋》一文中讲过，应该考虑系统。

但是如果你只有这 10 万元，这个生意恐怕就不能做了。是的，数学期望值是正的，无数个平行宇宙里的我平均下来能赚到 40%。可是这 10 万元我输不起。

换一种情况，如果有一半的可能性赚到 80%，一半的可能性不赚不赔，这也算有风险，平均下来也是 40% 的利润，可是这个生意你就可以做。

所以只考虑数学期望值是不够的。我们必须考虑风险的大小。

"标准差"，就是专门描写风险大小的概念。

❷　怎样评估风险

世界上大多数具有"不确定性"的事物，都可以用正态分布来描写。咱们先说说什么是正态分布。

把一个学校里的所有学生都放在一起，看看他们的身高是怎么"分布"的，也就是统计在每一个身高数值上有多少人——结果差不多都是下图这样的形状[1]：

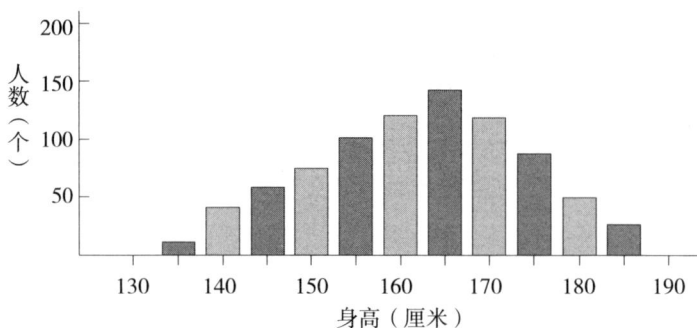

身高中等的人数最多，特别矮和特别高的人都很少，整个分布是中间高、两边低。在这张图上165厘米是中等身高，这也基本上是所有人的平均身高。

为什么会是这样呢？我们可以想象身高是一系列基因互相配合的结果。所有相关基因都表现得很"好"，身高才能达到最高；所有相关基因都表现"不好"，身高才能达到最低。这两种极端情况既然需要这么多基因同时好或者不好，出现的概率必然很低。大多数情况下有的基因表现好有的基因表现不好，结果就是身高中等。

如果把上面这个分布图取一个光滑的极限，它就是一条"钟形"曲线——这就是著名的"正态分布"。下面这张图[2]是对美国男性和女性身高分别统计的正态分布曲线：

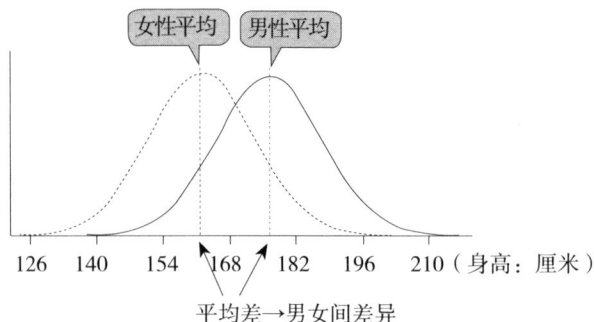

生活中绝大多数受随机因素影响的事物，基本上都符合正态分布。身高和智商是典型的正态分布。考虑一笔投资，你可以把未来的各种可能性，当成正态分布。

当然也有一些事物不是正态分布，比如人的财富、城市的大小就更接近于所谓的"幂率分布"——这是因为它们不是独立的随机事件，越有钱的人会越有钱，越大的城市越吸引人。但即便不是严格的正态分布，我们做理论评估时也可以把它当作正态分布，毕竟有个理论总比没有强。

从数学上来说，每一个正态分布的图形，都是由两个变量决定的。一个是平均值，一般用 μ 表示，它决定了曲线的位置，是整个曲线正中间的一点。另一个就是"标准差"，数学符号是 σ（sigma，西格玛），它决定了曲线的宽度。

下面这张图[3]直观地表现了 μ 和 σ 的意义：

就拿咱们前面说的那个投资的例子来说，平均利润是固定的 40%，那么 $\mu=0.4$。而不同的投资风险大小不同，所以 σ 不一样。如果你有时候能赚 180%，有时候利润却是 -100%，那曲线的宽度就非常大，说明 σ，也就是标准差，很大。

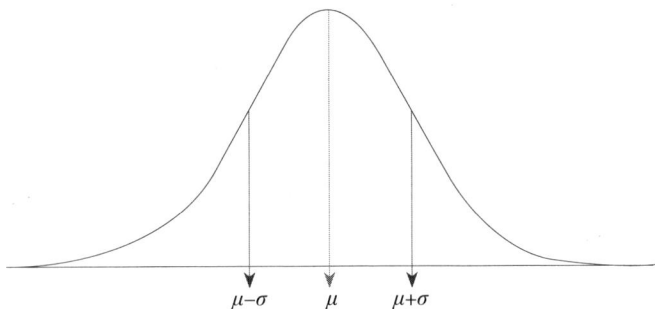

$$\mu-\sigma \qquad \mu \qquad \mu+\sigma$$

对专业人士来说，一说标准差，他就能大概估计各种情况发生的概率大小。

我们还是拿身高说话，如下图[4]所示，有 68% 的人的身高是处在距离平均值一个标准差的范围内。换句话说，大多数人的身高都在平均值附近，不超过一个标准差。距离平均值两个标准差内的人数就能达到 95%，在三个标准差内的人数达到 99.7%。

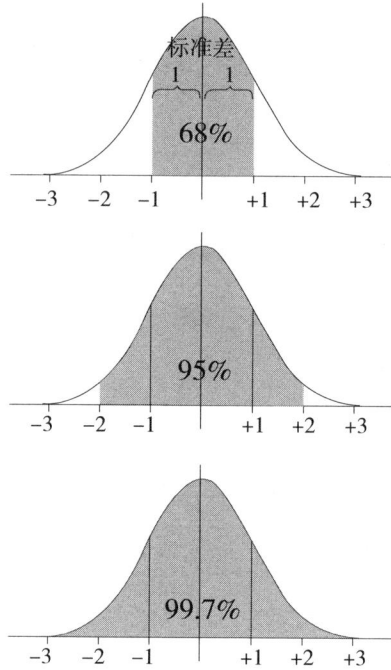

你可能听过质量管理领域有个术语叫"六西格玛"，它的意思就是在六个标准差之内出的产品都是合格的。六个标准差是什么概念呢？它的覆盖范围达到了 99.99966%。

我们平时说的"智商"，现在科学的定义并不是什么"智力年龄除以心理年龄"，而是用标准差定义的。所有人的智商呈正态分布，如下图所示[5]，我们把所有人的平均智商设定为 100，然后向右、向左，每经过一个标准差的范围，智商加减 15 分。

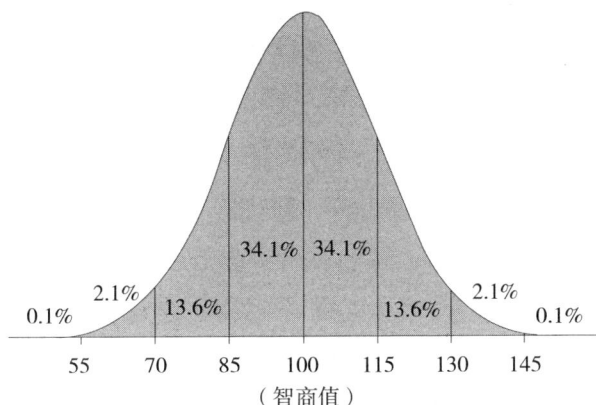

（智商值）

所以智商低于 100 一点都不可怕，智商的定义就是有一半人的智商要低于 100！智商在 85 到 115 的人处在一个标准差的范围内，而我们知道有 68% 的人都在这里。如果你的智商是 130，那你就是在两个标准差之外，你比 97% 的人聪明。如果你的智商是 145，你就在三个标准差之外，进入了只占人口总数 0.1% 的高智商集团。

智商都是跟别人比较的结果。任何一个智商测验，一个人考完了就直接打分都是不太合理的，应该所有人都考一遍，看看总体的分布，才能决定答对多少道题相当于智商是多少分。

这样我们在"数学期望值"——也就是平均值——之外，又有了一个关键概念"标准差"。标准差的大小描写了正态分布的宽度。标准差，代表风险。

❸ 人生的标准差

咱们考虑一下下面这张图，它描述了 A 和 B 两项投资。横坐标代表各种可能的回报率，纵坐标代表每个回报率发生的可能性大小。两个投资的平均预期回报率都是 10%，但是 A 的标准差很小，如下图所示。请问 A、B 两项投资你选哪个呢？

（回报率的可能性）

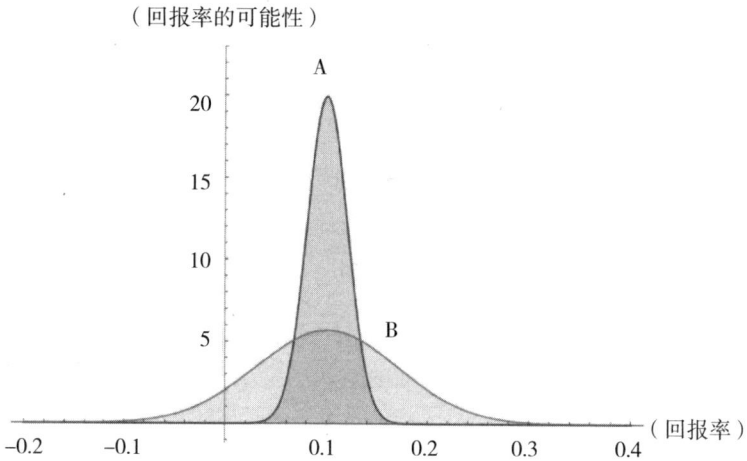

选 A 是稳定的回报，选 B 可能有惊喜，但是也有赔本的风险。

如果你足够理性，就别指望什么惊喜。平均预期已经告诉你了，是 10%，任何好运气都会被坏运气抵消。正如我们前面分析的非洲生意那样，你应该坚决选 A。

说到这里我想起以前听说的一个调查。有人问怀孕的夫妇："根据你们两个的智力，如果现在设定你们孩子的智商的均值预期是 110，但是可以选择一个标准差，你们会选多大的标准差？如果选一个比较大的标准差，可能会收获惊喜，生出来一个智商 140 的孩子，但也可能会遭遇不幸，孩子智商只有 80。"结果几乎所有家长都选了一个非常非常小的标准差，宁可孩子不是聪明过人，也千万不要太傻了。

所以我们是真的不喜欢风险。

下面这张图是我画的，这三个分布分别代表三种人生。图中横坐标代表人生境遇的好坏，数值越高，境遇越好；纵坐标代表各种境遇发生的可能性大小。

（人生境遇发生的可能性）

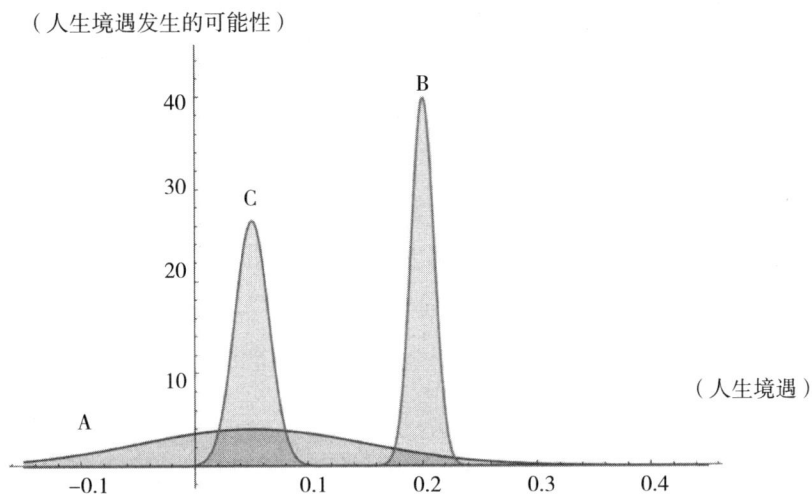

（人生境遇）

A 分布代表中国所有的人。中国人的日子现在很不错，所以 A 分布的均值是正的 0.05。但是 A 分布的标准差很大，这意味着全国有很多人的生活比平均水平好很多，也有很多人的生活不太好。B 分布代表理想人生。均值很高，而且标准差很小，简直是苏东坡说的"无灾无难到公卿"。可是世界上哪有这么好的事儿，所以人们的理性期待，是 C 分布。C 分布的均值也是 0.05，但是标准差比较小，相当于"平平淡淡过一生"。

但我们前面所有这些分析说的就是，C 也是一个奢望。平安是一种福气！标准差小，是更值钱的。

预期回报率相同的情况下，我们肯定选标准差小的那个。所以任何一个投资项目，想要让人接受一个很大的标准差，就必须提供一个很高的回报率。真正值得犹豫的投资是下图中的这两个：

（回报率的可能性）

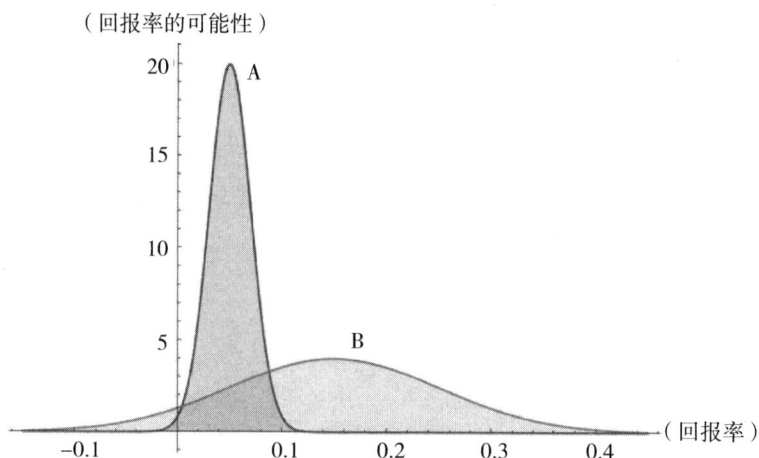

A 的标准差比 B 小，但是 B 的预期回报比 A 大。也许 A 相当于买债券，B 相当于买股票。那这种情况选 A 还是选 B 呢？答案就不是显然的了。有人认为评估一项投资的价值应该用预期回报除以标准差，这个比值叫"夏普比率"（Sharpe Ratio）。按这个标准，要让我接受多一倍的标准差，就得把回报率也提高一倍才行。我并不认为夏普比率有什么科学根据，它只是一个主观的标准。但是这个道理非常简单：更大的风险要求更高的回报。

复利的鸡汤和真实世界的增长

人人最关心的一个问题就是钱是怎么赚来的，人人最喜欢的赚钱方法就是投资，而投资中最简单的方法就是依靠"复利"。所谓复利，就是利息产生利息。

❶ 复利的鸡汤

假设你现在有 10000 元，利息是 10%，那明年就会变成 11000元。如果利息也能产生利息，也就是所谓"利滚利"，那么到了第二年，你就不是仅有 12000 元，而是 $10000 \times 1.1 \times 1.1$，就是 12100 元。

到第 N 年，你的财富就是 $10000 \times$（1.1 的 N 次方），这就叫"指数增长"。

10% 的利息，25 年就能达到本金的 10 倍。也就是说你现在存 1 万元，25 年内你什么都不用干，就能获得 10 万元。

那为什么非得是 10% 的利息呢？15% 不是更好？如果利息是 15%，只要 17 年就能达到本金的 10 倍，34 年就是 100 倍！如果你父母在生你的那一年给你存了 1 万元，那到你 34 岁的时候，你已经拥有了 100 万元。如果当年存 10 万元，你就有了 1000 万元。如果利息是 20%，只要 26 年就能变成本金的 100 倍，正好结婚买房。

所以复利实在是厉害啊。要不爱因斯坦（Einstein）怎么说，宇宙中最强大的力量就是复利！

要用复利挣钱，你就要自律，推迟享乐，把钱放在那里坚决不用。那些钱已经不是普通的钱，而是宝贵的种子——你只须耐心等待复利的回馈。

每当我听人说用复利挣钱，总会想起一个故事。那是一个关于鸡蛋的故事。

从前有个人，得到一个鸡蛋，但他没有吃。他想，如果我等这个鸡蛋孵出小鸡，把小鸡养大，还能生出好多好多蛋，那些蛋再孵出小鸡，由此鸡生蛋、蛋生鸡，我不就发大财了吗？

他这么想着，一不小心，鸡蛋掉地上摔碎了。这个人非常难过，因为他损失的不是一个鸡蛋，而是一笔巨额的财富。

如果你觉得指望一个鸡蛋发家致富不靠谱，那么我想说的是，指望复利致富也不靠谱。这两件事本质上是一样的，只不过利率可能不同。

我不是质疑你的自律精神——我完全相信你能攒钱。问题不在于本金。

问题在于，你想去哪找长期的、稳定的、20% 的利率。

❷ 世界上没有长期的指数级增长

在真实世界中，你不但找不到 20% 的利率，你也找不到 15% 的利率，你甚至找不到 10% 的利率。如果华尔街哪个投资公司说能保证 10% 的利率，无数人会哭着喊着把资金交给它管理。现实是，只有庞氏骗局那种非法集资公司会做这样的保证。

关于股票投资有两个基本知识，其中一个你可能不知道，另一个你早就知道。

你可能不知道的知识是，很少有哪个投资基金能**系统性地**打败市场。所谓"打败市场"，就是在比较长的时间内，你的投资增长率高于大盘指数——比如标准普尔指数。哪怕是"老江湖"的投资经理，都没办法打败标准普尔指数。[1]

你可能会说，每年都有人的投资回报率远远超过标准普尔指数啊——的确有很多，但无法排除运气因素。你看看今年投资表现排名前十的公司，再看看去年排名前十的公司，会发现这两个名单非常不一样。你可以一时打败市场，但你没办法长期打败市场。

你应该知道的知识则是，就连大盘指数也是有风险的。咱们看看下图标准普尔指数过去 40 年的历史[2]：

市场综述：标准普尔 500 指数

2,751.29 ↑ 3.58（0.13%）

日 K	周 K	月 K	季 K	年 K	5 年 K	最大

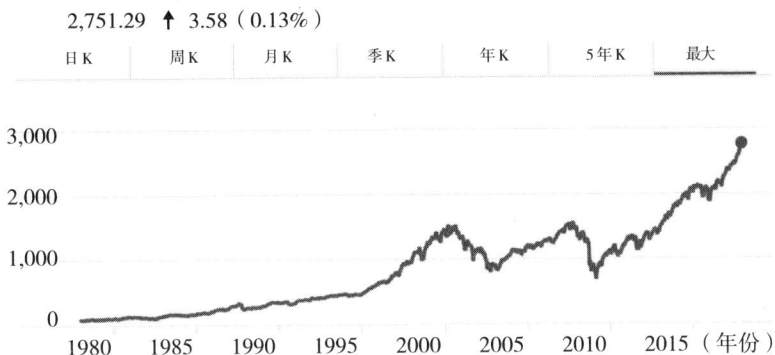

大部分时间内它的确在增长，而且可以连续很多年增长，回报率大大超过把钱存银行。但是请注意，它也有下跌的时候——你永远都不知道它明年到底会增长还是下跌。

两个知识放在一起，这就意味着，没有哪个投资机构能承诺在 20 年、30 年的时间内年年都给你一个比较高的回报率。据我所知，有一个叫文艺复兴的科技公司最近这些年做到了高回报率（它用的投资算法不一定是可持续的，而且它不轻易接受新客户），这一点几乎所有公司都做不到。

所以，我对复利赚钱模式的质疑在于，你找不到长期稳定地给你 10% 回报率的地方。

事实上，那种指望根本就不符合自然规律。真实世界中就不存在长期的指数增长的东西。

❸ 真实世界里的增长

　　真实世界里一个东西的增长，常常呈现出数学家说的"逻辑函数"的样子，如下图所示。[3]

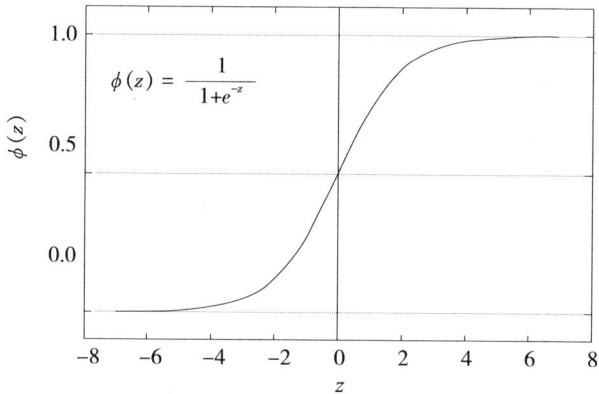

$$\phi(z) = \frac{1}{1+e^{-z}}$$

　　你可以忽略其中所有的数学细节，记住这个形状就可以。很多学者把这个形状称为"S 曲线"。一般公司业务的增长，常常就是 S 曲线。

　　我们可以把这个曲线分成婴儿期、扩张期和成熟期三个阶段，如下图所示。[4]

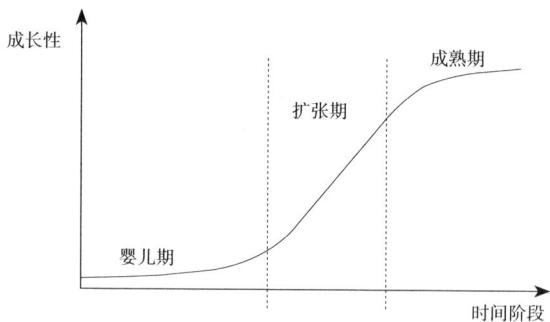

企业生命周期的 S 形曲线

　　在婴儿期，公司刚起步，在相当长的一段时间内可能是不挣钱的。

你一直坚持下去，有一天新产品销路打开了，公司就会迎来一个高速增长的扩张期。扩张期的增长就非常像指数增长。用户带来口碑，口碑又带来新用户，整个过程是个正反馈的过程。但是这个指数增长不会持续很长时间！

你的增长速度会很快衰减下来，到达一个平台，这时公司相当于是一家成熟的公司。为什么一定会遭遇平台呢？因为市场是有限的。终有一天，竞争对手会赶上来，或者你发现全国有可能买你产品的人都已经买了你的产品，你的营销手段到顶了。

这种增长现象在自然界也存在，比如下图美国每年新感染艾滋病病毒的人数，也符合 S 曲线。[5]

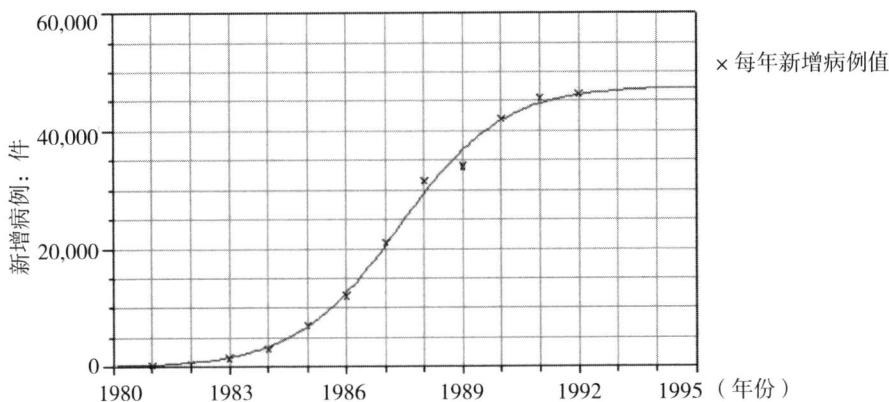

1980—1995 年美国艾滋病病毒新增感染病例

所以千万别信什么"长此以往国将不国"之类的论断，病毒不会一直扩散，是会被控制住的。

下图全世界手机用户的增长情况，也完美符合 S 曲线。[6]

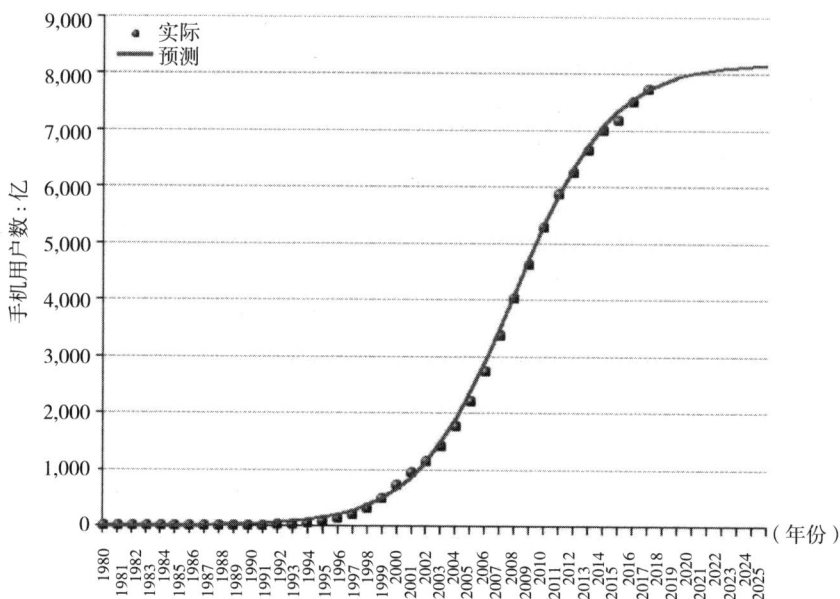

一开始涨得很慢，然后连续 20 年手机用户数快速增长，而到今天，据说全世界已经有 77 亿个手机用户，每 10 个人拥 10.3 个手机[7]，你还能指望它快速增长吗？

所以世界上根本就没有"长期的指数增长"这种事情。正所谓花无百日红，潮起又潮落。

那难道说一家公司到了一个平台就没指望了吗？也不是。如果你能制造一个新的增长点，就可以突破平台。

比如，艾罗伯特（iRobot）公司的主要产品是家用的扫地机器人，有过快速增长，但在 2009 年遭遇了平台期。就在这时，他们开辟了一个新领域，研发出了医疗看护的机器人产品，结果获得了第二轮的高速增长。[8]

所以企业必须不断创新才行，只有创新才能带来新的增长。理想情况下，一轮又一轮的创新带给企业一拨又一拨的增长。但就是这样也是很难的。如果仅仅是对原有产品的改进，并不足以带来新一轮增长，也只能维持而已。比如我们看苹果公司 iPod 这个产品的销售历史，虽然历经多次创新，但总的来看还是一条 S 曲线，如下图所示。[9]

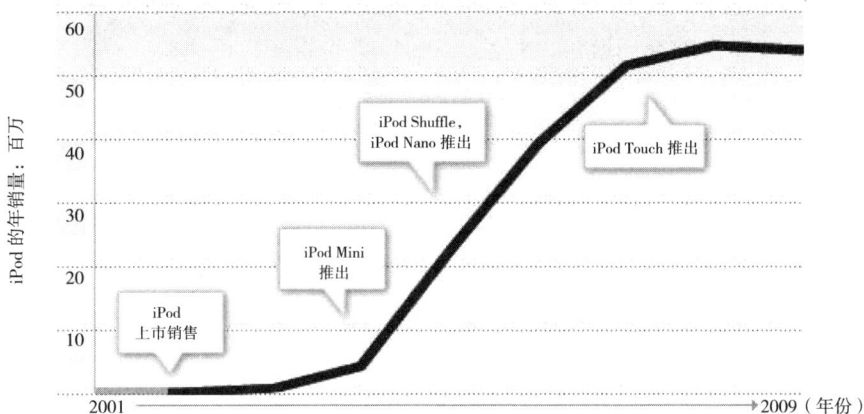

真实世界里就算是不断创新，也很难有持续的高速增长。整个地球的人口就那么多，购买力就这么大，苹果公司再厉害，就算将来卖汽车、卖游艇，总不能卖飞机吧？就算真的卖飞机，也不可能每家每户都买他家的飞机吧？

长期的指数增长，根本不符合自然规律。

❹ 回报越高，风险越大

你可能会说，我专门把钱投给处在成长期的公司，行不行呢？也不行。

成长型公司的未来都尚未可知，可能变成伟大公司，也可能发展几天就没了。就好像我们说的那个鸡蛋，搞不好就摔碎了。

再者，即便你判断出这家公司的前景确实很好，但问题是，难道别人就看不出来吗？上市公司的未来前景其实都已经包括在它的股价里了。我们看市场上有很多市盈率（P/E ratio）特别高的公司，当前的盈利非常少，股价却特别高，这就表现了市场对它们未来的预期。等你想起来买它们股票的时候，它们很可能根本就没有被低估。

所谓投资，就是在风险和回报之间做一个取舍。你要安全可靠，回报率就很低；你要高回报，就得承担高风险。

马克思（Marx）引用托马斯·约瑟夫·登宁（Thomas Joseph

Dunning）的话说，10% 的利润就能让资本活跃起来，50% 的利润就得铤而走险，100% 的利润就可以犯法，300% 就得冒绞首的风险——没有这个觉悟，当什么资本家？

普通人投资，如果你没有时间一天到晚研究股票，特别是如果你认为自己并不比专业投资经理更了解股票市场，最好的办法大概是去买指数基金。请注意，这个"指数"（index）可不是"指数增长"的那个"指数"（exponential）。

这个道理就是，想"用钱生钱"，就得冒险。就算放高利贷，还得担心钱能不能收回来——古代民间借贷利率之所以那么高，就是因为很多钱根本收不回来。现在买个利率为 6% 的理财产品，人家还得评估一下你的风险承受能力。买国债，把钱存银行，都还有能不能打败通货膨胀的风险。

在真实的世界里想要发财，要么你拥有某种稀缺的能力，要么你掌握稀缺的资源，要么就是你有眼光。而眼光，说白了，不管是选择投资机会还是选择职业，跟运气非常有关系。当然，投资不等于赌博，运气是可以管理的，但是你不能不承认运气的作用——而且在很多情况下起了最重要的作用。

那些金融产品的存在，并不是为了让人用存钱的方法发财。

其实在一个金融发达的社会，年轻人不但不应该存钱，而且应该借贷花钱。刚毕业的年轻人又要成家立业又要吃喝玩乐，这时候怎么存钱？过去人们总是年轻的时候想用钱却没钱，老了不用钱了却有很多钱，金融的重要作用就是把这个时间上的差异给抹平。

那些把发财的希望寄托在复利上的人，是认知上的懒惰者。当别人拼命工作甚至冒着风险创业的时候，他们唯一的自律就是少看两场电影、少吃一顿大餐省钱。当别人努力研发创新的时候，他们唯一动脑的地方就是算算以这个利率 25 年后在理论上能带来多少钱。他们难道不觉得，这想得太简单了吗？

最后，据有人考证[10]，爱因斯坦根本没说过什么"复利是宇宙中最强大的力量"这种傻话。

对冲风险的数学原理

我们经常会说这么一句话："不要把鸡蛋放在一个篮子里。"我想从数学上来说说这句话的原理是什么。了解了原理，你才知道这句话的科学用法——特别是，到底应该把鸡蛋放在什么样的篮子里。

为此我们要借助前文讲的"标准差"的概念。我们知道，标准差描述了一个随机分布的风险。

❶ 两只股票的故事

有一家销售户外体育用品的 A 公司，业绩受天气、季节、特别是空气质量的影响非常大。为了简单起见，我们假设有一半的时间户外环境比较好，A 公司的利润是 40%；在另外一半的时间户外环境不好，A 公司亏本运营，利润是 -20%。当然，真实公司的业绩不会对天气如此敏感，我们只是打个比方。

A 公司的平均利润，也就是数学期望，是 $0.5 \times 0.4 - 0.5 \times 0.2 = 0.1$，也就是 10% 的利润。这个利润其实还可以，但是 A 公司的标准差太大了，搞不好一下子就会亏损 20%。如果我们要买 A 公司的股票，就得想一想自己能不能承担那么大的风险。

现在还有一家卖室内用品——比如说跑步机、空气净化器之类——的

B 公司。B 公司的销售状况和 A 公司正好相反。户外环境越不好，B 公司的业绩就越好。我们假设 B 公司也是在一半的时间里有 40% 的利润，在另一半的时间里利润是 -20%。B 公司的平均利润和标准差都跟 A 公司一样，所以面对 B 公司，你也很犹豫要不要买它的股票。

但是如果这两家公司都摆在你的面前，你该怎么办呢？你应该坚决地同时购买它们的股票。

比如你投入 100 元钱，50 元钱买 A 公司的股票，50 元钱买 B 公司的股票。咱们来算算你每时每刻的收益。天气好的时候，A 公司盈利 40%，B 公司损失 20%，你实际赚了 10 元钱；而天气不好的时候，A 公司损失 20%，B 公司盈利 40%，你还是能赚 10 元钱。

这样，不管天气怎么变化，你的利润始终是 10%。因为你同时持有这两家公司的股票，你的平均利润没有变化，而你的标准差变成了 0！

这就是分散投资最理想的例子。只买一家公司的股票，你有这么大的预期利润，但是要承担一定的风险；而如果你买了两家公司的股票，你还是有这么大的利润，可是你却不用承担风险了。

只要能找到这样的投资组合，这不是躺着赚钱吗？

❷ 组合投资的标准差

真实世界中当然不存在这样两家赢利时间正好相反的公司。但是只要你能找到两家公司，它们的表现存在"负的相关性"，你就可以用这两家公司对冲风险。

所谓"相关性"就是两个变量一起变化的共同趋势。如果一个变大，另一个也跟着变大，它们就是"正相关"；如果一个变大，另一个变小，它们就是"负相关"。相关性可以用"相关系数"来描写，用希腊字母 ρ 表示，ρ 的数值总是在 -1 和 1 之间。

下图[1]表现的是横坐标数值和纵坐标数值的相关性，图中每个点代表一个案例样本。从左到右 ρ 分别是 0.4、0 和 -0.4。

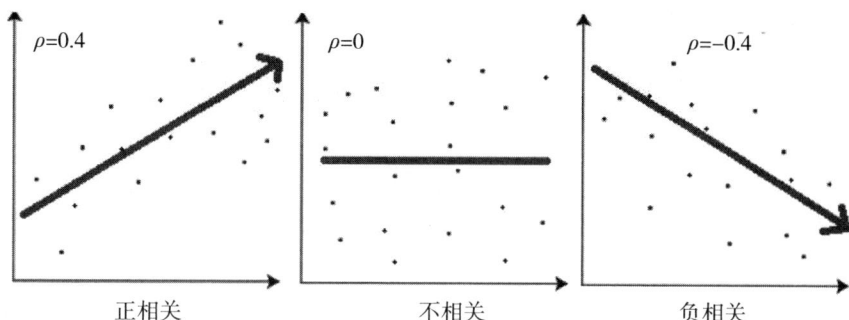

正相关　　　　　　　不相关　　　　　　　负相关

有了相关系数，我们就可以计算一个投资组合的标准差了。如果你的投资组合里包含 n 只股票，用 W 表示它们所占的权重，那么根据每个股票的标准差和各个股票之间的相关系数，就可以用下面这个公式计算出这个投资组合的标准差。

$$\sigma_p^2 = \sum_i^n W_i^2 \sigma_i^2 + \sum_{i=1}^n \sum_{j=1}^n W_i W_j \sigma_i \sigma_j \rho_{ij}$$
$$i \neq j$$

这个公式看上去稍微有点复杂，但是其中的道理非常简单。投资组合的标准差是由其中每一只股票的标准差的平方进行加权，再由不同股票之间两两相关的系数来决定。

你不必记住这个公式，但是应该记住这个公式带来的两个结论：

第一，投资组合的标准差，总是小于所有股票标准差的加权平均值。

这个结论只要初中数学就能证明，具体过程我就不推导了，关键原因就在于 ρ 总是在 -1 和 1 之间。

这意味着什么呢？意味着但凡你把投资分散一下，哪怕是胡乱选几家公司放在一起，你的风险也降低了。

第二，如果能找到一些相关系数为负的（$\rho<0$）股票，那么投资组合的标准差将会大幅度减小。

这就是我们开头那个例子的一般情况。负相关能够**抵消**风险——所以叫作"对冲"。想要做到这一点，你就不能只买同一个领域的股票，因为它们的运动往往是正相关的。你应该各个领域都买一些。比如你买了阿里巴巴的股票，就最好再买一些苏宁易购的股票，因为它们一个做线上一个做线下，（理论上）形成对冲。

两条加起来，就是"不要把鸡蛋放在一个篮子里"这句话的数学原理。我们这么做并不仅仅是因为一个篮子打翻了还有别的，而是让篮子和篮子互相补充，互相配合。只要有足够的负相关，你的投资组合就会东方不亮西方亮，黑了南方有北方。

所以你要搞投资的话最好不要孤注一掷。理想情况是找到几家有高回报率、同时又互相补充的公司做组合投资。如果找不到那么多高回报率的公司，用几个回报率稍微低一点的公司来对冲风险也是可取的。这就是各种股票基金背后最基本的原理。

③ 为什么普通人不应该炒股

要真正获得组合投资这样的好处可没有那么容易。你要知道每只股票的预期收益是多少，你要知道每只股票的标准差是多少，你还要知道它们两两之间的相关系数。

这些数字都是根据各只股票近期的波动情况，用数学模型推算的，计算量非常大。如果你要考虑 10 只股票，它们之间两两的相关系数就有 45 个！如果要考虑几百只股票，计算量更是大到难以想象。

这么大的计算量，各种基础分析和技术分析，还要频繁交易才能保证你的投资组合时刻处在一个比较理想的状态。想要做到这些，一个人显然是不行的，它需要一个专业基金公司的运作。这个活儿得分工，有人专门负责研究每只股票的预期收益和标准差，有人专门设计投资组合，有人专门操盘才行。

换句话说，只有在钱足够多的情况下，才值得这么做。

所以，从风险角度来说，个人投资者相对于基金有天然的劣势。当然，风险大的时候，个人投资者的盈利率会比任何基金都高，但这纯粹是运气。

基金是在用系统赚钱，而个人是"富贵险中求"。

想明白这个道理，我们的结论就是普通人不应该炒股。那咱们了解对冲风险的数学原理有什么用呢？也许你可以用在生活上。

❹　生活中的对冲

有个故事你可能早就听过。从前有个老太太，两个女儿都嫁人了。大女婿是卖雨伞的，二女婿是开染坊的。老太太到了晴天就担心大女婿生意不好，因为晴天雨伞卖不出去。到了阴雨天又担心二女婿生意不好，因为不能把染好的布晒干。老太太每天都担心，直到她遇到一位心灵鸡汤人士。鸡汤老师开导老太太说，你为什么不想想，晴天二女婿生意好，阴雨天大女婿的生意好呢？

一般人听这个故事都是听个正能量。你知道数学家会从中得到一个什么道理吗？

这个道理就是要多生孩子。

大女婿和二女婿都有不错的收益率和比较大的标准差，正好是我们在文章开头说的那个理想的投资组合。因为老太太有两个女儿，她就能在享受一个很好的收益率的同时，还把标准差给大大缩小了。

对冲的思想可以用在很多事情上。美国总统大选，一般公司搞政治捐款都不是只捐给一个党，而是给两个党都捐钱——不管谁上台都得感谢它。个人搞政治捐款意义不大，但如果你们公司有两位领导在竞争一个职位，那你应该尽量跟这两个领导都搞好关系……总之多交朋友少树敌就对了。

❺　这也是对冲

我们都希望中国队赢球，可是中国队总输球怎么办呢？你可以去赌球网站买中国队输。中国队赢了你高兴，中国队输了你还能获得一点金钱上的安慰。

年轻的时候应该多学一些不同的技能，这些技能最好不要集中在同一个领域，要形成对冲的关系。不管将来经济形势如何变化，你都有用武之地。

买保险是最简单的对冲。花钱不多，一旦有事就能用上。保险公司在乎的是数学期望值，只要参保的人足够多他们总能赚钱，而我们在乎的是标准差。

最后我还想说一点：对冲这个思想也不能滥用。

对冲仅仅是为了降低风险。只有在害怕风险的情况下，才值得去做对冲。如果风险不大，集中才有力量。

比如说谈恋爱吧。如果你对每个姑娘都很好，那很可能一个姑娘都追不到。既然谈恋爱这件事没有多大风险——也许有个机会成本——你应该集中力量追求一个姑娘。你要是不满足于当个安全的旁观者，想**参与**公司政治斗争，那两头下注就是不行的。

对冲，本质上是个保守的做法。即便在投资界，也不是所有人都认可对冲。纳西姆·塔勒布（Nassim Taleb）赚了很多钱，而他在《反脆弱：从不确定性中获益》（*Antifragile*：*Things That Gain from Disorder*）这本书里就表示完全不屑于对冲风险——他的做法是把大部分钱用于购买零风险的债券，然后一小部分钱用于回报最高、但同时风险也最高的投资。他说那些中等回报、中等风险的东西都是给傻瓜（suckers）准备的。

你从数学上无法证明哪种方法更有利。巴菲特（Buffett）发家也不是靠对冲，他是选准了股票下重注——而你无法从数学上证明他的成功到底是不是因为运气好。

总而言之，风险和收益之间有矛盾。你不可能又要高收益又要低风险。

电影里说出"富贵险中求"这句话的人最后都死了，但是真实世界中未必。我们这里讲的只是一个工具。到底是要富贵险中求，还是把鸡蛋放在不同的篮子里，取决于你的风险承受能力——我们最多只是告诉你，如果你要把鸡蛋放篮子里的话，应该选什么样的篮子。

为什么绝大多数投资者都会输给市场

咱们来一起思考一个数学问题。这个数学问题有助于我们理解一个看似有点反常识的道理，那就是为什么绝大多数投资者都会输给市场。

如果你去考察华尔街那些金融机构，也包括所有的个人投资者，你看他们一年下来的投资成绩，其中绝大多数，都不如标准普尔指数的增长。投资界公认，打败标准普尔指数非常非常难。哪个公司打败了标准普尔，那绝对是值得吹嘘的成就。

可是你想想，这好像不对啊！标准普尔指数代表的是从股市中选出的500只股票的平均增长，它代表的只是一个平均水平。比平均成绩好，怎么会这么难呢？

我们要说的就是这个道理。纳西姆·塔勒布的《利益攸关》(*Skin in the Game*)里有一个概念叫"遍历性"，这个道理正好和它在本质上是一样的。

我要用的例子是来自一本叫《一个数学家玩转股票市场》(*A Mathematician Plays The Stock Market*)的书，作者约翰·保罗士(John Paulos)是一位数学家。你要想理解股票市场是怎么回事，建议好好读读这本书——数学家的见识绝对比那些学金融的深刻。但是你要想在股市上赚钱，这本书可能没什么帮助——事实上保罗士是因为在股市上赔了很多钱，痛定思痛，才写了这本书。我觉得这本书很适合劝人不要炒股。

保罗士编了一道数学题。

我们知道，新股刚上市的时候，股价波动往往很大。咱们干脆假设，任何一只股票 IPO 第一周，股价都是或者上涨 80%，或者下跌 60%，可能性各占一半。

涨幅比跌幅大，机会啊！

那我们能不能搞一个投资策略，每个星期一都买一只 IPO 的股票，然后在星期五把它卖了？我的资金有一半的可能性会上涨 80%，有一半的可能性会下跌 60%，平均下来，数学期望值是赚 10%。那如果我每周都赚 10% 的话，一年下来利滚利，那就是 1.1 的 52 次方——如果我投入了 1 万元，到年底我会有 142 万元。

这 142 万元，就是市场的平均回报。但是这可不是你最有可能拿到的回报。

你最有可能拿到的回报是多少呢？假设你总共有 1 万元，你每周一把钱全投进去买 IPO 的股票，周五再把股票全部卖掉，下周一再把钱全投进去。如果你这么做，最有可能的结果是 52 个星期下来，你还剩下 1.95 元。

咱们算算。你最可能面对的结果是在 50% 的时间里，你的资金增长 80%，在另外 50% 的时间里，你的资金下跌 60%。你的资金要乘以 1.8 倍 26 次，再乘以 0.4 倍 26 次，结果就是你平均每两周亏 28%，一年后 1 万元就变成了 1.95 元。

那么问题来了，前面那个 142 万元的平均收入又是从哪来的呢？这其实是假设有很多很多个投资者都在市场里使用这个策略买卖股票。其中有的人比较幸运，遇到很多个周期都是增长 80%，很少的周期是下跌 60%。而那些不幸的人则是很多周期下跌 60%，很少的周期上涨 80%。

其中最幸运的那个人，是连续 52 周里全都是上涨 80%，他的收入就是 1 万乘以 1.8 的 52 次方，等于 1.88×10^{13} 万元。而最不幸的人，也不过就是把钱赔光了，并不会出现一个负数。把幸运者和不幸者都加在一起，取个平均数，结果就是每个人赚了 142 万元。

说得再明白一点，我们干脆考虑一种只有 4 个投资者、总共投资了两周的情况。从概率平等角度看，其中会有一个人买的股票在两周内都是增长 80%，那么他的 1 万元就变成了 32400 元。有一个人买的股票在第一周涨，第二周跌，还有一个人买的股票是第一周跌，第二周涨，这两个人代表了多数，代表了**最可能**的结果，就是 1.8 × 0.4，1 万元变成 7200 元。然后还有一个不幸的人，买的股票两周内都下跌，也就是 0.4 × 0.4，他的 1 万元变成了 1600 元。

这 4 个人的收入分别是 32400 元、7200 元、7200 元和 1600 元。4 个人收入的平均值是 12100 元，正好是 1 万元 × 1.1 × 1.1。而 4 个人收入的**最可能结果**，则是中间的这两个 7200 元。最可能值，远远小于平均值。

如果你对初等数学还很熟，你会立即注意到：所谓"最可能结果"，其实就是用 1.8 和 0.4 这两个数的"几何平均值"算出来的；而所谓"市场平均结果"，则是用 1.8 和 0.4 的"算术平均值"算出来的。而数学告诉我们，几何平均值总是小于算术平均值。

这就是为什么个人收益的最大可能性是打不过市场的平均增幅的。我们为了突出说明问题，用了一组极端的数字，但"几何平均值总是小于算术平均值"这个性质对所有数字都是适用的。换一组数字你不一定赔钱，但你还是无法打败市场。

这也是塔勒布说的"这个系统没有遍历性"。一群人做一件事取得的平均值，和一个人经历这件事很多很多次，是不一样的。

我再换个说法你就更容易理解了。市场上特别幸运的人，会获得巨额的收入，他们强烈地拉高平均值。而特别不幸运的人和中等幸运的人的表现其实差不多——最多也就是账户清零而已，并不会强烈地拉低平均值。那么结果就是平均值受到了少数幸运者的强烈影响。

股票也有幸运的和不幸运的。标准普尔指数有 500 只股票，是广撒网，其中一定会网罗到少数幸运的股票，是这些幸运股票使得标准普尔指数偏高。普通投资者一会儿买幸运股票一会儿买不幸运股票，就算各占一半，因为收益是几何平均值，就不如标准普尔手里永远握有幸运股票。

总之，买股票一共有三种方法，以上述设定为例：

1. 总共只有 1 万元资金，每次都全部买一只股票。运气特别好的话可以挣很多很多钱，但最可能的结局是几何平均值，变成 1.95 元。

2. 总共有 52 万元资金，每周一投入 1 万元买股票，周末卖出。结果是一年下来有 10% 的利润，变成 57.2 万元。

3. 如果资金和时间充裕到可以不顾交易成本，去买市场所有的股票，那么就按照市场算术平均值滚雪球，一年下来变成本金的 140 倍。

当然因为我们设定了 80% 和 60% 这两个大数字，这个结果显得比较夸张，但意思是这个意思。第一种是个人常见的投资方法。第二种是小打小闹。第三种，是大盘指数。

生活中其实也是这样。北京市的平均收入一公布，就有很多人表示自己给北京拖后腿了——绝大多数人的收入都是在平均水平之下的。这完全符合数学，根本原因就是收入特别高的人贡献太大了。

如果北京市政府允许市民放弃工作自主权，选择领取全市平均工资，我想大多数人都会乐意的。而在股市上，就真的有这么好的事儿，那就是别自己胡乱选股了，老老实实买指数基金。这恰恰是巴菲特最爱给人提的炒股建议。

总有一种力量让我们回归平均

以前所有人都认为因果是天经地义的东西，但 100 多年以前，统计学家们搞了一次革命，从此认为科学知识里根本就没什么因果……

统计学上有个非常经典的概念叫作"回归平均"，它在生活中有各种应用，但是至今仍然有很多体面的人因为不懂这个概念而犯错。

这个概念，你想必已经听说过，但我们这里要从一个更高的角度来讲。

这一切还得从举世罕见的聪明人、学术多面手、人类学家、著名的种族主义者、发明家、统计学的祖师爷、达尔文（Darwin）的表弟、弗朗西斯·高尔顿（Francis Galton）先生讲起。

❶ 高尔顿的困惑

1877 年，高尔顿在英国皇家科学院做了一个演示报告。皇家科学院的报告传统真是让人心驰神往——听众都是各方牛人，正装出席，报告人不用 PPT，而是面向观众，就像变魔术一样，一边演示实验一边侃侃而谈，内容都是对大自然的最新揭秘。

高尔顿这次演示的东西，被后世称为"高尔顿板"。它是一个平板，下部有很多垂直的槽，槽上面是一些排列成三角形的小隔挡。

让一个小球从最上方掉下去，它会经历各个隔挡的阻碍，最终落到一个竖槽里。每个小球在进入竖槽之前的运动都是随机的，但当我们放了很多小球之后，它们就会在竖槽上呈现一个明显有规律的分布，如右图所示。[1]

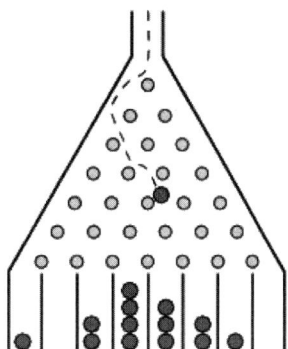

这当然就是正态分布。高尔顿板演示的是人的遗传。比如身高和智商，可能受多个遗传因素的影响——类似高尔顿板上的隔挡，这些因素综合起来一起作用，结果就一定是正态分布。事实上人的身高和智商的确就是正态分布，即身高特别高和特别矮的人都很少。

正态分布不是新闻。高尔顿这个报告的真正剧情还在后面。他说如果我在竖槽下面再放上一些隔挡，隔挡下面再放上第二排竖槽，如右图[2]所示，那会是什么样的情景？

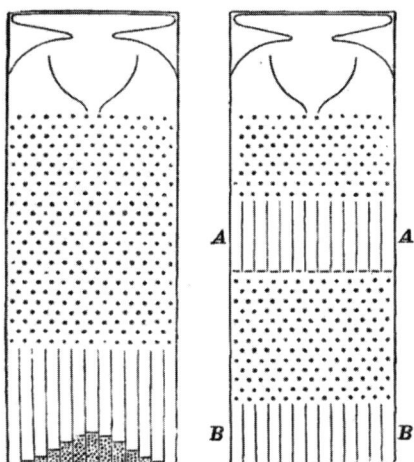

这就模拟了两代人的身高。第一排，也就是竖槽 A，代表第一代人的身高分布，即正态分布。那么第一代人再遗传一次，到达竖槽 B，会是什么分布？

不论是理论推导还是实验演示，第二排竖槽里的小球都呈现一个更宽广的正态分布。我们在《标准差和人生哲学》一文中讲过"标准差"的概念，竖槽 B 的标准差更大，如下图所示。

（回报率的可能性）

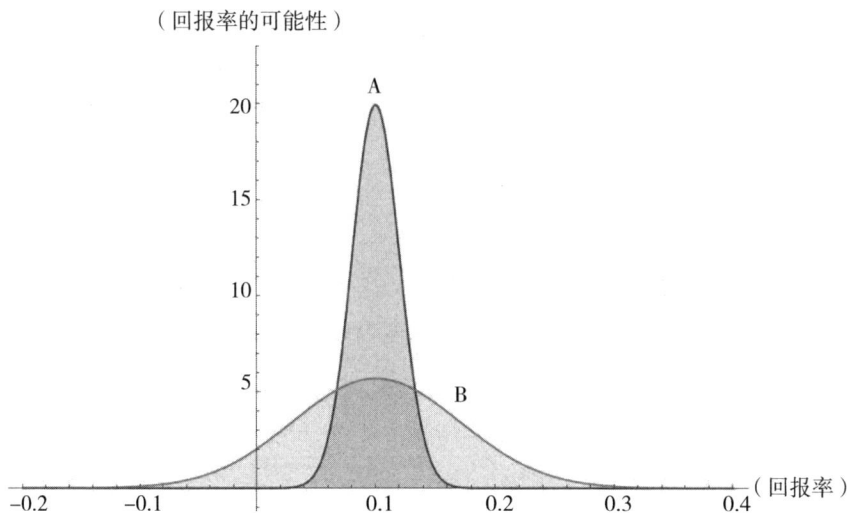

（回报率）

这意味着每一代人身高的标准差会越来越大，也就是身高特别高和特别矮的人应该一代代越来越多才对。

可是真实世界根本就不是这样。真实世界里一代代人的身高标准差都是一样的。

我再换个说法你就更明白了。假设现在有一批身高特别高的人，他们处在第一代正态分布曲线的右侧边缘地带。如果他们生的孩子的身高是在他们的身高基础上进一步随机演化，那么其中应该有一半人的身高比父辈高。如此说来，第二代人身高的边界，应该比第一代更宽才对。

但事实并非如此。真实世界里牛人的第二代并没有一半的机会比牛人强——第二代好像普遍比第一代弱。高尔顿考察了 605 个英国名人，发现这些名人的儿子们，普遍不如名人自己有名。

这个规律好像还无处不在。比如姚明特别高，他的妻子也非常高，我们可以想象姚明的女儿肯定也会很高——但是根据高尔顿发现的规律，姚明女儿的身高将不会像姚明那么高。最可能的结果，是她会稍微矮一点。

高尔顿把这个现象叫作"回归平庸"。第一代出类拔萃，占据了正态分布曲线边缘的位置；第二代则普遍没有接着开疆拓土，甚至连第一代的优势都没保住，反而都往曲线的中间"回归"。

　　高尔顿不得不把高尔顿板做了一个改进，把一些竖槽变成斜槽，才能体现这个"回归"，如右图所示。[3]

　　可这斜槽代表什么呢？难道说冥冥之中有一种力量让我们回归平庸吗？

② 高尔顿的解释

　　有些问题值得思考 10 多年。一直到 1889 年，高尔顿才把这件事情想明白。

　　高尔顿意识到，根本就没什么特殊力量。

　　他考察英国男子的身高和手臂之间的关系，发现特别高的人手臂也都很长——但是他们的手臂并不是最长的。这就好像最聪明的父亲没有生出最聪明的儿子一样。手臂相对于身高，也出现了回归平庸。

　　父亲跟儿子之间也许有因果关系，身高跟手臂之间似乎不太可能有因果关系。

　　更进一步，父亲相对于儿子，也有一个回归平庸！如果你先看儿子身高，那些最高的儿子，他们的父亲的身高也不是最高的。显然儿子身高并不能决定父亲的身高，这个关系肯定不是因果关系！

　　高尔顿把这种关系叫"相关"。这就是"相关性"这个概念的起源。高尔顿是第一个意识到"相关不是因果"的人。

　　儿子出生的时候父亲已经成年了，儿子身高总不可能影响父亲的身高，所以绝对不可能有一种什么神秘力量，决定了从儿子到父亲的回归平庸。

　　今天我们管这个现象叫"回归平均"（regression toward the mean）。

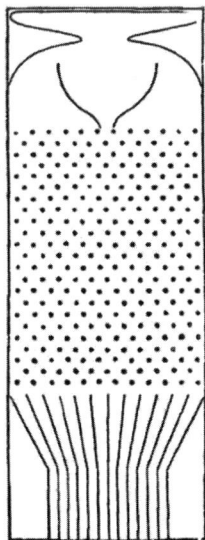

❸ 回归平均

丹尼尔·卡尼曼在《思考，快与慢》里，对回归平均有个很好的解释。想要理解回归平均，你得理解下面这两个公式：

成功 = 天赋 + 运气

大成功 = 多一点点天赋 + 很多好运气

你得承认运气的作用。

具体到身高来说，我们的身高有一部分是直接继承了父母的基因，还有一部分是遗传基因的排列组合以及跟环境的相互作用影响到基因表达，这些过程中有一些运气的成分。

高个父亲不但有好基因，而且有好运气。基因可以遗传，可是运气不能遗传。好运气总是非常罕见的，所以大概率下，儿子不会有那么好的运气——所以儿子的身高就不如父亲。

这就好比说如果父亲的财富很大一部分是来自买彩票中的大奖，我们就容易理解，儿子将来不会像父亲一样有钱。中国有句话叫"富不过三代"，其实并不见得是第二代和第三代从小骄奢淫逸不会赚钱了，可能仅仅是因为第一代的好运气是不可继承的。

所以回归平均其实就是一个简单的统计学现象，本质原因是小概率事件不会一再发生——这里面并没有什么神秘力量。

这个现象是如此简单，但是这个知识并没有普及！今天仍然有很多人在犯高尔顿 1877 年的那个错误，他们见到回归平均，总觉得背后一定有一个缘故。

❹ 回归平均种种

一个电影大获成功，于是就出了续集。可是续集的票房往往不如第一部高，这是为什么呢？很多人就说续集没那么好看，都是为了赚钱的狗尾续貂！

其实不一定。用回归平均完全可以解释为什么好电影的续集往往不好。第一部电影之所以大受欢迎，是因为它运气好。好运气总是稀少的，第二部电影没那么好的运气，自然票房平庸。其实票房平庸很正常，第一部大获成功才不正常。

再比如，NBA 新秀如果第一年表现非常好，第二年不行了，人们就会说他是不是骄傲自满了，成了名不好好努力了。

其实不一定。第一年表现好很可能是因为运气好，正好赶上跟队友关系好比赛打得顺手；而好运气不可持续是大概率的情况，所以第二年表现不好很正常——这跟他自己本人怎么努力没关系。

我最喜欢的一个例子还是卡尼曼讲的。

有一次卡尼曼给以色列空军办讲座。卡尼曼讲到心理学，说你要想让你的学员进步，一定要多正面鼓励，不要去骂他们。心理学家有充分的证据证明，正面鼓励比打骂有效得多。

这时候有一个教官表示不同意。他跟卡尼曼说，我的经验可不是这样。如果一个飞行员有一天飞得特别好，我当场表扬他、鼓励他了，他第二天往往飞得没那么好。可是如果一个人飞得特别差，我骂他一顿，他第二天果然就飞得没那么差了。这不就说明，表扬没用，打骂有用吗？

卡尼曼一时语塞！他后来才想明白这个事，这其实是回归平均。

飞得特别好这种事情并不容易发生，你表扬或者不表扬他，他下一次飞也会回归平均，会没那么好。飞得特别不好也是小概率事件，你批评或者不批评他，他下一次飞也会回归平均，会没那么差。在回归平均这个大趋势面前，表扬固然没有立竿见影的作用，批评的作用其实也是错觉。

❺ reason 和 cause

说到这儿我想辨析两个英文单词："reason"和"cause"。这两个词的意思差不多都是原因，但是你细品的话，会发现它们有重大区别。

所谓 reason，是说对这件事的解释。比如你问我某个电影的续集为什么票房不高，我说这是回归平均，这个事儿有一个解释。

而 cause，则是导致这件事的另一件事。你现在为什么感到有点饿，因为你没吃早饭。cause 就是"因果关系"里的那个"因"，我们这里统一翻译成"缘故"。

为什么高个父亲的儿子往往没有他高？这件事有个解释，但是没有缘故——没有一个神秘力量**导致**儿子的身高变矮，这纯粹是个统计学现象。

为什么你买彩票中了大奖？这有一个解释——总会有人中大奖，这次碰巧是你。但是没有缘故——并不是因为你昨天做好事帮助孤寡老人，**导致**你今天中了大奖。

世界上有些事儿，是无缘无故发生的。

高尔顿终于意识到回归平庸这个现象根本就没有 cause。他意识到1877 年的自己犯了一个以为什么事儿都有缘故的错误，他的因果惯性思维害了他。

高尔顿痛定思痛，干脆认为，世界上一切事物都没有因果！后来高尔顿的徒弟，叫卡尔·皮尔逊（Karl Pearson），把这个思想发展壮大了。

皮尔逊坚定地认为，科学的世界里只有相关没有因果。那这个思想是不是从一个极端又走向了另一个极端呢？

第三章

感性中的理性

第一条守则，是不要欺骗你自己——而你自己是最容易被你骗的人。

——理查德·费曼《别闹了，费曼先生》

丑小鸭定理

对于丑小鸭定理，你可能有点印象，但是你可能没想到它是一个数学定理，而且是一个 1969 年才出现的定理。了解这个思想，有助于我们变成一个更开朗的人。

丑小鸭定理问的是这样一个问题：一只丑小鸭跟一只天鹅之间的区别大，还是两只天鹅之间的区别大？

直观的答案肯定是前者区别大。两只天鹅毕竟都是天鹅，长得肯定像，而丑小鸭跟天鹅是很不一样的。

但这只是考虑了它们的外形，我们还可以从别的方面比较，比如DNA。假设丑小鸭是这两只天鹅生的女儿，两只天鹅作为夫妻，它们的DNA 并不相似。而丑小鸭的 DNA 一半来自她的父亲，一半来自她的母亲。所以要比较 DNA 的话，丑小鸭跟其中任何一只天鹅的相似度，都远远高于这两只天鹅之间的相似度。

这个道理是，如果要比较相似度，首先得看看比的标准是什么。但是我们能想象的标准可能有无穷多个，这没有办法计数啊？所以我们需要一个数学的洞见。(如果你对数学不感兴趣，可以直接跳到第一小节的结论。)

❶ 定理

这个洞见就是，所谓两个东西"相似"，就是在给所有东西分类时，这两个东西能被分在同一个类里面。在各种不同的分类之中，它们两个被分到一起的次数，就决定了相似度的大小。

举个例子。我们把这三只鸟排成一排，分别是天鹅 A、天鹅 B 和丑小鸭 C，来看看对这三只鸟有多少种分类方法。

具体做法是我们选择一个属性，符合这个属性的就算是一类，不符合的就不算。

比如，我们选择的属性是"白色"，两只天鹅是白色的，丑小鸭是灰色的，所以根据这个属性，两只天鹅就被选中，而丑小鸭不在这一类。这个分类结果可以用（110）表示——对应三只鸟的位置，1 代表你在这个分类里，0 代表你不在这个分类里。

如果选择的属性是"排第一名"，那就只有天鹅 A 在这个分类里，分类结果就是（100）。

如果选择的属性是"不是白色"，那就两只天鹅都不算，只有丑小鸭在这个分类里，结果就是（001）。

如果选择的属性是"白色，但是不排第一名"，结果就是（010）。

以此类推。我们会发现，下面图[1]中表示的 8 种分类方法，你其实都能找到一个对应的"属性"。

	A	B	C	
1	1	0	0	排第一名
2	1	1	0	白色
3	0	0	0	不是白色，但是排第一名
4	0	0	1	不是白色
5	0	1	0	白色，但是不排第一名
6	0	1	1	不排第一名
7	1	0	1	排第一名或不是白色
8	1	1	1	不排第一名或白色

左边是分类结果，最右边是分类标准，也就是事先选择的"属性"。

而且对于三个物体，一共也就只有这 8 种分类方式。那怎么定义相似度呢？就是看这 8 种分类之中，这两个物体被分到同一类的有多少种。

比如说天鹅 A 和丑小鸭 C，就在（101）（111）（000）（010）这 4 个分类中属于同一类，那么我们就可以说天鹅 A 和丑小鸭 C 的相似度 = 4。同样的道理，天鹅 B 和丑小鸭 C 的相似度也是 4。而天鹅 A 和天鹅 B 的相似度呢？它们为同类的分组是（110）（111）（000）（001），也是 4。

也就是说，丑小鸭和天鹅之间的相似度，和两只天鹅之间的相似度，是一样的。这就是"丑小鸭定理"。

一般来说，如果有 N 个物体，那么就一共有 2 的 N 次方种不同的分类方法，而结果还是这样，各个物体之间的相似度是一样的。

换一个说法，丑小鸭定理也可以表述成："丑小鸭跟天鹅之间的差异，和两只天鹅之间的差异一样大。"

❷ 没有"客观"的分类

丑小鸭定理是 1969 年由美籍日本人渡边慧证明的。当初提出这个定理是计算机模式识别的要求。

比如，现在有一大堆东西，能不能给计算机一个任务，让它自动、客观地把这些东西分个类。丑小鸭定理说，这是不可能的，因为没有给出分类标准。

比如，把一群人进行分类，是按身高分、按肤色分、按学历分，还是按 DNA 的相似程度分？在此之前，必须先主观地给计算机一个标准，它才能进行分类。

如果没有主观标准，那根据丑小鸭定理，这些人中任意两个人的相似程度都是一样的，不管怎么分都可以。这就是"种族不存在"这个说法的最深刻含义。

如果非得把人按照种族分，这就是一种主观的、有偏见的分法。每个人都有各种属性，凭什么非得看种族呢？从这个意义上说，种族是不存在的。

但是这个批评也适用于所有的分类标准。按种族分不合理，难道按学历、按性别把人分类就合理吗？如果一定要说"种族不存在"，那么也应该说性别和学历不存在。

所以根本不存在完全客观的分类，每一种分类都是主观的——换句话说，每一种分类都是有偏见的。先有"偏见"这个属性，我们才会根据这个属性去分类。

这个思想的应用，何止是在计算机模式识别领域，仔细想想，这其实是一个有"佛性"的定理。

❸ 一点人生哲学

罗伯特·赖特在《为什么佛学是真的》一书中提到了"视角"这个概

念。他认为，每个人观察世界都带着一个主观的视角，我们把东西分成"好的"和"坏的"，其实就是在"对我好不好"这个偏见视角之下的一个分类。

而现在丑小鸭定理则告诉我们，不管你是不是从"我"的视角出发，只要你分类，你就是有偏见的。

完全客观、无偏见、不歧视，是不可能的。

那我们应该怎么面对这个世界呢？我觉得大概有这么三点。

第一，你可以随时跳出"默认分类"。

以前中国的社会习俗，陌生人见面一上来就先问"你是哪儿的人"，老乡跟老乡特别亲，把人按籍贯分类。我们知道了丑小鸭定理，就知道这个分类方法并不是天经地义的。为什么不按照懂数学的和不懂数学的来分呢？为什么不按照打篮球的和不打篮球的来分呢？

每一只被人歧视过的丑小鸭都应该想想这个定理！你完全可以跟天鹅分在同一类。

第二，任何一个事物，都没有什么"本质的属性"。

比如这里有个金元宝，一般人的第一反应肯定是这是个宝贝。但"宝贝"是金元宝的本质属性吗？它同时还是一块金属，一个文物，它比较坚硬可以用来砸核桃，凭什么就非得把它看成是一个宝贝呢？

每个人都有很多很多的属性，相当于是"标签"，而没有哪个标签能代表这个人的本质。

比如霍金（Hawking）的本质是什么？是一个物理学家吗？但他同时也是一个男人，很喜欢女性；他是一个父亲，有三个孩子；他还是一个明星，经常发表各种言论；他还是个特别有趣的人，喜欢讲笑话；当然他还是个残疾人。

只要你开口说霍金，你就已经对他有偏见了。

第三，没有好处就别分类。

没有客观的分类，不等于说我们从此就不能分类了，也不等于我们必须看所有东西都一视同仁。把东西分类是一种方便的认知，我们完全可以随时根据当时的用途和价值观来给东西分类。

比如，如果让小孩给动物分类，他可能分成天上飞的、地上走的、水里游的；如果让一位动物学家来分类，他可能更愿意把动物分成哺乳类和爬行类等；如果让商人分类，他首先想的是经济价值，哪个动物能帮他挣钱；让博物学家分类，他可能最关注的是这个动物的稀有程度。

先想到一个价值，分类才是值得的。如果没有价值，只是随便分类，就很有可能限制自己的认知，还可能无形地伤害别人。

如果没有好处，就不要轻易给人贴标签。如果有人非得贴标签，我们就得小心，他到底想干什么。

丑小鸭和天鹅没有本质区别。多想想这个定理，我们可能会变成一个心胸更宽广的人。

不特殊论者

一个现代人如果学习了科学知识，掌握了科学方法，他会是怎样的一个人呢？我认为除了聪明和能干之外，他还应该拥有一些优良品质。其中一个品质，请允许我创造一个概念——"不特殊论"。

历史上科学进步的一个主题，就是人类不断地意识到自己的"不特殊"。

中国人说人是世间万物之灵长，西方人说上帝创造这个世界是为了人。

很多人把亚里士多德（Aristotle）当作科学的鼻祖，亚里士多德的一个关键思想就是"目的论"，认为自然界发生任何事情都是有目的的。石头为什么会往地上掉？亚里士多德说这是因为它想要亲近大地。

目的论非常符合直觉。植物为什么会开花？开花是为了结果。太阳为什么白天要出来？为了让小朋友能出去玩。凡事都有个目的，所有目的论归根结底是为了什么呢？当然是为了"我们"。

古人认为人是特殊的。伽利略（Galileo）之前的人们认为地球是宇宙的中心，所有的日月星辰都严格地围绕地球做圆周运动——可是这个完美的模型跟实际天文观测对不上。伽利略一有了望远镜，马上就发现木星也有自己的卫星。

原来并不是所有东西都绕着我们转。如果木星也有自己的月亮，那地球和木星又有什么本质区别呢？紧接着，基于牛顿定律人们有了一个基本认识，就是天上的东西和地上的东西满足同样的物理定律。再进一步，到了达尔文时期，人们意识到人和其他动物、植物、微生物之间也没有本质区别，人类是从其他动物演化过来的。更进一步，现在绝大多数哲学家都已经相信，生物和非生物之间也没有本质区别。

人的确是高级动物。高级是高级，但并不特殊。

其实我们之所以高级，也不是因为天命所归，主要是因为运气好。这个宇宙的参数恰好适合生命出现，地球恰好处在一颗表现良好的恒星的宜居地带，于是生命出现了。我们这一支灵长类哺乳动物又恰好赶上了一系列特别好的基因突变。

如果你还了解一些社会科学，比如读过罗伯特·H. 弗兰克（Robert H. Frank）的《成功与运气》（*Success and Luck*），你就知道个人的成功在很大程度上是因为运气好。金牌选手将会拥有好得多的机会，但银牌选手未必是实力不行。

能意识到自己不是特殊的人，就是"不特殊论者"。

现在有很多特别成功的人物，不管多厉害也没有表现出狂妄自大的姿态，有一种智识上的谦逊，这个谦逊不是假装的。他们是不特殊论者。

不特殊论者首先要有人人平等的观念。世界不会因你而存在，世界也不会因你而改变。不管你能做多少，其实这个世界的运行，基本上都跟你没关系。

"不特殊论者"的反义词，是武志红老师发明的"巨婴"。巨婴的特点是始终认为世界应该绕着他转。巨婴认为如果他不高兴，那就说明这个世界有问题——他对这个世界的评价，完全取决于周围世界是不是让他高兴。

巨婴如果始终不长见识，就永远都不会成为不特殊论者——他们可能会变成"弃婴"，弃婴认为自己被世界抛弃了。世界已经一再让他失望，他完全失去了信心，也不再对世界提什么要求了，甘愿做个边缘人物。

巨婴和弃婴的共同点是他们观察世界的视角永远都是从**自己**出发：要

么就是世界对我好，要么就是世界对我不好。

相对于巨婴和弃婴，不特殊论者有个竞争优势：他能从别人的视角去考虑问题。

这里有一个可操作的原则，这个原则就是：你应该把别人的需求和你的需求放在一起通盘考虑。

假设你是一个老板，有个重大项目一定要在月底之前完成，你和员工都在加班加点。这时候有个员工找你请假，说他下周要结婚。

哪怕出于对员工的尊重而准了假，可能你也觉得这是一个麻烦。为什么早不结婚晚不结婚，非得在项目这么紧张的时候结婚。这就是因为你觉得你这个项目是最大的，所有不配合你的行为都是麻烦。

但如果你是个不特殊论者，你就会考虑到，对员工来说，有些事儿可能比项目更重要。

这并不是说，不特殊论者就应该牺牲自己成全别人——不特殊论者只是会通盘考虑。也许有些项目就是如此的重要，以至于应该命令员工推迟婚期。但也许有些项目没有人家结婚重要。

再进一步，你还应该把这个世界的运行状况和你的计划通盘考虑。

你有你的计划，世界另有计划。如果真的一切都恰到好处，各方面的条件正好让你把项目做成了，不特殊论者会想到这是一个极其幸运的局面。不特殊论者知道这样的局面非常难得，所以他会更注重做事的时机。

他既不像巨婴那样要求整个世界配合他，也不像弃婴那样完全被动等待。他耐心地寻找和调度。

自从意识到地球不是宇宙中心以来，物理学家们都变成了极端的不特殊论者。物理常数居然正好允许生命存在？物理学家拒绝接受这种天上掉馅饼的好事儿。

但我最近听说，我们身处的这个银河系似乎有点儿特殊。[1]

像银河系这样的大星系周围，都会有一些含有恒星数目比较少的"矮星系"绕着它转。可是天文观测发现，我们银河系周围的矮星系的数量，比宇宙中那些"一般的"大星系周围的矮星系要少了很多。而且别的星系周围的矮星系都比较活跃，一直在制造新的恒星，可是我们银河系周围的这些矮星系，似乎比较平静。这对地球没有任何影响，只是从科学角度看，这似乎不太对。

难道说我们这个银河系是个特殊的星系吗？天文学家对此非常不安。

我认为，我们都应该有一点这种不安的感觉。看看周围环境的设定，想想各种不用争取就有的条件，我们是否也有一点不安的感觉呢？

做一个不特殊论者，并不是说就不能接受自己的优越条件，更不是说要跟别人一样。不特殊论者只是会对自身上的任何特殊之处都有一点不安。

这点不安，就可能是你智慧增长的开始。

广义迷信

渥太华卡尔顿大学的认知科学家吉姆·戴维斯（Jim Davies），2018 年 5 月在《鹦鹉螺》杂志上发表了一篇文章[1]，说迷信思维，有一个脑神经科学的机制，甚至可以说是一个生理现象。

那迷信思维到底是什么呢？先说一个洞见：当人面临不确定性的时候，就会有迷信思维。

❶　鸽子变得迷信了

1948 年，一位英国人类学家研究过巴布亚新几内亚附近的一个原始部落，这个部落以打鱼为生。他们所在的岛上有个内湖，内湖里的资源非常稳定，只要去就有鱼，但是数量和质量都一般。

所以渔民们有时候要出海捕鱼，而出海是充满不确定性的——有时候能打到又大又多的鱼，有时候就会空手而回，搞不好还有危险。渔民在出海前有一种原始的宗教仪式，他们是迷信的。

但是人类学家注意到，渔民并不**总是**迷信的。渔民只在出海捕鱼之前搞宗教仪式，要是去内湖捕鱼就不搞迷信活动。

如果你真的信神，难道去内湖捕鱼就不要感谢神的馈赠了吗？看来渔民并不怎么在乎神的感受……他们只是想做一些事情去干预不确定性。

求神帮忙是低端的办法，更高级的办法是靠自己。如果"运气"这么重要，那我能不能给自己增加一点好运气呢？比如佩戴一个增加运气的饰品。

有不少运动员讲迷信。比如职业棒球球员，哪怕击球技艺再高超，也只有 1/3 的可能性打出好球，不确定性非常大。运动员自然就会想，为什么我上一把击中了，这一把就没击中呢？肯定是我某件事没做对。

如果运动员在某一场比赛中发挥特别好，可能从此只要是比赛他就必须穿那场比赛穿的内衣。更普遍的做法是在每次击球之前做一些特定的小动作，比如舔一舔球棒，用球棒在地上敲打两下，或者在胸口画个十字。

这种现象不仅在人类中存在，连动物界也存在。美国心理学家 B. F. 斯金纳（B. F. Skinner）在 1948 年用鸽子做了一个实验。

先把鸽子关进一个笼子里，笼子里有个小机关。一开始，鸽子一碰机关就会得到食物，鸽子的行为很正常，想吃东西就去触碰机关。

然后斯金纳改变了游戏规则。鸽子触碰机关能否得到食物，改成随机的。有时候碰一下就有，有时候碰好几下都没有。但是鸽子不知道什么叫随机，它就琢磨，我上次到底做对了什么，结果就有食物了呢？

斯金纳发现鸽子的行为模式变了。现在鸽子每次触碰机关之前，都会做一些多余的动作。有时候是晃一晃脑袋，有时候是转两圈……

鸽子变得迷信了。

渔民举行宗教仪式、运动员追求好运气、鸽子做多余的动作，有的是指望神，有的是靠自己，但是本质上都体现了同样一种思维——那就是在面对不确定性时，人们总想做点什么事情来干预一下。

明知道做了也不一定好使，但是我们还是要做，因为不做心里就不踏实——这就是迷信。

❷　火星上的人脸

下图是一张非常著名的照片，是海盗 1 号探测器在 1976 年拍摄的[2]火星表面的某个地区：

照片一公布，人们立即注意到其中有一张人脸！为什么火星上会有人脸形状的结构？这难道不是外星人故意建造的吗？

下面这张更高分辨率的照片[3]，是后来对同一地点的拍摄。

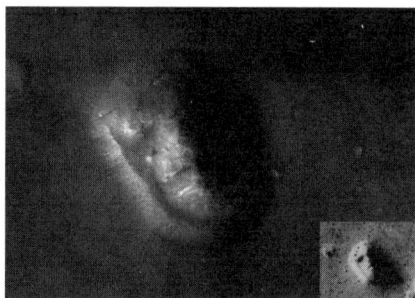

其实就是一个普通的小山丘。之前所谓的人脸图案只不过是光影而已。而且我们现在回头再看老照片，其实也不怎么像人脸。

明明杂乱无章、完全随机的地方，我们总想看出什么意义和规律来——这也是迷信。

❸ 迷信是一种生理反应

我从《鹦鹉螺》的文章中学到一个新知，那就是迷信思维其实是大脑的一种生理反应，而且可以通过药物控制。

有个研究，先对受试者进行问卷调查，看看是否相信宗教和超自然现象这些传统的迷信项目，之后分出一个迷信组和一个怀疑组。然后研究者给这两组人看一些像是人脸的图案，其中有的确实很像人脸，有的根本就不像，都是些随机的图案。

研究者发现，迷信组的人，非常善于在不是人脸的图案中识别出人脸来，就好像把火星上那个山丘看成人脸一样。而怀疑组的人就比较理性，他们不会强行认出人脸，不像就是不像。

所以我们可以看到，强行发现规律和意义，跟传统意义上的迷信有密切联系。

而科学家发现，这种强行发现规律和意义的能力，跟大脑分泌的多巴胺很有关系。

多巴胺，是一种神经递质，能影响情绪，相当于大脑中的一个奖励系统。比如赌博赢了钱，大脑就会大量分泌多巴胺。而这项研究还告诉我们，多巴胺还能刺激人去发现规律。

研究人员让受试者服用了一种叫"左旋多巴"的药物，这个药能提升大脑里的多巴胺。吃了这个药之后，本来看不出图像中有人脸的人，也能看出人脸来了。

多巴胺调节了人发现规律的能力。多巴胺不足，明明有规律，人们也看不出规律；多巴胺过多，明明没有规律，人也能找出规律来。

这样来看，"迷信"跟"探索"其实是同一种思维，只有程度的区别。

❹ 迷信的四个等级

我们在世上生活，总要总结周围事情的规律，并且尝试干预和控制，这些是人的本能。找规律、想控制，这不叫迷信——迷信是**过度地**找规律和想控制。

反思自己到底是理性探索还是已经陷入迷信，我们需要问自己两个问题。

第一，你相不相信，身边有些事情，是你不管做什么都控制不了的。

第二，你相不相信，这世界上有些事情，是无缘无故发生的。

如果你不相信，说"我命由我不由天"，一定要掌控自己的命运，认为世界上没有偶然的事情，那你这就是迷信思维。

据此，我想把迷信分成四个等级。

第一级是求神保佑。这个比较低级，寄希望于一种无法证明其存在的神秘力量，把命运交给神。

第二级是追求好运气。这有点自我奋斗的意思，棒球运动员的小仪式和鸽子的多余动作，都算是积极的探索。

第三级是阴谋论。不相信有什么巧合，认为世界上所有事情都是有缘故的。比如那些认为整个世界杯都被赌球集团操控的人，他们过低估计了操控世界的难度。

第四级很难识别，是随时随地都能发现生活中的意义。

美国一个超市曾经实行过一个政策，如果顾客结账用的是信用卡，他的名字就会出现在收据上，超市要求收款员看一眼顾客的名字并且念出来。比如收款员会对我说"谢谢你，万先生。"这样做能给人一种亲切的感觉。

结果这个政策没实行多久就取消了，因为男顾客容易想多。有的顾客想，为什么这个女收款员要特意看一眼我的名字，她是不是对我有意思呢？有的顾客会主动找女收款员搭讪，甚至在停车场等着人家下班。明明是个机械化的、例行公事的动作，他都能从中去找到某种意义。

从第一级到第四级，越低级的迷信越明显，越高级的越普遍。

关键就是怎么面对随机事件。公司某人犯了一个大错误，作为领导应该怎么办呢？这人是不是故意犯错？公司会不会"国将不国"？是不是非得来个严惩，然后修改公司章程，要求全体员工学习，形成一个新制度来避免这种错误？如果有点啥事都这么干，公司就没有正事儿了。

事实是有些事儿就是无缘无故发生的，纯偶然——或者你至少可以把它当作是纯偶然，因此你永远都控制不了。承认控制不了、放弃控制，才是科学态度。

最后我们可以对迷信做个广义的定义：所谓迷信，就是在没有道理的地方寻找道理，在没有意义的地方找到意义，在没有规律的地方发现规律，在没有因果的地方强加因果。

目的论的幽灵

"天将降大任于斯人也，必先苦其心志，劳其筋骨，饿其体肤，空乏其身，行拂乱其所为，所以动心忍性，曾益其所不能。"孟子的这句名言不知被多少人挂在墙上、记在心中，在每一次面临逆境和困难时激励自己。可你要是较真，这句话有个问题。

"生于忧患死于安乐"的道理我们都懂。但孟子的字面意思，是说你经历的所有逆境和困难，都是因为老天想要磨炼你，想要把你打造成一个更强的人而故意安排的。这些事不是无缘无故发生的，它们就好像是游戏里的关卡一样是为你精心设计的……这不就等于说"一切都是最好的安排"吗？

当然大多数现代人不至于做这种字面上的理解，但我想说的是，这里面有个根深蒂固的思维偏误。

我们在生活中肯定会遭遇各种逆境和困难，有些是因为你的性格缺陷，有些是因为你的决策错误，有些是因为你的理想目标和现实情况差距太大，有些纯粹是出于偶然。如果有个人就不学习，就不"动心忍性"，但他还是会经历这些逆境，而且只会更多——老天似乎并不会因为这个人没有培养前途就放过他。

那老天安排这些事儿到底是什么目的？

❶ 目的论思维

上一篇文章我们讲了，在没有意义的地方非要发掘一个什么意义，是"广义迷信"。这篇文章我们说说其中的一种特殊情况，叫作"目的论"。目的论认为每个事物不但都有意义，而且还是有目的的，是为了完成一个使命而存在的。

目的论的英文是"teleology"，在哲学上是个大题目，最早形成理论的可能是亚里士多德。

有些东西的存在确实是有目的的。汽车是为了运输，瓶子是为了装水，茶杯上有个杯把儿是为了防止水太热烫手。人设计制造这些东西时，就赋予了它们目的。

但是你要说自然界的东西有目的，可就有问题了。

比如说，"眼睛是用来看东西的"，这句话对吗？

严格地说，这句话是错的。眼睛跟茶杯上的杯把儿有本质区别，它不是人设计出来的，它是生物演化的结果。当原始地球生物演化出来第一个能感光的细胞时，它可不是为了"看见"而出现的——它是随机变异出现的，只不过出现以后恰好有感光的功能，然后是自然选择使这个功能发展壮大。

眼睛可以用来看东西，但是眼睛不是以看东西为目的而存在的。当然你要非说眼睛是看东西的，心脏是推动血液流动的……生物学家一般不至于跟你较劲。

再进一步。一个孩子说，"太阳每天升起，是为了给人们照亮"，这句话你知道肯定不对。太阳的存在并不是为了服务人类，没有生命的行星上也能看到太阳每天升起。

而科学家做了大量的测试，发现小孩的认知，在很大程度上就是基于目的论的。为什么那有一座山？为了让人们爬山。

以前人们怀疑这是不是西方文化的特性，我看到一个 2017 年发表的研究成果[1]，发现中国的孩子在小学一二年级时，也有很强烈的目的论思维。

❷ 内在目的论与外在目的论

研究者把目的论分成两种。一种目的论是"内在"的，比如"人有心脏是为了给身体输送血液"，属于虽然不对但是勉强可以接受的说法。内在的目的论大人小孩都有。

另一种是"外在"的目的论，也可以说是社会性的目的。比如说，植物为什么要制造氧气？如果一个人回答说植物制造氧气是为了让动物呼吸，这就是一个典型的外在目的论。成年人一般能轻易避免这样的目的论，但是小孩没有这个分辨能力。

从儿童期就有，看来目的论是一种本能思维，需要慢慢用理性克服。而在人类文明的"儿童期"——比如亚里士多德那个时代，人们没有怀疑目的论的意识，而且亚里士多德还把目的论发展成了精致的理论。石头为什么会从高处往下掉？亚里士多德说因为石头想要亲近大地！

科学思维跟目的论思维的本质区别，就是科学思维认为各种运动是机械化的过程，并不需要目的。石头没有想法。石头往地上掉，这是一个自然规律，世界就是这么运行的。物理学家用非常简单的几条定律就能推导出各种物体的运行方式，根本不需要让每个物体有自己的目的。

但是目的论就好像一个幽灵一样，仍然存在于我们的内心深处。

❸ 作为思维快捷方式的目的论

丹尼尔·C.丹内特（Daniel C. Dennett）在《直觉泵和其他思考工具》（*Intuition Pumps and Other Tools From Thinking*）这本书中提到，用目的论的眼光去观察世界，会非常省事。比如你在路上开车，靠右侧通行，你看见马路对面开来一辆车，你就完全不用担心这辆车会和你相撞。因为你知道对面开车的那个人有强烈的动机也想活着，他的行为不会是杂乱无章的，他有明确的目的。

其实我以前的确是从不担心，但我读了丹内特这本书之后，每次在小路上和别的车相向行驶，就会想起他这段话……感到一点点担心。

但丹内特说的没错，目的论和因果关系一样，是思维快捷方式。为什么小孩总是用目的论的思维？美国心理学家艾莉森·高普尼克（Alison Gopnik）在《园丁与木匠》（*The Gardener and the Carpenter*）中讲到，6 岁以前的小孩最需要学习的知识，就是周围人的动机是什么，周围这些东西都是干什么用的。

但是每个思维快捷方式都可能犯错。特别是如果你把目的论用于"事情"，你很容易犯孟子式的错误。

比如你有一次出差坐飞机，邻座是一位漂亮的异性，你们聊天聊得很好，后来就交往而且结婚了。那你可能就会想，那天怎么会这么巧，我们两个人的座位正好在一起？我们的结合难道是天意吗？

事实是任何男女结婚之前总要相遇。我们用计算机模拟一个世界，其中不安排任何天意，所有陌生人的相遇都是随机的——那你说在这个世界里，会不会发生一男一女因为座位挨着而产生感情？肯定还会发生。

"天意"这个说法似乎上不了大雅之堂，但是很多现代人，信奉一个等效于天意的目的论——"天下大势"。

这些人认为，凡是历史上发生了的，特别是大事件，都是天下大势注定它要发生的。

比如说，清朝取代明朝，人们会用各种学说论证为什么会发生这件事，就好像清军入关是历史的选择，中国进入清朝是大势所趋。

清朝统治古代中国难道是符合天下大势的吗？当时世界各国进入大航海时代，贸易交流越来越频繁，科技和哲学都在进步，而清朝闭关锁国、禁锢思想，这怎么符合天下大势呢？

而你如果说历史上的很多重大转折其实都是偶然的，人们就很难接受。但事实很可能就是如此！明朝之所以灭亡，可能很大程度上是因为正好赶上了气候变化，小冰河时期的极寒气候导致北方农作物大幅度减产，把明朝财政拖垮了。在一个气候良好的平行宇宙里可能中国早就进入近现代了。

　　这可能是一个很不容易被接受的思想，但理性的分析只能得出这个结论：

　　这个世界上有些事情发生就发生了，是因为机械化的运转或者由于偶然因素的左右，它没有意义也没有目的，既不是为了成全你，也不是为了跟你作对。

科学家的核心价值观

现在有谁不是科学家的崇拜者呢？世人公认科学是第一伟大的力量，科学家的社会形象特别好，他们有时会受到明星一般的对待。

有时人们把科学家当体育明星，就好像球迷谈论梅西（Messi）昨晚的进球一样吹嘘科学家的丰功伟绩，仿佛与有荣焉。有时我们把科学家的事迹当文艺八卦，像流行美剧《生活大爆炸》（*The Big Bang Theory*）那样，认为这是一群有点怪异但又很可爱的人。科学可以是一个很酷的姿态，可以是一种范儿。

绝大多数科学家做梦都没想过能有这样的公众地位。可是如果你一直都用追星的情绪看科学家的话，你就错过了最有价值的东西。

美国有本名叫《思维简史》（*The Upright Thinkers*）的书，讲的是人类历史中最厉害的科学家的冒险故事。

如果你想从这些科学家身上学到真东西，读这本书时就不能把自己当成"粉丝"。最好的视角是你应该想象自己是他们中的一员。这本书的作者伦纳德·蒙洛迪诺（Leonard Mlodinow）是位成功的科学作家，也是一位真正的物理学家——他不是报道科学家的记者，他是科学家的同事。

我猜每位物理学家都想在有生之年写一本有关科学史的书。最近这几年就有不少人写过，而蒙洛迪诺这本是最容易读的。

这本书能让你从科学家身上学到一点真东西。这些真东西可能和你以前想的非常不同。

❶　脱离日常生活，才有科学

"科学是人们对生产生活的观察和总结，科学知识对实践有指导意义。"请问你觉得这句话有没有道理？

答案是，这句话完全是错的。如果你相信这句话，你就是亚里士多德的学生——而你要知道，科学从伽利略那个时代开始，就已经不是这个意思了。

伽利略是第一个做抽象实验的人。他想研究物体是怎么下落的，可当时没有精确的计时设备，他只能设法把下落速度减慢。为此伽利略做了一个斜面，让铜球从斜面上滑下来。

这个实验之所以"抽象"，是因为伽利略的关键一步是把铜球和斜面都弄得非常光滑，甚至还抹了油来减小摩擦力——这不是日常生活中的物体运动。伽利略试图研究一个理想化的情况，也只有这样，他的数学定量方法才有意义。

伽利略发现小球下落的速度越来越快，速度和球的重量无关。这是一个绝对反常识的发现。据此前亚里士多德在日常生活中的观察，都是越重的东西下落速度越快。

所以开启科学的第一步，是脱离日常生活。

牛顿三大运动定律也是如此，在日常生活中根本没有对照物。第一定律说"一个没有外力作用的物体将会保持匀速直线运动"——生活中哪有什么做匀速直线运动的东西？牛顿考虑的是一个没有空气阻力、没有摩擦力的理想世界。

《自然哲学的数学原理》(*Mathematical Principles of Nature Philosophy*)这本书几乎是一面世就受到了热烈追捧——可是这本书讲的内容，对当时那些人的生产生活完全没有指导意义。它是一种"哲学"，目的是解释天体的运动。人们研究自然哲学的时候心里想的并不是将来搞发明创造、工业革命，他们纯粹是想知道世界到底是怎么回事。

这种与直接生存本能无关的思维追求，也许源自人类进化成智人以来就有的一个特性。尤瓦尔·赫拉利（Yuval Harari）在《人类简史》（*A Brief History of Humankind*）里说智人相对于其他直立人的一个认知升级，是我们能够想象一些不存在的东西。有很多事情是我们先想到，然后才做到的。

中国有很多人认为生产生活方式决定人的思维方式，然后思维方式才对生产生活有一点——有限的——指导作用。可是仔细考察人类历史，似乎并非如此。在真实历史中思维方式总是先行，是先有了思维方式的重大改变，才有了生产生活的重大改变。

比如，以前的学者以为新石器时代的人是因为有了农业种植生产，才有了固定的住所。可是在最新的考古中发现了"哥贝克力石阵"，这是采集狩猎者的作品，是个宗教遗迹。人们似乎为了宗教祭祀的方便才住到了一起，然后人们为了能住到一起才开始种植生产。

科学不就是这样的吗？先有一个与日常生活无关的想法，然后这个想法带来生活方式的改变。永远都是想法先行。能产生超越日常事务同时又有价值的想法，这才是科学这个事业的本质行为。

但科学家是人不是神。人产生科学想法的过程，一点都不自然。

❷ 科学家的内心挣扎

我以前就是个物理学家，做过十多年的研究工作。我的一个深刻体会是做研究和学知识是完全不同的两个事。再难的物理教科书也是对真实物理研究的大大简化。有很多东西一旦跟你说破了，你接受了，完全可以很轻松地照着去做——但如果没人告诉你，你要自己想出来可就难了。有时候你还要克服心理障碍。

比如万有引力定律，现在人人都知道任何有质量的东西之间都有吸引力，但是当年牛顿可不知道。什么苹果砸在头上顿悟的故事其实是个童话。

牛顿写第一版《自然哲学的数学原理》时，仍然只把引力当成是天体之间的作用力，他没有想到或者想到了但还不确信，地球上的各种东西之间也存在引力。牛顿后来才相信引力是普遍现象。

而到这一步，人们就必须接受一个在当时很不寻常的观念：天上和地上的东西都受同一套物理定律支配！

达尔文也面临这个问题。达尔文提出了进化论，但是没办法协调进化论和上帝的关系。如果各种生物都能自发地通过演化产生，那上帝的任务是什么呢？如果科学定律不仅适用于天上和地下，还适用于人，那上帝就无事可做了！

伽利略、牛顿和达尔文都是非常虔诚的宗教徒。他们怎么解决自己的宗教信仰和自己的科学思想的冲突呢？今天的人可以轻松来一句"我们要相信科学不信宗教"，殊不知当时的科学家经过了无数的内心挣扎才把这个世界观留给你。

之后牛顿几乎成了新的上帝。学者们试图把所有学科"牛顿化"，化学家甚至相信把化学连在一起的那个力也是牛顿的引力！

但是爱因斯坦提出相对论，在牛顿定律够不着、日常生活根本达不到的地方改写了牛顿定律。几个科学家对常识进行了革命，又有新的科学家对那几个科学家进行了革命。

这个故事的主题就是革命。蒙洛迪诺说爱因斯坦相对论最大的意义在于给后来的新生代物理学家提供了勇气。而这种勇气连爱因斯坦都受不了。

紧接着，我们看到玻尔（Bohr）提出轨道量子化的理论，爱因斯坦说这个理论我也想过，可是觉得过于离奇了，没敢发表。后来玻尔始终说服不了爱因斯坦接受量子理论，玻尔都哭了！

你读书读到这里要是内心没有波澜起伏，说明你根本就没读懂。

原子论刚出来时，很多物理学家无法接受，他们认为原子这个东西看不见摸不着，根本无法研究，原子论只能算是哲学而不是科学。好不容易大家都接受了原子论，人们又难以接受汤姆逊（Thomson）发现的电子，因为大家觉得原子是不可分割的。等到卢瑟福（Rutherford）提出原子核可以衰变，主流物理学界又反对，说一种原子变成另外一种原子，这不是炼金术吗？

这本书里科学家的工作都是反常识的。到了海森堡（Heisenberg）出手，连位置、速度和确定性这些概念也要被推翻的时候，爱因斯坦至死都不能接受。

面对这样的历史，你要是来一句"科学家就是不能有成见啊，科学就是革命的事业"，你可能就太轻佻了。最容易"理解"革命的时候是在革命成功以后。

如果革命这么容易，科学怎么不是在中国产生的呢？

❸ 为什么古代中国没有科学

从冯友兰到李约瑟（Needham），很多热爱中国的学者都问过这个问题：为什么中国古代没有科学？人们分析了各种原因，有人还认为中国古代有科学——墨子的东西难道不是科学吗？

你要是不知道科学是什么，你根本就不配回答这个问题。

科学是一个反常识的、永远在革命的、不以实用为目的的东西，是纯粹精神上的追求，是人类想要知道这个世界的底层逻辑，是想破解世界的源代码。鉴于生物本能是生存和发展优先，没有科学是正常的，有科学是不正常的。

为什么古代中国没有科学？答案是，只有古代希腊有科学。希腊之外，其他地方都没有科学。

罗马比希腊强大，但是罗马没有科学。罗马帝国征服希腊、统治欧洲那么长时间，但是欧洲也没有任何科学，连希腊人都放弃了科学。幸亏阿拉伯人把希腊的经典著作翻译了过去，科学得以在伊斯兰世界保存。

但阿拉伯人也没有科学。阿拉伯人翻译希腊著作不是为了追求科学，而是认为那套东西可能有用，再加上当时阿拉伯人有钱。阿拉伯帝国衰落以后，欧洲人又把这些东西翻译后带回了欧洲。

而欧洲人这么做也不是为了追求科学。一个是也觉得这套东西可能有用，一个是欧洲贵族们认为搞这些东西能够彰显自己的身份和地位。

但是希腊科学的种子毕竟保留了下来，并且在漫长的中世纪里默默传承，直到伽利略出现。等到伽利略开始做那些反常识的实验时，科学才真正在欧洲复兴。

那希腊为什么会有科学呢？也许是因为希腊有哲学传统，而这套哲学恰好不追求有用。也许纯属偶然。希腊出了个泰勒斯（Thales），把从埃及学到的几何学和他自己的哲学结合起来，认为世界应该是数学的——而不是什么神的，他抓住了产生科学的最关键一步。

所以科学是一个难能可贵的东西。可能在一个初始条件一模一样的平行宇宙里，地球人到今天也没有科学。

科学还是个很脆弱的东西。希腊科学并没有帮助希腊人富国强兵。罗马人认为希腊那一套没用，直接就放弃了科学。纳粹德国曾经禁止研究量子论，因为第一，当时搞量子论的大部分人都是犹太人，这不爱国；第二，量子论研究的东西过于抽象，就好像当时兴起的抽象派艺术一样，不符合主流的审美。

直到100年以前，科学家也不是全社会最受崇拜的人。现代人如此崇拜科学，很大程度上是从第一颗原子弹爆炸开始的——人们是见识了科学的力量才崇拜科学的，人们真正崇拜的其实是科学的力量。

我觉得这种崇拜有点势利。在这个科学已经大行其道的年代，蒙洛迪诺提醒我们科学家的初心是什么。我觉得这个初心可以总结成下面这三个"核心价值观"：

（1）目的是想知道这个世界到底是怎么回事。

（2）理论要能用数学精确表述。

（3）对错与否取决于对自然的观测和实验。

其他一切都不重要，科学就是科学自身的推动。

近代中国人总想对人类文明做出比较大的贡献——我们也许应该先想到，这样的贡献并不好做。

真实世界和魔法世界的区别

最近偶然读了一点玄幻小说，有点入迷。我读的时候就忍不住想，这种讲究修仙、比拼法术的世界，到底有没有可行性？

我并不是说物理定律不允许。我们所处的这个世界的物理定律恐怕不允许法术，但是从数学角度来说，只要是符合数学逻辑的世界观，都有可能在某个平行宇宙里实现。我们完全可以想象存在一个真实的魔法世界，其中有修仙和法术。

所以我想把玄幻小说当作思想实验，借助小说的一般设定，从纯逻辑的角度，分析一下魔法世界的可行性。

❶ 稀缺和成本

魔法世界跟我们的世界有什么本质区别呢？

你可能首先会想到法术。法术确实厉害。有了法术你可以变出各种东西来，你可以快速移动甚至飞行，还可以对外输出巨大的伤害……法术，似乎只受作者想象力的限制。而我们的真实世界就不行了，最起码因为能量守恒，你不能无中生有地变东西出来。

但是从写小说的角度来设想，如果你想让小说有起码的剧情，法术就不能是为所欲为的。如果会法术的人要啥有啥、想干什么就能做到什么，那他还玩什么呢？这就没有剧情了。所以世界上必须有一些东西是哪怕会法术的人也想要而又不能轻易得到的。

这个性质叫"稀缺"。魔法世界里也得有稀缺。《西游记》里的神仙们日子过得好像什么都不缺，可也得定期吃些蟠桃、人参果之类能增寿的东西。谁控制稀缺资源，谁就掌握权力。王母娘娘控制了蟠桃，定期召开蟠桃大会给各路神仙延长寿命，这就是最安全的权力。当然唐僧肉也是稀缺的东西。

有稀缺就有经济学。乔治·梅森大学的一位研究生和一位访问学者专门写了一篇论文，讨论《哈利·波特》(Harry Potter) 世界的经济学。[1] 他们注意到，法术的确可以无中生有地变出东西来——但是，其中不包括食物。

在《哈利·波特与死亡圣器》(Harry Potter and Deathly Hallows) 中有一小段，赫敏（Hermione）告诉罗恩（Ron）："你妈妈不能凭空变出食物来，没人能变。食物是'Gamp 元素转换定律'的五个例外的第一个……"[2] 所以会法术也得通过常规手段找饭吃，法师也得为生计发愁。这就是为什么有些法师的经济状况不好，像罗恩家还得自己种菜。

那篇论文还把《哈利·波特》的剧情跟"边际效应递减""机会成本""激励"这些经济学概念联系起来，法师们过的日子本质上也是柴米油盐。

然而《卫报》的经济学专栏作家梅根·麦克阿德，却对《哈利·波特》里的经济学设定提出了批评[3]，认为 J.K. 罗琳（J.K. Rowling）缺少大局观。她的关键批评是《哈利·波特》里的魔法没有成本。

难道施法是不需要成本的吗？哈利·波特想要出个大招，他只要想自己的内心就行——这是不是太儿戏了？

如果法术可以无限制地使用，那就一点都不宝贵了。《西游记》里孙悟空的毫毛好像不要钱一样，想变什么变什么，你读的时候有没有这样的疑问：为什么孙悟空不多变一点？

现代网络游戏里的法术都有成本，你得消耗法力值。战斗中法力值用完了你就没招了。要想快速恢复法力值就得喝药，而这个药也是稀缺资源，得花钱买。

如此说来，法术，跟真实世界里的技术，似乎没有什么本质区别。手枪厉害，但子弹是有限的。私人飞机很方便，但是一般人用不起。魔法世界里的法术也不能随便使用。据此我们可以总结出一个定律——玄幻小说第一定律：要想有剧情，法术系统就必须符合基本的经济学原理。

难道说玄幻小说其实就是披着魔法外衣的现代故事吗？也不是。

❷ 修仙和平等

以我之见，魔法世界和我们的世界有个最根本的区别，是关于人的。我们这个世界中人和人之间比较平等，而魔法世界里人和人之间是极度不平等的。

我们这里的有钱人没啥了不起。巴菲特再有钱也跟穷人一样喝可乐。我们看看比尔·盖茨老成什么样了，就知道现在所谓抗衰老的医学根本就不靠谱。豪车和名牌包主要起炫耀的作用，并没有太多实质性的功能。

但是魔法世界可就不一样了，厉害的人是真厉害。《西游记》里的蟠桃和人参果不需要宣传什么虚无缥缈的营养价值，是真能增加寿命。仙草不是用来欣赏的，是真能增加法力。宝物不是用来当文物等着升值的，是真能用来斗法。

在我们这个世界里花 20 万元买的包并不能比 20 元的包多装东西。玄幻小说里有一种设定叫"储物法器"。它可能是你手上戴的一个戒指，这个戒指能缩放空间，你可以把全部家当都放在里面。[4]

这样的世界，会有什么样的生存法则？我们这个世界里一门心思赚钱的人不多，因为大家都知道钱赚得太多也没啥用，最值得要的都是花钱买不到的。也没多少人追逐权力，因为权力是个零和博弈，能博弈成功的人非常有限。也没有多少人把锻炼当作毕生追求，因为人体的机能是有极限的。

一句话，我们这个世界里人的上限太低。

但是如果你穿越到魔法世界里，你唯一值得做的事情就是不停地升级！你有几乎无限的升级空间，高级别和低级别有巨大的差异。魔法世界必定是一个人人都忙着修仙的世界。

但是在这样的世界里，人和人之间恐怕不会有什么高水平的合作。

出于经济学的限制，神仙在飞升之前仍然需要吃饭，需要凡人供养衣食住行，但除此之外可能就不需要什么了。神仙为了争夺稀缺资源难免要打仗，打仗就得拉帮结派，就得讲政治，但这仍然是低水平的合作。

关键在于，如果不同等级神仙的法力相差实在太大，那么神仙跟神仙之间、更不用说神仙跟凡人之间，就根本谈不上什么深入合作。修炼毕竟是个个人的事儿，修炼出来的一切效应，都落实在个人身上。

所以这是一个人与人之间有绝对等级差异、不需要深度合作的世界。其实这样的社会规则在我们这个真实世界里就有——这就是黑猩猩的规则。黑猩猩的社会地位主要靠个人打斗，但是因为可以打群架，所以也有联盟，也讲政治。黑猩猩之间，唯独没有复杂的分工和合作。

玄幻小说里是如此，人类社会中也有这样的，有些原始宗教地区，基本就是僧侣和农奴，没什么复杂的社会结构。玩网络游戏也是如此，打怪升级很过瘾，但是除了工会组织打群架之外，整个社会是简单的。

简单社会里没有太多爱恨情仇。这就引出了玄幻小说第二定律——要让剧情复杂，必须保持一定的平等。

这个世界里的法师最好对凡人有一定的依赖性，否则凡人就不是凡人了，是动物。

❸ 身处低魔的世界

我们这个世界没有法术和法师，但是凡人之间可以展开深度的分工合作。深度分工合作可以带来技术进步。我们的技术进步不是依托在具体的人身上，而是在所有人之外，建立各种"系统"。

魔法世界是人升级，我们这个世界是技术升级。

爱迪生在该死的年龄就死了，但是他发明的技术可以一直流传，在世界各地迅速形成规模。修仙是每个人都得从头修炼一遍，升级人费时费力——技术的传播就不一样了，基本上等于随便复制。法力随着法师的死亡或者飞升而消失，技术进步却可以一直积累下去。

从技术积累和传播的动力学上考虑，我敢说凡人世界理所应当比魔法世界的进步速度快。凡人起步也许会很慢，但是一旦发动起来就是日新月异，就是法师们跟不上的。

所以在《权力的游戏》（ *Game of Thrones* ）这种比较复杂的玄幻剧里，都会设定一个"低魔"的世界。权力在凡人手里，凡人是历史舞台的主角，法师们的地位都很低，魔法只能起到点缀的作用。

黑猩猩的政治其实没啥意思。魔法乍看很神奇，司空见惯了也就跟普通技术没区别。归根结底，可能规则最复杂、剧情最有意思的，还是我们这个真实的人类世界。如果我们世界里的哪个地方真的出现了法术，弄成了以法师为核心的奴隶社会，那我们就应该去那里闹革命：法师不消亡，社会就没法进步！

上限低带来平等，平等带来合作，合作带来群体演化速度加快。

如此说来，即便将来真有尤瓦尔·赫拉利说的那种基因改造出来的"神人"，我们这些凡人也不用妄自菲薄。我们玩的规则比神人复杂得多。就算将来 AI（Arificial Intelligence，人工智能）再厉害，它们也不会把人类当蚂蚁看。

当然，如果你喜欢不断升级的感觉，我们这个世界就不那么令人满意了，人与人之间太过平等……有些人过了 30 岁就觉得没什么事儿可干了。而有的人一出生就拥有财富和权力……然后一直到死也只拥有这些。人的进步有个很低的上限。

但是你可以修炼思想啊！据我观察，人和人的思想差异可以持续加大，几乎无上限，而且思想资源不稀缺，使用无成本。有了思想，你可以随便幻想任何魔法世界。

当然，思想在绝大多数情况下没用，而且的确不如法术好看。

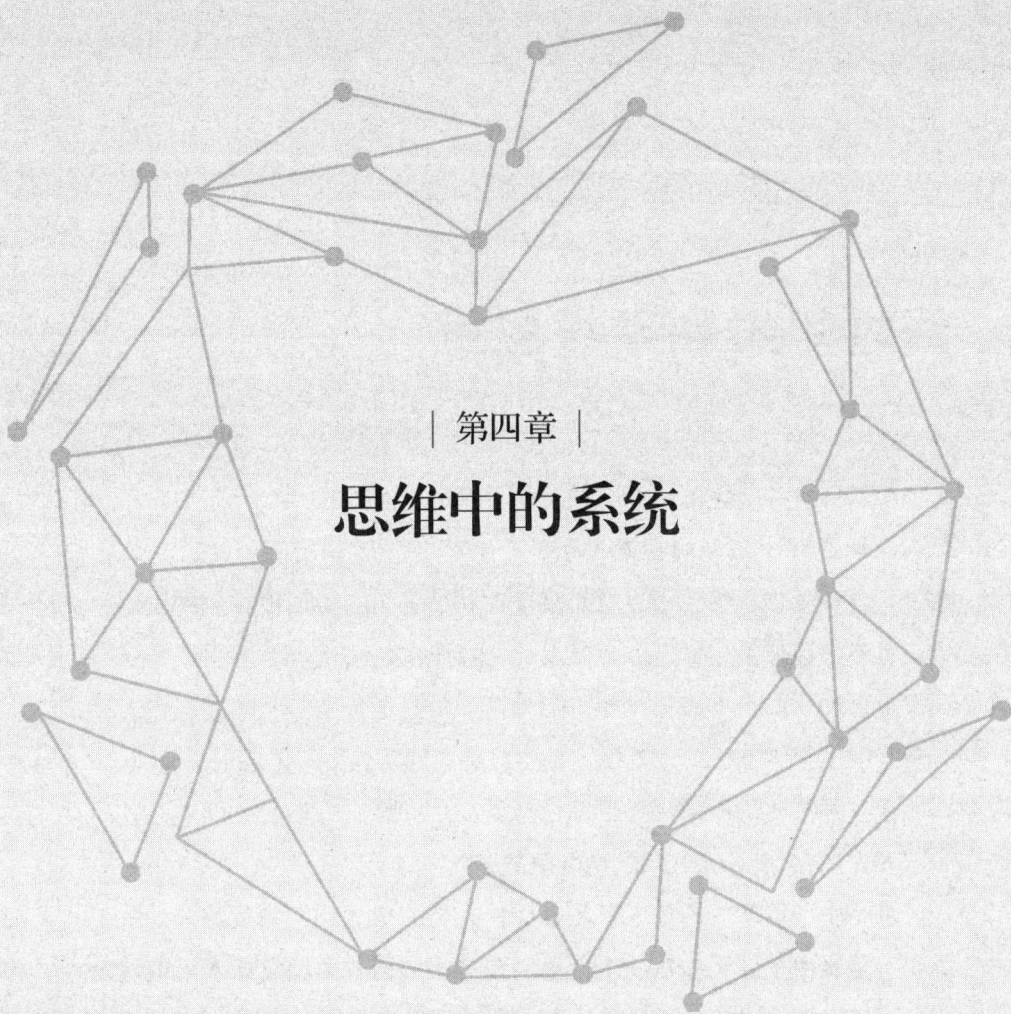

第四章

思维中的系统

美国的保健系统既不保护，也不健康，而且也不是一个系统。

——沃尔特·克朗凯特（美国记者）

线性思维和系统思维

生活中有些问题虽然看起来严重，但其实很简单。

比如，有个新型病毒暴发了，十分紧急，但解决问题的方法就很简单。一方面要让科学家去找这个病毒的抗体；另一方面要控制感染源，把感染者集中起来。病毒是个"坏人"，你要做的就是把坏人杀死。

再比如，有个本来成绩很好的球队，最近的成绩非常不好。一看原来是新来的主教练不行，于是换了个主教练，球队成绩马上就上去了。

像这种有明确因果关系的问题就是简单问题。它们的共同点是其中有个"坏人"。消灭坏人，问题也就解决了。

可是中国足球的"坏人"是谁呢？是打假球的球员和裁判吗？是主教练吗？是足协主席吗？这些人都已经换过很多遍，中国足球水平依然没有起色，那中国足球的问题到底是个什么问题呢？

答案是：中国足球是一个"系统"，这个"系统"有问题。系统性的问题不能用"除掉坏人"这种思维解决，你必须有"系统思维"。

要系统性地讲解系统思维，我们需要借助一本书，叫《11 堂极简系统思维课：怎样成为解决问题的高手》（*The Art of Thinking in Systems*），作者是史蒂文·舒斯特（Steven Schuster）。

❶ 什么是系统

所谓系统，就是一个由很多部分组成的整体；各个部分互相之间有联系，作为整体又有一个共同的目的。人的身体、学校、公司、国家都是系统。系统有三个特征：

第一，系统里有各种元素，也就是各个部分。比如学校系统，有老师、学生，还有教室、操场，这些元素是系统的组成部分。组成元素是一个系统中最明显的东西，而且可能是最不重要的东西，因为它们常常是可替换的。正所谓"铁打的营盘流水的兵"。学生来了又走，老师、校长都可以换，而学校还是这个学校，系统还是这个系统。

第二，系统中各个元素之间有各种关系。这些关系可以是上下级的命令，也可以是规则、物理定律。元素可以随时调换，但关系通常是不变的。所以真正要理解一个系统的运行机制，就要了解它的关系结构。

第三，系统有一个功能，或者说是一个目的。比如学校的功能就是教育学生。系统的功能往往是不明显的，有时候表面上有个功能，实际上还有其他功能。学校系统从表面上看，目的是教育学生；但实际上，它的目的也许是训练考试能力，或者纯粹是为了赚钱。

中国足球这个系统的目的是什么？到底是为了让国家队取得好成绩，还是为了发展足球产业，让中国人民享受足球呢？如果是前一个目的，就应该不惜一切代价保证国家队的水平。如果是第二个目的，就应该好好建设中超联赛，请最好的外援，把中超联赛变成世界五大联赛之一。我们看中国足协的各种做法，很难判断到底是出于什么目的。

目的不明确，系统就可能出问题。再进一步，组成系统的各个部分的目标，有时候和系统的总目标是不一致的。而很多问题恰恰是出在这个不一致上。可能一个公司里有人想的是把公司做大做强，有人想的是多发点工资。只有把这些目标协调好，系统才能良好运行。

❷ 线性思维不行的时候

系统思维的反义词，是"线性思维"。所谓线性思维，就是简单明了的因果关系——既然有这么一个结果，就一定有一个相应的原因；只要找到了原因，就能解决问题。手机没电了，去充电就行；这儿有个坏人，把坏人抓起来就行。线性思维就是这么直来直去，适合解决我们一开头说的那些简单问题。

请原谅我还是用中国足球打个比方。国家队有个长期的问题是"锋无力"。为什么中国国家队没有优秀前锋呢？这是问题本身，还是中国足球其他深层次问题表现出来的一个症状呢？

如果是问题本身，那多培养几个好前锋就行。可这个问题很可能只是一个症状。中国前锋不行，根本原因是他们在联赛里不是主力前锋，联赛中都是外援担任前锋。那为了培养自己的前锋，是不是应该干脆禁止外援担任前锋？

这就是说线性思维有时候解决不了问题。比赛输了，真的不是因为武磊（中国足球运动员）的单刀球总不进——武磊不是"坏人"。专门针对一个症状下手解决不了真正的问题，线性思维相当于"头痛医头，脚痛医脚"。

系统论的专家认为，如果出现以下症状，那这个问题恐怕不是线性问题，而是系统问题：

（1）看似是个小问题，但是要解决它却要耗费许多资源。

（2）多次试图解决一个问题，却总是无效。

（3）问题本来应该容易解决，可是人们故意不解决。

（4）公司上下似乎有个情感障碍，对这个问题避而不谈。

（5）新人来了发现问题，老人一笑了之。

（6）类似的问题一再发生，整改了也没用……

比如网上有个新闻热点是关于东北雪乡宰客的。这不是一次两次的事儿，东北人宰客好像都成规律了，甚至还流行一句话叫"投资不过山海关"。作为一个东北人，我听了非常难过。像这些问题就是系统问题。振兴中国足球和振兴东北，就好像小孩不爱学习、夫妻关系不好、减肥一再失败一样，不是说换两个官员、把某个部门整顿一番、一份痛哭流涕触及灵魂的检讨、过完年来个新年新气象就能解决的。

❸ 正反馈和负反馈

思考系统的时候，有两个概念需要特别重视。

第一个概念叫"库存"（stock），也就是系统里某种东西的保有量。比如一个挣钱的系统，库存就是你挣了多少钱；如果是科研系统，库存就是你手里有多少个正在干的项目。库存有"输入"和"输出"，输入增加库存，输出减少库存。

库存可以是任何东西。比如夫妻感情系统，库存就是两个人共同积累了多少正面的感情。输入是互相之间亲密的表示，可以增加情感库存；输出是各种争吵和矛盾，会消耗情感库存。如果情感库存见底了，婚姻也就很危险了。

所以评估一个系统，首先要考虑它的输入、输出和库存。输入输出会影响库存，库存也会影响输入输出。

第二个概念叫"反馈回路"（feedback loops）。反馈回路分为两种，它们是库存和输入输出之间的关系机制。

一种是正反馈回路，也叫自增强回路，是指库存里的东西越多，输入就会越大，于是就会进一步增大库存。比如挣钱，就得靠正反馈回路。钱越多，投资产生的利润就越多；利润越多，钱又会进一步增多。投资—挣钱—投资，这就是一个正反馈回路。

导致系统崩溃的往往也是某种正反馈回路。比如夫妻关系，情感储备越少，看对方就越不顺眼；看对方越不顺眼就越容易发生冲突，结果就是情感储备进一步减少。这不是"正能量"，但也是"正的"反馈——因为有个叫愤怒的东西在**增长**。

还有一种是负反馈回路，也叫平衡回路。负反馈不等于负能量——"负"的意思是"减少"。当库存太多了，负反馈回路负责减少库存。比如国家看谁太富了就多收他的税，看谁太穷了就给他发点钱，家里看老婆情绪不对就赶紧哄哄，这都是负反馈回路。负反馈总是让系统回到"正轨"上来。

一个系统中可以有若干个正反馈和若干个负反馈回路。正反馈回路让系统或者增长，或者崩溃，偏离平衡；负反馈回路则尽力保持系统的平衡。

对你想要解决的问题而言，可能就有一个回路正在起主导的作用！

如果你能发现在系统里起主导作用的回路是什么，你就抓住了系统的主要矛盾，找到了问题的关键所在。

坏政策和好政策

系统思维是高级的思维方式，很大程度上是一种艺术。有人说，新手学习系统思维，能把一个系统的结构看明白，画出分析图，就很不错了。只有老手才能发现系统中的重要环节，只有高手才能提出解决方案。

我们这里做一点理论上的探讨，这些探讨虽然不太可能让你能直接解决一个系统性的问题——但有了这些知识，你就不会犯特别愚蠢的错误。

事实上，即使是专业的官僚，也经常犯特别愚蠢的错误。

❶　直接命令

1967 年，罗马尼亚政府认为人口出生率太低了，迫切希望提高出生率。当时的罗马尼亚领导人是齐奥塞斯库（Ceausescu），政府做事讲究令行禁止，出台的政策都是非常直接的。

老百姓想要不生孩子无非就是两种手段，一是避孕，二是堕胎。那政府想让人们多生孩子，干脆禁止避孕和堕胎不就行了吗？罗马尼亚政府还真的就推出了禁止售卖避孕药品与禁止堕胎手术的政策。

这个政策今天看来简直骇人听闻，但是它的思路具有普遍意义：想要什么就直接下令要，不想要什么就直接下令禁止。

中国足协就曾经多次搞过这种方式的改革。比如，为了保证 2008 年奥运会中国国奥队能取得好成绩，锻炼青年球员，中国足协就规定，中超联赛每个球队至少要有两个 20 岁以下的球员上场。

足协又发现中超联赛的观众上座率不高，赛场没气氛，于是规定：哪个球队主场的上座率不达标，就对这支球队罚款。

罗马尼亚人口和中国足球都是系统。不尊重系统的运行方式，直接干预系统，结果会是怎样的呢？

罗马尼亚人民在政府这样强硬政策的高压下，竟依然维持了低生育率。地下的非法堕胎手术非常多，因为没有完备的设施和技术，孕妇死亡率大幅上升。还有很多人生下孩子就抛弃了，孤儿院里人满为患。

罗马尼亚女性宁可冒生命危险，宁可把自己的骨肉抛弃，也不愿响应政府的号召。

也许他们的领导人会想，为什么政府的政策你们就不能好好执行呢？殊不知老百姓生孩子是个系统问题。

认识系统问题，最关键的是抓住其中的反馈回路。维持系统平衡的是负反馈回路——也就是让罗马尼亚人非得不爱生孩子的原因，也叫平衡回路，其作用是让系统保持稳定。也许是因为养育孩子很麻烦，也许是因为生活困难，也许是因为女性想要更自由的生活，这些因素导致老百姓不愿意生孩子，这就是负反馈回路。

只要这些负反馈回路还起作用，外部的扰动就会被消解掉，系统就会回到稳定状态。

再看看中国足协的规定。联赛中每个球队必须有两个 20 岁以下的球员上场，但是你得允许我换人吧！结果各队的做法都是比赛刚开始不久就把这两个 20 岁以下的人换下来。要知道一场比赛只能换三个人——球队宁可牺牲两个换人名额，也不会训练什么年轻球员。

所以你看负反馈回路的作用有多强。齐奥塞斯库政府被推翻之后，新政府上台后做的第一件事就是取消了禁止避孕和禁止堕胎的政策。中国足协的一系列奇葩政策也几乎都自行取消了。

那考虑到反馈回路，应该怎么做呢？

❷　间接刺激

经济学家一般不喜欢强制性的命令，他们最喜欢用"激励"手段。学习经济学如果只记住一个词，那就是"激励"，英文叫 incentive。如果只记住一句话，那就是"人会对激励做出反应"。

匈牙利政府也面临人口出生率下降的问题，而他们考虑到了反馈回路，并且使用了激励措施。

匈牙利政府考虑，人们之所以不愿意多生孩子，一个重要因素是住房紧张。家里房子小，孩子多了没地方住。政府据此出台了一个激励政策，给孩子多的家庭提供更大的房子。这个做法打开了一个反馈回路。

匈牙利的政策取得了有限的效果。为什么是有限的呢？因为反馈回路并非只有一个，住房只是决定是否生孩子的一个因素。生下来孩子谁照顾呢？孩子妈妈的工作怎么办？孩子长大了教育怎么办？

我们知道系统都要有一个目标，系统中的各个部分也有自己的目标，而部分的目标和系统的总目标往往不是一致的。对人口系统来说，政府想要的是维持人口数量，但是个体想要追求个人幸福。这两个目标很可能不一致，搞不好还有矛盾。

那怎么才能做到让每个人都愿意为系统的大目标而努力，大家万众一心呢？

❸　寻找共识

其实我们都经历过万众一心的时刻。中国某个地方地震了，那就会"一方有难，八方支援"，政府想救灾，灾民想自救，全国同胞都捐款捐物，有的还到现场参与，甚至全世界都会帮中国救灾。

灾难会把人团结起来。在这样的系统里，所有人都有一个共同目标。即便没有灾难，人们也有可能认同一个共同的目标。

20 世纪 30 年代，瑞典政府也想提高生育率。瑞典政府的做法，是寻求全社会的共识。

首先，瑞典政府明白，在多生孩子这个问题上，很难达成全民共识。新时期的女性要追求个人生活，想有自己的事业，根本不愿意留在家里一直生孩子。

但是瑞典政府找到了一个能达成共识的点：如果现在在我们国家孩子已经生下来了，那是不是应该创造条件好好照顾这个孩子？人人都认可这一点。很多人自己不愿意生小孩，但喜欢孩子毕竟还是人的天性。

所以瑞典政府就有意识地宣传这个共识，并借此机会大幅度提高了儿童的福利。政府给有孩子的家庭提供各种福利保障，甚至直接派保姆去家里帮忙照顾孩子；在医疗、教育上有一系列政策支持，创造各种条件鼓励生育。

瑞典政府的政策相当于全方位削弱系统的负反馈回路，结果取得了很不错的效果。

福利不是政府凭空变出来的，高福利意味着高税收。这些针对儿童的福利政策本质上是一个取舍：到底是成年人的幸福重要，还是儿童的幸福更重要。瑞典政府通过引导一个新的社会共识，帮着人民做出了选择。瑞典人宁可牺牲自己的收入，也要帮别人养孩子。

所以从系统论的角度来看，瑞典政府是对系统内各个部分的小目标做出了微调——换句话说，瑞典政府改变了人们的价值观。

因此，要想改变一个系统，可以有上中下三种政策：

（1）下策是直接命令。想要什么就直接要，反对什么就直接禁止。

（2）中策是间接刺激。找到系统中的一个平衡反馈回路，让回路松弛一下。

（3）上策是寻求一个新的共识。在这个新的共识上，把全社会团结起来去做一件事。

中国人经常说一句话叫"团结就是力量"，到底什么是团结呢？真正的团结应该是在某种共识的基础之上，一个系统里所有人自己的小目标和系统的大目标达成了一致。

　　社会共识一直都在变，政府完全可以引导。以前中国人专注经济增长不顾环境恶化，现在我们似乎已经在环境问题上达成了新共识，其中可能就有政府的作用。

　　中国足协后来又有了新规定。为了培养年轻球员，足协要求每支球队场上 23 岁以下球员的人数要跟外援人数相等——要是上 3 个外援，就得上 3 个 23 岁以下的中国球员。这个政策的水平比当年强制上两个 20 岁以下球员的政策的水平显然高了不少。

　　但是政策一出来，中超联赛的电视转播费马上下降了。可见，真正的共识可能尚未达成。

　　这种政府级别的政策理论，对我们普通人有什么用呢？我们管不了国家，管不了足协，但可以管公司；管不了公司，还可以管自己的孩子；如果连孩子都管不了，最起码还可以管自己——这些都是系统。

　　你在管公司、管孩子、管自己的时候，用过哪些政策？效果怎么样呢？

好系统的三个特征

从前有两支队伍。A 队伍的风格是整齐划一，步调一致。他们的人员年龄差不多，学历差不多，想法差不多，连身高都差不多。做事的方法也都经过反复的、严格的训练。他们处处服从指挥，做每件事都要依照上级的命令。

B 队伍看上去有点自由散漫。他们的人员参差不齐，有老有少，有书呆子，也有社会经验丰富的人。他们的想法各异，做事也花样百出，经常不按流程走，动不动就临场发挥。上级只给一个大致的方向，他们常常自己拿主意。

如果这是两支军队的话，A 队伍肯定是正规军，B 队伍有可能是个临时拼凑的游击队，但也可能是最精锐的特种部队。如果任务足够简单，A 队伍肯定能不折不扣地完成，B 队伍则可能给你带来令人头疼的"惊喜"。

可是如果任务比较复杂，局面很不熟悉，对手非常陌生，我敢打赌，A 队伍将遭遇惨败，B 队伍是你唯一的希望。

如果这是一家公司，最适合 A 队伍的角色大概是生产线工人、保安和服务员，研发和销售这种高端的活只能交给 B 队伍。

可是领导们总是本能地、直觉地，甚至可能出于某种审美的需求，希望自己手下的系统像 A 队伍。谁不喜欢一呼百应、令行禁止、如臂使指呢？但是这个世界的逻辑不是看你喜不喜欢。想要当好领导，有时候就得克制本能的权力欲。

美国环境科学家唐内拉·H. 梅多斯（Donella H. Meadows）在《系统思维入门》（*Thinking in Systems: A Primer*）这本书中总结，好的系统应该有三个特点：第一，要有抗打击能力；第二，要有自组织能力；第三，要有一个健康的层级结构。

这三个特点，全都违反领导直觉。

❶ 抗打击

有个概念叫"抗打击能力"（resilience）。直觉上，我们都认为好东西就应该被好好保护起来，避免遭受任何打击——其实连养孩子都不应该这么养。最理想的系统得能抗打击，反脆弱，不怕事儿。

人体就是个好系统。免疫系统能挡住绝大多数病毒。温度高点儿低点儿，工作苦点儿累点儿，情绪好点儿坏点儿，我们在绝大多数情况下都能承受。人，其实非常不怕折腾。森林和草原的生态系统也都具备相当强的抗打击能力，哪怕是历经一场大火，过几年又是生机勃勃。

这些系统都是活的。只有活的东西，才有可能越受打击越顽强，才有可能随机应变。怎样才能让系统抗打击呢？

首先，"抗打击"不等于"不变"，也不等于追求"稳定"。一成不变的系统反而是脆弱的。我们知道保持系统平衡的是负反馈回路。负反馈回路的作用不是让系统不出状况，而是出了状况能扭转回去。一个具备抗打击能力的系统得能经得起扰动，取得一个动态的平衡。

其次，系统要具备一定的冗余度，它需要有一个比较宽松的环境。

生活中有很多"优化者"，追求极端的效率，可丁可卯地安排系统的运行，这样往往就会让系统丧失抗打击能力。比如戴尔和丰田公司，据说它们讲究"零库存"，说几点钟用哪个零件，供应商就必须在几点钟正好把零件送到工厂门口。这么做效率固然是最高的，但是也容易出差错——万一出状况，系统就容易陷入问题。

再次，最理想的系统的反馈回路本身，也要有自己的反馈回路。比如说，一个社会系统光有警察还不行，警察本身得能不断适应新局面才行。

这就要求系统必须能学习、能自我修复、能动态变化。这就引出了好系统的第二个能力。

❷ 自组织

好系统必须是能创新的系统，它不可能按照一张宏伟的蓝图按部就班地发展。未来的情况可能跟今天的非常不一样，真正的好系统不但能适应变化，而且还得能制造惊喜。

惊喜不是总设计师规划出来的，得指望系统内的每个成员自己创新。

现在有不少大公司就很支持员工在企业内部创新，甚至可以说是创业。几个员工自发地做一个项目，如果做得好，企业就可以资助这些员工，干脆让他们成立一个小组，把项目做大做强，这就是一种"自组织"。

自然界有很多自组织现象，像雪花、湍流、沙丘，特别是生命，都是自组织的例子。自组织，代表没有事先计划的、起源于局部的、自发的创造。有人群协作就有可能产生自组织，市场经济的本质就是允许民间自组织。

但是容忍自组织，可不太容易。自组织会让系统显得不一致、不统一、不规范，自组织主导的局面可能是不可预测的。你不知道它会在什么地方，因为什么原因而出现。想要出现自组织，系统必须向基层放权，给基层一定的自由，还得允许实验。自组织让系统表现出一定程度的无序和混乱，你能容忍这样的混乱吗？

现在"创新"绝对是个好词儿，每个人都说要鼓励孩子创新——但不管是中国还是美国，中小学老师们其实并不真的喜欢爱创新的孩子。老师让他这么干他非得那么干，老师指东他往西，这才是创新。可是谁不希望令行禁止，谁不喜欢指挥整齐划一的队伍？对老师来说，有创新精神的学生是个麻烦——你按规定的动作练好就行了，不要胡乱给自己加戏。

所以，我看大多数领导说创新其实都是叶公好龙。你对自组织有多大的容忍度，才谈得上有多大的创新。

古今中外的政府都限制自组织。国家的经济政策常常是向已经成型的大企业倾斜，小企业想要发展壮大分一杯羹是有门槛障碍的。

前几年有本书叫《国家为什么会失败》（*Why Nations Fail*），作者是德隆·阿西莫格鲁（Daron Acemoglu）和詹姆斯·A. 罗宾逊（James A. Robinson）。这本书分析了为什么苏联的经济越到后面越缺乏活力。其实苏联的工厂一开始建的时候还是比较先进的，问题在于它不允许新工厂跟它竞争。想用新技术办个新企业，根本不可能，因为老工厂有政策保护。如果国家政策只会力保老工厂，又何谈创新和活力呢？

这就引出了下一个问题：好系统的上下级，到底应该是什么样的关系？

❸　层级关系

小公司也许可以做到绝对的权力平等，大公司必须得有层级关系。

层级，就是把一个大系统分成若干个子系统，每个子系统可能又有各自的子系统。层级就是模块化。

梅多斯在《系统思维入门》里举了一个例子——生产手表。一块好手表里可能有上千个零件，一个一个安装的话，一旦有问题就非常麻烦。解决办法是把零件模块化——若干个零件组成一个模块，一个模块一个模块地生产和组装，最后再把不同模块组装在一起，就成了手表。

我看到有报道说，现在中国航天火箭的制造就已经实现了模块化，这样能大大提高工作效率和安全性。

这样做的好处，关键跟信息有关——每个零件只要跟自己模块里的零部件配合就行。比如一个公司分成若干个部门，每个部门就是一个子系统。部门内部的信息交流显然更强，每个人大多数情况下只和自己部门的人打交道就可以了，并不需要时刻对全公司负责，这就避免了信息过载。

各个子系统在相当程度上是自治的，不会有点什么事整个系统都被搅动。人体就是个分了很多层子系统的大系统。人体有各种器官，器官中又有组织，组织又是由细胞组成的。我们之前常嘲讽"头痛医头、脚痛医脚"，但实际上医生治病，大部分情况都是头痛医头、脚痛医脚。如果一个人的胳膊受伤，医生把胳膊处理一下就可以了，通常不用考虑他的心理问题，也不用考虑他的肾是否能承受得了。有了子系统就有这个好处。子系统出问题，不用非得牵动全身。

任何系统要变大、变复杂，就一定要有稳定的各种子系统结构。

子系统的良好运行，应该在整个系统中有很高的优先级。作为个人，你不能为了实现自己的价值不顾所在集体——也就是你所属的那个子系统——的成败。作为中央的大系统，也不应该对子系统有太多的直接控制。

一个好系统，中央控制和子系统自治必有一个平衡。

除了对企业和国家这样的大系统有作用，好系统的三个特点对个人的学习和发展系统也很重要。

人要有抗打击能力，不能依赖单一的技能，不能指望一成不变的稳定工作，要建设好自己的负反馈回路。

想要发展创新，你就得有自组织能力，要不断探索新事物，尝试新做法。

想要做大做强，你就不能事无巨细全靠自己，要善于利用现有的工具，善于跟别人模块化地对接和合作。

死气沉沉、整齐划一、令行禁止，那不叫好系统。活力、自由、赋能，才叫好系统。

负反馈和正能量

探讨完好系统的三个特征后，我们来看看系统是如何失败的。

一个公司本来运行良好，为什么慢慢就不行了呢？一个家庭，一开始夫妻特别亲密，时间长了怎么就感情破裂了呢？一个人在新年这天立志要健身，坚持了几个星期都好好的，后来毫无意识地就停止了，突然有一天发现，自己怎么最近都不健身了？

系统，是怎么衰败的呢？中国有句话叫"千里之堤，毁于蚁穴"。这是说有小漏洞得赶紧修补，否则就会越来越大。西方有个"破窗理论"，说如果一个房子的窗户被打破了，一定要马上补好，否则别人就会觉得这房子没人管，就会主动破坏房子。

而我最喜欢的一句关于衰败的谚语，来自阿拉伯世界："一匹正在倒下的骆驼会吸引很多把刀。"（A falling camel attracts many knives.）

我们要从系统的视角分析一下衰败。

❶　平衡回路

我们知道，维持系统稳定的是负反馈回路，也叫平衡回路。只要这些回路运行良好，系统完全可以保持不变。而系统之所以会衰败，就是因为负反馈回路出了问题。

举个例子。你经营一家餐馆，餐馆刚开业时，各方面都是高标准、严要求，请来的厨师也是业内最好的厨师，饭菜质量是最高水平，餐馆打扫得一尘不染。

为了做到这些，你颁布了一套很高的标准。有专人每天对照标准检查餐馆的运行情况，一旦发现哪个地方没达到标准，就会立即整改。这个检查制度，就起到了平衡回路的作用。

再比如健身。你天天锻炼，如果有一天没锻炼就会感到很惭愧。你本来都是上午跑步，今天上午没跑，就得想办法下午补上。这种惭愧的心理就是平衡回路。夫妻感情也是如此，今天吵架了，你就会想赶紧补救一下，比如一起出去吃顿饭，这也是平衡回路。

这里的一般规律就是，整个系统有一个目标，系统的参与者会时刻把系统此时此刻的表现与目标做比较，如果发现表现不达标，就会采取行动。这就是负反馈回路做的事情。

但是任何系统，总有意外。

❷ 意外

有些意外是好的，有些意外是坏的。

比如有一天，正在中国访问的韩国总统要来餐馆吃饭。你临时把餐馆的标准提到了更高的水平，所有人都尽心尽力，接待非常成功。这就是一次好的意外。

又比如有一天，餐馆要承办一个公司的年会，客人特别多，你甚至还从外面借调了人手来帮忙。时间紧，任务重，人员杂，你就不得不把标准放松一下。

结果你们轻松过关。年会活动本来就比较乱，因为公司买单，客人们也没那么挑剔，仓促间也感觉不到饭菜质量和环境略差一点。

这个活动刚结束，第二天又有一个年会活动，你来不及准备，餐馆的环境卫生就没有提前清洁到位。结果在整个过年期间，餐馆都没有达到标准。

其间，有个熟客跟你抱怨，说今天这菜做的不达标啊，好像少了一道工序！你们餐馆可是很少收到这样的抱怨。你向他道了歉，但是你想到这是过年期间活动太多的原因，别的餐馆也都这样，你也就没对厨师说什么。不达标，你默认了。餐馆上下都觉得这很正常。这也是一种意外。

❸ 坏比好重要

一个是坏的意外，一个是好的意外。那请问，过一段时间之后，哪个意外留给人的印象会更深刻呢?

答案是坏的意外。对大脑来说，好消息和坏消息是不对称的——坏消息总是比好消息重要，坏新闻总是比好新闻给人们的印象更深刻。如果一个人平时对你都很好，时间一长你可能就不在乎了；有一次他突然对你不好，你对他的印象就可能永久地改变。更重视负面消息是人脑的一个本能，这可能是因为负面消息事关生存。

健身也是如此。平时你都跑 30 分钟，哪天你高兴了，跑了 35 分钟，超出平常标准，但是你不会记住。可是有一天你觉得太累了没有跑，这一天对你的自信心会有更大的影响。再比如夫妻之间，情绪特别好的时刻不容易被记住，争吵却总是印象深刻。

由于好意外和坏意外给人的印象不对称，所以人们对系统运行表现进行评价时会有偏见。

❹ 系统的败坏

几次意外，有好有坏，发生之后，平均下来，总是坏印象占上风。如此一来，每个人心目中的这个系统的表现，比系统的实际表现要差。

系统实际上并没有那么差，但是现在人们感觉它很差。

加拿大心理学教授乔丹·彼得森（Jordan Peterson）写了一本书叫《12条人生规则》（12 Rules for Life），书里有个说法很有意思。医生们都很头疼的一个问题是，有些病人不按照医嘱定时吃药，动不动就忘了吃。可是同样是这些人，如果是他们的狗病了，他们却能做到按时给狗吃药。这是为什么呢？

彼得森说，这是因为这些人看不起自己。最了解我们的人，就是我们自己。我们太知道自己的缺陷和毛病了，所以我们——至少在潜意识之中——都有点看不起自己。我们觉得，费心思让自己按时吃药不值得。但是狗不一样啊，狗是无辜的！

我觉得这其实就是好消息坏消息不对称导致的结果。其实你没有那么差，但是你觉得自己很差。

人们对系统的评估变差，时间一长，就会认为系统其实配不上那么高的目标，就会默默调整目标。系统的目标，就被降低了。

从此之后，负反馈回路的作用就不再是拿当前表现和最初的标准进行比较，而是和人们心目中降低了的标准比较。

本来该纠正的问题，就不再纠正了。看见不合理的现象，员工心想上次别人也是这么干的。餐馆的服务水准在不知不觉中降低。今天没锻炼，你会想这又不是第一次不锻炼，上周就有两次该锻炼没锻炼。夫妻争吵也不弥补了，反正最近总是吵。

以此类推，就会产生恶性循环，系统就逐渐地走向败坏。

❺ 给点正能量

按咱们中国以前的社会道德规范，看见路上有老人摔倒了，是绝对要过去扶一把的。可是自从南京法官审理了"彭宇案"——不管这个案子的真实情况到底是怎样的——人们心中就有了有些老人是要讹人的印象。从此之后，各种扶老人而被讹的新闻层出不穷，整个社会道德标准下降，人们的共识变成了在扶老人之前得谨慎一点。要是继续败坏，可能就都不扶老人了。

想要阻止这样的过程，系统目标就不能降低。想要不降低目标，就必须纠正对系统的印象。既然人的认知偏见总是表现为对坏消息的反应更强烈，那我们就应该主动增加好消息。

我在微博上看新闻经常感到义愤填膺，感觉社会的阴暗面太多了。但好在我经常看中央电视台拍的纪录片，比如《辉煌中国》《创新中国》《超级工程》《大国重器》，能学多少知识都是次要的，关键是每次看了心情都特别好。

所以好消息也很重要。市场总是喜欢坏消息，但你不得不承认，充满正能量的好消息对维护系统平衡有特别重要的作用。如果你掌管一家公司，就应该多宣传表扬公司里的好人好事，多展示统计数字，让人们觉得公司充满了正能量，认为公司还是有希望的。什么叫"不忘初心"？也许就是系统最初设定的目标不能降低。

本书中《"正能量"的负作用》一文，说的是整天幻想正能量没啥好处。本文说的则是只要这个消息是真的，那多了解一些正能量的好消息，有利于我们认识真实的系统。系统的目标其实存在于参与系统的每个人心中，你想象系统是什么样，最终这个系统就会变成什么样。

这些道理非常简单，可是从系统论的角度推演一遍，似乎更应该严肃对待。

不充分均衡

"有效市场"和做大事的机会

这个世界上绝大多数人都在做平常的事，拿平常的回报，但每个人又都想做点大事。所谓大事，就是超出平常的预期，并且获得超出平常的回报。

比如说，中国肯定有很多人比马云聪明，而且比马云努力，那为什么马云做了如此不平常的事情，而那些和他水平相当甚至更高的人只能做一些平常的事情？

一般分析这种问题，人们总爱说什么要有梦想、要努力之类的话，但这样的回答都犯了一个本质错误。当你在说梦想和努力时，你是在和你自己较劲。"大事"可不是跟自己比较出来的，你得跟别人比。

有人说，一般人的智商是 100，每天工作 8 个小时，而我的智商是 120，我每天工作 10 个小时，这样算不算超出平常呢？是，你这么做的确可以进入更高端的行业，获得高于全国平均水平的工资，但这仍然不算是做大事，因为你的回报和你的付出、你的才能是画等号的——你只不过在跟你的小学同学较劲而已。

真正的大事，是你要和"市场"较劲。有才能、愿意努力的人太多了——你真正需要的东西，叫作"机会"。

有一本书叫《不充分均衡》（*Inadequate Equilibria*），作者是美国加州伯克利机器智能研究院的决策理论和计算机科学家埃利泽·尤德考斯基（Eliezer Yudkowsky）。

机会不等于随机的运气。这本书说的，就是到哪里寻找机会。

❶ 个人 vs 市场

法律规定小孩 8 岁以前坐车只能坐在后排的儿童座椅上，我儿子今年才获得坐前排的权利。他第一次坐在前排副驾驶的座位上时，发现代表副驾驶安全气囊的指示灯没有亮，问我为什么。我告诉他说这是因为他的体重不够，汽车需要感知到足够的重量才会打开安全气囊系统。

后来我买了两瓶酒，儿子抱着酒坐在车上，安全气囊的指示灯果然就亮了。儿子信服了我的解释，但是他提出一个质疑。

他说，汽车厂商非常愚蠢！我系上安全带，汽车就应该知道这里有人，为什么不根据安全带的状态来开启安全气囊呢？

这个问题很有意思。一个 8 岁小孩都能想到的解决方案，难道汽车厂商就想不到吗？其实我们经常会遇到这样的情况，在某一时刻感觉自己比市场上的老手还聪明——绝大多数情况下，这只是错觉。

在我儿子说的这个问题上，厂商之所以根据重量而不是安全带的状态来开启安全气囊，必然有自己的逻辑。也许有人不系安全带，也许再加一个探测器会增加制造成本，也许体重太轻的人承受不了气囊的冲击，根本就不应该开启安全气囊。总而言之，在有那么多专家研究汽车安全的情况下，不太可能让一个小孩捡到漏。

如果你认为你发现了一个别人没发现的机会，你其实是在质疑市场的"有效性"。要想明白这个问题，我们需要一点微观经济学知识。

举个例子。你坐在路边一个餐馆里吃饭，发现外面人来人往的街道上有一张 100 元的钞票，那你是否应该出去把钞票捡起来呢？

经济学家不会出去捡。街上那么多人，如果真的是张钞票，肯定早就被人捡走了！换句话说，经济学家认为对于钞票而言，人来人往的街道是一个"有效市场"。在有效市场里所有机会都会迅速被人填补，一张百元大钞不太可能等着被你发现。

你好好体会一下这个思维方式。我说的可不是你的眼神不如街上那些行人，我说的是行人那么多，他们不太可能发现不了钞票。同理，我儿子不太可能找到汽车设计的漏洞，这也不是因为他不是专家，而是因为参与找漏洞的专家很多。如果街上冷冷清清没什么行人，或者安全气囊是个刚刚出来的新事物，那就可能不是"有效市场"。

与其纠结于自己"有没有资格"，不如分析这个市场的有效性。

② 有效市场什么样

世界上最有效的市场大概就是股市，特别是炒短线的股市。股市有这么几个特点：

（1）股市里有很多很多钱，巨额的利益吸引了无数第一流的人才来研究股票。

（2）股市里有很多很多数据，研究者能得到充分的信息。

（3）正确的判断会带来巨额的奖励。

（4）一旦有人做出判断，他马上就可以采取行动。

这就意味着，任何有用的新信息都能迅速体现在股价上。腾讯的股价到底是 389 元还是 389.5 元，这点微小的差异对大金融机构来说都是丰厚的利润，他们愿意下很大的功夫研究。在这种情况下，你凭什么认为你一个业余股民能打败市场呢？

那你可能说，不对啊，有很多散户就是从股市里赚了大钱啊。那种情况最大的可能是运气，散户可能偶尔赌赢了。还有一种可能是机构比较重视短期利益，如果你选择长期持有某些股票，如果赌对了经济大势，也许也可以赚钱。

　　什么叫"有效市场"呢？经济学家的定义很简单，那就是价格完全由供给和需求的平衡决定。凡是想买这个东西的人都能轻易买到，凡是想卖的人都能轻易卖出，这就是有效市场。如果需要一定的"资格"才能买卖，或者出现有价无市、有市无价的情况，那就不叫有效市场。

　　有效市场里，买卖双方都既不会感到占了便宜，也不会感到吃亏。有效市场里任何时候都是买卖的好时候。这是因为在有效市场里，你无法真正预测一件商品未来价格的走向。

　　比如，你知道腾讯公司下个月要推出一款新产品，你对这个产品很有信心，所以你判断，到时候腾讯的股价会上涨10%。但是，且慢！

　　我想请你思考，要开新产品发布会的消息是公开的，你知道，市场上的机构也都知道。如果腾讯股价真的会因为这个新产品上涨10%，这些机构现在就会买入，它们会一直买，直到股价已经涨了10%为止——要知道，哪怕0.1%的利润空间也是好的啊。

　　之所以现在股价没有到你预估的水平，只能说明那些机构认为这个新产品是有风险的。也许到时候新产品满足不了市场预期，股价根本就不会上涨。

　　机遇和风险，你知道的所有信息，市场都已经知道了。有效市场里的任何新信息，都会立即体现在价格之中。所以你无法做出更好的预测。

　　所以，你不应该指望在有效市场里干什么大事儿。金融行业的工资确实高，如果你有才能又够努力，完全可以加入金融行业拿一份高工资——但这可不是说你打败了市场，你只不过是被市场选择而已。金融行业从业者并没有获得超出他们努力和才能的回报——否则市场就会吸引更多人进入这个行业，稀释他们的工资。

　　当然，市场的"有效性"只是一个相对的概念。可能有些基金经理就是特别聪明，对这些人来说，市场是无效的。也正是因为这些人的存在，才使得市场变得更有效。

　　但是问题就在于，市场对你来说，已经非常有效了。

　　想要获得超额回报，就不要选择有效市场。那我们应该选择什么样的市场呢？"无效"市场吗？

❸ 房产市场是有效的吗

你可能没想到，中国的房产市场，并不是有效市场。在有效市场中几乎任何人都无法预测价格走向。而房价的走向，对很多人来说是可以预测的。

比如，我认为北京的房价被高估了，将来一定会下跌。这不仅仅是我的观点，而且是一大批经济学家的共识。但问题就在于，虽然我们有正确的预测，但我们无法用这个预测获利。

如果你有北京的房产，你的确可以利用这个预测获利，只要卖房就行。但你卖房子并不能让北京房市变成有效市场——因为我不能卖北京的房子。

如果我是一个很大的基金公司的经理，我判断北京房价将要下跌，我能从中获利吗？答案是不能，因为我手上并没有北京的房子。在有效市场里，就算我没房子，我也可以从有房子的人手中借到房子，先把房子卖了，等到房价下跌以后再把房子买回来还给他们。可是现在的房产市场不允许我这么操作。

那些有知识又有钱的"外人"，就算是金融大鳄，也没有任何办法用知识在被高估的房市中获利，所以房产市场不是有效市场。有效市场里任何时候买卖都是对的，而房产市场是个无效市场，那现在应不应该买房，你就得好好想想了。

我们发现了一个无效市场，可惜我们仍然无法从中获利。

在有效市场中你干不了大事，在房产市场中你也干不了大事，那到底什么地方才能干大事呢？

❹　做大事的机会

《不充分均衡》这本书的作者尤德考斯基就做了件大事。尤德考斯基的妻子得了一种叫"季节性情感障碍"的病，每到冬季就会抑郁。这个病是因为阳光照射太少导致的，标准的治疗方法是买一个医用的灯箱，每天用灯箱照射一小时就行。

但是尤德考斯基的妻子对灯箱没什么反应，还是抑郁，于是医生又给了建议，说你们干脆冬天就搬到南美洲去生活，那里的光照充足。于是有一年冬天尤德考斯基的妻子去了智利，她果然不抑郁了。

可是年年冬天到智利度假可有点贵啊。尤德考斯基就想，灯箱不行，去智利就行，那是不是因为灯箱的光照不够强呢？那我能不能加大照射的剂量呢？

但尤德考斯基没有立即采取行动。他想到，如果加大剂量管用，医生为什么不知道呢？难道就没人做过相关的研究吗？他上谷歌搜索相关研究，没有结果。他还花6美元买了一本专门讲季节性情感障碍的书，书中也没提到加大照射剂量的疗法。

尤德考斯基索性还是行动了。他花600美元买了130个LED灯，卧室里到处布满了灯，每天早上用强光照射妻子，结果居然真的治好了妻子的病。

这件事很值得思考。那么多人研究医学，这么简单的一个解决方案，为什么没有人做过呢？

到底是什么样的系统，有这样的空子可钻呢？

坏系统的逻辑

世界上有些事儿明显不对，但是它就是能继续存在。

有些新生儿会得一种叫作"短肠综合征"的病，由于消化系统太弱，必须通过静脉注射补充肠外营养。美国的肠外营养制剂是用大豆油来提供脂肪的。但是有研究表明，大豆油会伤害新生儿的大脑和肝。结果用这个制剂补充营养等于饮鸩止渴，美国患有短肠综合征的婴儿到 4 岁时的死亡率，高达 30%。

所幸有科学家临床实验发现，如果使用鱼油配制的肠外营养制剂，就可以把死亡率降到 9%。那就赶紧都改成用鱼油呗？

但美国食品药物监督管理局（FDA）并没有批准用鱼油生产的制剂。FDA 不批准，鱼油制剂在美国就是非法的。从 1961 年到现在，无数婴儿因此死亡，但是 FDA 就是不批准。

正常人听说这个国家的政府居然这么办事，一定会问一个基本问题：为什么，没有人，造反？

❶ "低垂的果实"

《不充分均衡》一书的主题是个人如何打败社会系统。我们讲了"有效市场"概念，我们知道个人要想打败一个有效市场实在是太难了。那机会在哪呢？一个思路是寻找那些正在高速发展中的新兴市场，这种市场里的机会还没有来得及被占满。但新兴市场稍纵即逝，你得先有积累才可能抓住机会，而更可能的情况是等你在一个领域积累好了，风口也过去了。

尤德考斯基更关心的是，我们"平时"能不能就抓住一些机会。

比如说，也许社会上有一些看起来非常成熟的系统，其实有内在的缺陷，导致它会遗漏一些"低垂的果实"——一些明明很轻易就能解决的问题，它就是没解决。这些低垂的果实，就是我们的机会。

美国医疗系统，大概是世界上尚在运行的最不合理的系统。尤德考斯基用 LED 灯给妻子治病，也许就抓住了一个系统漏洞。一个美国家长如果拒绝 FDA 指定的肠外营养制剂，他就是抓住了系统漏洞。

社会主流观点告诉他们应该"那么"做，但他们非得"这么"做——而这么做的结果是得到了超出系统预期的利益。

那我们到底应该什么时候相信社会系统随波逐流，什么时候按照自己的想法去做呢？这才是最根本的问题。想要回答这个问题，首先得从原理上分析，为什么明明是个坏系统，它却还能长期存在。

为此我们需要了解一个重要概念。

❷　均衡

先说一个真实的例子。新浪微博之前可能是为了盈利，设计了一些让用户非常反感的做法。那你有没有想过，如果你又有技术又有资金，能不能做一个更好的微博，比如说叫"后浪微博"，去干掉新浪微博呢？

这种事儿，就是能做也不应该做的事儿。简单起见，我们姑且把微博用户分为两种人，一种叫"大 V"，一种叫"读者"。大 V 发微博，读者看微博。

现在有个各方面条件都更好的后浪微博，如果大 V 和读者一起转移到后浪微博，那当然是皆大欢喜。问题就在于，谁先转移呢？读者不会先去的，因为那里没有大 V。大 V 也不会先去的，因为那里没有读者。

可见，推出一个新的微博系统，和推出一个新的电视机品牌，是完全不同的事情。比如现在大家都在买一个品牌的电视机，而你创造了一个新的品牌，要想吸引顾客买你的品牌，只要说服顾客就行了。如果顾客觉得新的好，就可以直接采取行动。

而微博的局面则是我单方面采取行动没有意义。必须别人也动了，我动才有意义。这种任何人都无法单方面采取行动做出改变的局面，就叫"均衡"。

之所以用这个词，是因为这是多方共同达成的局面，各种势力取得了平衡。

博弈论中的"纳什均衡"，说的就是这种均衡。

均衡，是非常稳定的局面。有这样的局面，新浪微博根本就不担心什么竞争对手，不做一些不受欢迎的小动作简直就是跟钱过不去。

请注意，我们这里说的都是系统的内在逻辑如何如何，可不是系统的参与者如何如何。新浪微博用户并不比电视机用户愚蠢，新浪微博也并不比电视机品牌差，仅仅是因为这两个系统的内在逻辑不同，导致了不同的局面。

前面说的"有效市场"是一个均衡局面，而且是个好的均衡局面。而有些局面看起来很不好，可它是均衡的，所以它就能长期存在。

有了均衡这个概念，我们就可以分析一下为什么美国医疗系统会放着"低垂的果实"不摘。

❸ 两因素市场

为什么 FDA 不禁止使用大豆油配制的肠外营养制剂，批准使用鱼油配制的制剂呢？一个重要理由，是相关的研究做得还不够"彻底"。现在确实有研究证明大豆油对新生儿有害，可是那项研究中只有 47 个受试者，而想让 FDA 改变主意，按照规定，得有"大规模可重复研究"才行。FDA 的决策者家里并没有孩子得病，他们更关心的是照章办事，而不是风险。

那为什么没人搞这个重复研究呢？为什么没人研究尤德考斯基给他妻子治病用的那个疗法呢？这就涉及现代科研体制的问题。

用尤德考斯基的话说，科研体制是个"两因素市场"（two-factor market）。

想要开展一项科研，必须满足两个因素才行。第一，得有科学家愿意做这个科研。第二，科学家干活不能白干，还得有"赞助人"愿意资助这个科研。

从表面上看，搞科研的目的肯定是为了造福人类，但实际上，科学家也好，赞助人也好，他们的主要目的是别的东西。

科学家选择科研课题，首要目标是论文要能被人引用。现代学术评价体系是非常量化的，谁的论文被引用的次数多，谁造成的影响就大，谁就有更高的学术地位。

那赞助人是不是最关注造福人类呢？也不是。赞助人包括各个大学、学术机构和科研经费的发放者，赞助人最在乎的东西，是声望。我给你一笔钱搞研究，你写了一篇很厉害的论文，让我们机构和基金的名字出现在第一流的期刊上，那我就觉得这个钱花得值。如果我钱花了，你却什么东西都没制造出来，那我的业绩体现在哪里？

如果这两个因素一起起作用，那么现代科研体制的价值观就是求"新"。哪个项目能取得新突破，哪个项目就能带来更高的引用率，哪个项目就能发表在更好的期刊上，哪个项目就会有科学家愿意做，有赞助人愿意支持。

为什么美国科研系统非常关注一些特别罕见的病，而对普通大众的一般疾病的新疗法、便宜的解决方案，都不怎么关注，就是这个道理。

我们再想想"验证使用大豆油配制的肠外营养制剂对婴儿有害"这个项目。首先，它没有提出新思想，别人几十年以前就已经做了相关的研究，你再做一遍也只是重复了别人的结果而已，这样的研究不会有很多人引用，这个工作谁会做呢？其次，大规模实验需要很多很多科研经费，这个钱谁出呢？

如果科研体制是个单因素市场，那么你只要能找到一位不顾个人名望得失，愿意无私奉献的科学家就能解决问题。或者你能找到一个特别关注人命的基金也行。可是科研体制是个两因素市场，你必须同时找到一个无私的科学家和一个无私的基金，这可就太难了。

正因为这样，科研体制是一个均衡系统。

验证肠外营养制剂的毒性只是一个简单的研究，却能救那么多孩子的命，这显然是个低垂的果实。可是堂堂的现代科研体制，居然就没能力摘取这个低垂的果实——所以它是个"不充分"的系统。

不充分，又是均衡的，这就是尤德考斯基的《不充分均衡》一书书名的来历。

从外部看来，不充分均衡系统都是坏系统——这么简单的问题都留着不解决，实在太腐败、太愚蠢了！可是从内部来看，系统的每个参与者都在按照自己利益最大化的原则做事。他们都非常理性，没有人是愚蠢的！

不充分均衡，也是均衡。所以如果你不是政治强人或者亿万富翁，你无法改革这样的系统——其实就算你是政治强人或者亿万富翁也很难改革。但是作为个人，你可以从这样的系统中给自己谋取一点超出市场预期的利益。

正因为有大量不充分均衡系统的存在，这个世界才留下了各种低垂的果实，才给了我们机会。

所以，下次再有一个不寻常想法时，不要用"我不是专家，我想的能对吗"这个问题自我打击。你要问的正确问题是：

第一，这个市场是有效市场吗？如果是有效市场，那就放弃。

第二，这是一个不充分均衡吗？如果是不充分均衡，那专家就不足惧——专家想要的跟你想要的东西的不在一个维度，他们并不在乎某些低垂的果实。

美国每年死于医疗事故的人数比死于车祸的人数都多。不久之前的研究表明，仅仅因为医生不爱洗手，每年就能杀死成千上万的病人。什么都听医生的、跟着体制走，真有可能掉沟里。有时候你就是得自己主动行动。

如果我是短肠综合征婴儿的家长，我会自己了解到有那样的研究，我会自己了解到欧洲生产的一种肠外营养制剂用的不是大豆油而是鱼油，我会给孩子用欧洲的制剂，我不在乎 FDA 说我违法不违法。如果我知道有些内容被新浪微博漏掉但是别的地方有，我会一边用着新浪微博，一边去别的地方寻找低垂的果实。

大学教育和"吹捧文化"的共同原理

生活中存在着大量的不充分均衡，大学系统和吹捧系统就是两个典型例子。

网上有个新闻很有意思，说美国总统特朗普（Trump）的内阁会议上，副总统彭斯（Pence）在 3 分钟内，对特朗普进行了 14 次吹捧，而且彭斯用的还是第二人称："在你的领导下，取得了如何如何的成就……"

美国人的确喜欢当面夸奖人，但一般都是上级夸下级，像彭斯以这种力度对领导的吹捧，是极其罕见的，连咱们中国人都感到肉麻。美国媒体实在看不下去了，CNN（美国有线电视新闻网）的新闻标题是《彭斯把吹捧提升到了新高度》《彭斯对特朗普说我爱你》。

堂堂副总统何以至此呢？我们先从"上大学"这件事讲起。

❶　上大学有用吗

乔治·梅森大学经济学教授布莱恩·卡普兰（Bryan Caplan）有本书叫《对教育的指控》（*The Case Against Education*）。卡普兰认为，对个人来说，上大学或许很有用，但是对国家来说，大学正在浪费资源。

这个观点可不是卡普兰的突发奇想，这是相当一部分经济学家共同的看法。

卡普兰列举了几个关键事实：

第一，大学教育非常贵。现在美国私立大学一年的学费加上生活费，等于一个中等家庭的全部收入。这还不仅仅是钱的问题，你还把四年宝贵的青春花在了大学里，在此期间你一分钱没挣到，没为社会创造任何价值。

第二，大学其实并不能让人学会很多东西。你是上了很多门课程，但是如果毕业以后不直接使用那些知识，你很快就会把它们全忘掉。

你可能说，不对啊，具体的知识并不重要，大学真正教给我们的就是忘掉了具体知识之后剩下的东西！比如科学的思维方式。但你这可能是一厢情愿。

现代人需要懂一点统计知识才能理解一些新闻事件，统计的观念很重要吧？有测试表明，心理系的大学生经过四年学习，统计观念确实增强了，因为他们始终在运用这些知识——而化学系的学生也上了概率统计课，可是他们根本就不知道怎么在真实世界使用统计观念。

卡普兰教经济学，他测试了 40 个经济系大学生，结果是四年下来，真正掌握了经济学思维方法的，只有 4 个。

有人测试了大四学生的基本逻辑推理能力，发现和大一新生水平一样。

这些结果让人非常无语，等于说大学四年白上了。那为啥还要上大学呢？

第三，上大学真的很有用。大学的用处并不体现在知识上，而是体现在工资上。大学毕业生的入行平均工资，比高中毕业生高 73%，而且这个差距还在不断增大。

但是请注意，这个作用只是针对个人的。

第四，对个人来说，每多受一年教育，收入就会提高 8%～11%——但对于整个国家来说，国民平均受教育年限每增加一年，国民的平均收入只会增加 1%～3%。

这是什么意思呢？说白了，就是如果全国所有人都上大学，大家的收入并不会因此提高多少——但是如果你比别人多上了大学，你的收入会有明显提高。

比如，有人统计了美国的 500 个工作岗位，在 20 世纪 70 年代到 90 年代这 20 年间，这些工作岗位的入行平均受教育年限提高了 1.2 年，可是这些岗位的工作内容基本没变。同样的工作，过去高中生都能干，为啥现在非得用大学生？

在经济学家看来，上大学的真正目的，是发出一个信号。

❷ 信号系统

"信号"，是个很重要的经济学思想。信号解决了信息不对称的问题。

《不充分均衡》这本书中有个比方。有人建了一个魔法塔，进入这个魔法塔对你没有什么直接的好处，而且一旦进去，你必须待满四年才能出来。但是这个魔法塔真有魔法：它会识别人——只有智商超过100，而且拥有一定意志品质的人才能进去。

那你愿意进去消耗四年时间吗？先别着急决定。先想想这个问题：如果你是个雇主，你会怎么看待魔法塔？

雇主会优先雇用从魔法塔里出来的人。因为这些人证明了自己的智商和意志品质。那些没进入过魔法塔的人也许也有高智商和优良意志品质，但是他们无法向雇主证明这一点。

进入魔法塔，你就发出了一个明确的高智商和优良意志品质的信号。有这个信号的人越多，对没有这个信号的人就越不利。

这个魔法塔就是一个两因素系统：雇员需要发出信号，雇主需要接收信号。这个系统会非常稳定，以至哪怕有人在魔法塔门口收钱，还是会有人抢着要进。随着想进入魔法塔的人越来越多，魔法塔还会提高准入要求，比如智商要超过120，还得有一项文体特长才行。

这个魔法塔，当然就是大学系统。大学系统一旦建立了声望，你想再搞个别的系统与之竞争，那是几乎不可能的——因为最先去新系统的肯定是那些智商不到120的人，结果就是，不进大学就等于承认自己的智商不到120。

这就是信号的作用。哪怕上大学什么都学不到，哪怕上大学既花钱又花时间，只要大学能提供这个明确信号，人们就必须想方设法上大学。如果别人都上大学了，你就更得上大学，这也是为什么各种工作的学历要求水涨船高。

宁可做一些对自己不利的事儿，也要发出信号，这个现象在自然界普遍存在。有些雄性鸟类有非常漂亮的尾巴，其实这个尾巴太大了，已经影响到了它们的灵活性和生存，那为什么还要这个尾巴呢？因为尾巴是一个信号，能够向雌鸟宣告自己的身体强壮，负担得起这个累赘。为什么有人喝酒要喝到自残的程度？这也是证明身体好的信号。穿戴奢侈品，更是发信号。

"对自己不利"恰恰是高水平信号的特征。发信号的代价越大，这个信号才越可信。

有了这个信号理论，我们就能理解为什么彭斯要吹捧特朗普了。

❸ 吹捧领导的艺术

我们先思考一个问题，如果要拍领导马屁，你说是私下拍好，还是公开拍好呢？

很多人以为吹捧是对领导的一个"情感服务"，是领导本人爱听好听的话，那似乎是私下的吹捧比较好，好话他也听到了，大家的形象还都不受影响。

可是我们想想，领导应该都是比较理性的人，他很可能根本就不需要什么情感服务。但是领导需要你的忠诚。

想要发出一个明确的忠诚信号，应该公开吹捧。现在所有人都知道你对领导的态度是这样吹捧，那你下次如果反对领导，不就成了反复无常的小人了吗？更进一步，如果能吹捧到肉麻，甚至有点丧失人格的程度，你就付出了一个很大的代价，那么这个信号就更加可信了。

彭斯为什么要如此肉麻地公开吹捧特朗普呢？这里面有个新闻背景。我们知道，2016 年美国总统大选前一个月，特朗普曾被爆出多年前侮辱女性的言论，这是他竞选过程中最大的一次危机。就在 2017 年 12 月初，有媒体爆料，在那次危机中，彭斯一度跟共和党高层接触，曾经设想过通过政变取代特朗普，自己去竞选总统！而《大西洋月刊》(*The Atlantic*) 上更是有一篇长文，说现在上帝给彭斯准备了一个角色，就看彭斯怎么表现了。

在这种情况下，彭斯急需让特朗普对自己放心。那彭斯怎么表明心迹呢？私下说作用不大，所以彭斯选择了在电视台记者在场的情况下来一次厚颜无耻的吹捧。这件事儿一做就等于说彭斯很难通过政变争夺总统的位置了，否则媒体都看不起他。

彭斯用自残式的吹捧发出了忠诚的信号，想必能收获领导的信任。

那如果别的官员也都学彭斯发这样的信号，领导人也像雇用大学生一样只用发了信号的人，整个官场就会形成"吹捧文化"，那就非常不好看了。

那为什么不是所有官场都有这种"吹捧文化"呢？因为像彭斯这样对领导的地位构成直接威胁的情况并不多，在大多数国家历史上的大多数时期，大多数官员无须发这么强的信号。他们无须证明。

无须证明，这就是摘取信号系统低垂果实的关键。

❹ 无须证明的人

大学系统也好，吹捧系统也好，最重要的作用机制都是发信号。发信号的代价越高，信号就越强。而发信号的目的，都是为了证明自己——或者是证明自己的能力，或者是证明自己的忠诚。

那如果有人无须证明这些，他应该怎么做呢？

比如，你根本就不想给别人打工，你想要自己创业，或者你家就有个企业等着你去经营，或者有公司已经看中了你的才能，那你还应该上大学吗？如果你不了解大学这个魔法塔的真实情况，你看到聪明人都去上大学，就以为大学必定是个极好的东西，自己无论如何都要去上大学，你就是被系统给忽悠了。

比尔·盖茨和扎克伯格都是从哈佛大学退学的。乔布斯从一开始就质疑上大学的意义，他跑去旁听了几门课，而对文凭不屑一顾。他们有比上大学更重要的事要做，他们认为自己无须证明。

同样的道理，如果一个人已经得到了上级领导的信任，他就没有必要再公开吹捧领导了，因为他无须证明。事实上历史上出现大规模的"吹捧文化"往往是信任危机的结果。

所有不充分均衡系统都有低垂的果实，但并不是所有低垂的果实都是你的机会。当同学都去上大学，同事都在吹捧领导时，如果你无须证明，你就没有必要随波逐流，你就战胜了那个系统。

怎样用知识和世界相处

尤德考斯基的《不充分均衡》一书除了介绍分析"不充分均衡"这个核心概念，还会告诉你，作为个人，应该怎么处理好知识和社会的关系。

这本书全部的意义，就是告诉你这个世界上有许许多多的漏洞，哪怕你不是专家，你也不应该全听专家的。

❶ 医生到底行不行

我想请你回忆一个自己找医生看病的经历。从道理上讲，医生都经过专业的训练，而我们并不懂医学，所以我们如果有病就应该把性命交给医生，医生说怎么办就怎么办。但这件事儿并没有这么简单。

有时候医生是真厉害。三四年前，我有一次突然感到身上某个地方剧痛，到了满地打滚的程度。我妻子赶紧把我送到了急诊室。我第一时间得到了救护，但是很快我就发现，那些医护人员似乎都没把我这个病当回事儿，她们几乎是面带笑容地看着我在那儿疼。因为我完全相信医院，心里就宽慰了一点，可能真不是什么大病。然后我就听到护士们私下交流，说这是肾结石的症状。

拍片子，发现结石；做尿检，发现血迹，医生确诊了是肾结石，还给我讲了他的诊断逻辑。然后他给我开了止疼药，说下次再疼时吃点药忍着，过段时间这个结石自己就会排出来了。医生还特意打了个比方，说你就像生孩子一样把肾结石排出来就好了。我这才明白护士们为什么笑，她们正在目睹一起"男人生孩子"事件。

结果医生精确预言了此后病情的发展。我又不定期地疼了几次，后来把结石排出来，就啥事儿没有了。在这件事之前，我几乎连肾结石这个名词都没听过，看来专家就是专家，确实得服医生啊。

但是尤德考斯基也讲了一个他的经历。他一度受到头皮屑过多的困扰，去医院看了皮肤科，医生告诉他这是湿疹，给他开了药。尤德考斯基回去用了药，结果根本不好使。尤德考斯基也很相信医生，心想既然医生给的药无效，也许这个病就是没法治的，那也就算了，头皮屑多点就多点吧。

后来尤德考斯基为了减肥，尝试了所谓"生酮饮食"，结果发现头皮屑突然暴增！这回他没去医院，自己先上网搜索了一番，居然找到一些文献，说这个症状表明头皮屑是真菌引起的。这种真菌爱吃生酮，生酮饮食会让真菌大量繁殖，所以头皮屑才会大量增加。

那如何才能杀死这种真菌呢？还是互联网告诉尤德考斯基，只要用含唑的洗发水洗头就行。尤德考斯基进一步了解到，美国生产的所有含唑洗发水的唑浓度都只有1%，而有研究表明，如果用唑浓度为2%的洗发水，效果能提高一个数量级。他又搜索到，泰国的一种洗发水的唑浓度就是2%。

于是尤德考斯基买了那种泰国洗发水，根本没跟医生交流，自己就治好了自己的头皮屑。

那从这两件事儿上，我们能得出一个什么结论呢？

有时候医生能表现出极高的专业素质，有时候听医生的诊断还不如自己上网搜索。现代医疗体系，显然是有漏洞的。

❷ 医疗体系是个无效市场

尤德考斯基认为，医疗体系不但不是个有效市场，它甚至都不是个市场。

如果医疗服务是市场化的，那最根本的一条，就是我们得知道一个"性能价格比"，最起码得知道一个医院的性能和价格。

但是第一，医院并不公布它对各种疾病的治愈率。第二，医院甚至都不公布它治疗各种疾病的价目表。我们病了就找一家离家近、看上去"比较好"的医院——你根本就谈不上研究性价比。

你可能觉得这很正常，但尤德考斯基举了一个例子。美国麻醉医师协会曾经是不统计行医结果的，后来他们决定对每个麻醉师的记录做个统计，然后还建立了行业标准，结果麻醉事故的死亡率立即大幅下降了！

性能和价格都不公开，医院就没有提高医术和降低成本的强烈愿望。

不论治疗结果如何，医院该收的钱是一样的。当然你不能因此就说医生都唯利是图不好好治病——我们相信医生确实有救死扶伤的奉献精神。但是我们也应该知道，在这个制度下，有时候医生最关心的可能不是把你的病治好，而是确保自己不犯错误。如果照章办事就能获得稳定收入，他就没必要努力钻研医术。

网上的信息越来越全面，而对一些不常见的病，医生们却不见得了解。所以像尤德考斯基那样有什么重大医疗问题自己会去谷歌搜索一下，这个功夫就很有必要了。

❸ 正确的知识策略

尤德考斯基提供了几个使用知识的建议。在我看来，这些建议最关键的一个出发点，是你必须把"相信知识"和"相信专家"区分开来。

相信知识不等于相信专家，不信任专家也不等于不信任知识。放着现代医学不信，非得自己弄些民间偏方治病，这是不信任知识。放弃自己的判断，什么都不懂时干脆全听医生的，这是迷信专家。

知识，是我们跟这个世界打交道最好的武器。如果知识有漏洞，那我们一点办法都没有，只能做到这个程度了。但如果是专家有知识漏洞，我们是可以做些事情的。

具体说来，用知识和世界打交道，你能做的事情有三种。

第一种，是你作为一个主流人物，在主流市场中，做出重要的知识贡献。比如你作为一个医学家发明了一个新疗法，这个疗法能让所有相关的病人都用得上。这种贡献是你为人类文明创造了新知识。

这是非常难得的机会，你一生之中大概可以指望 0 到 2 次这样的机会——绝大多数人根本没机会。

但是不创造新知识，可不等于你就得放弃主动使用知识的权利。

第二种，是你根据自身的情况，综合现有知识，给自己定制一个解决方案。

比如尤德考斯基给自己治疗头皮屑就是这样。他运用网上公开的知识，自己制定治疗方案，把病治好了。

为什么会有这样的机会呢？因为大部分知识针对的都是一般情况。本来每个人都是特殊的，对不同病人应该使用不同的疗法和不同的剂量，但医生每天要面对大量的病人，不可能专门给你太多的关注！医生在乎的是程序正确，他会采用最常用、最保守的治疗方法，而这种方法并不一定适合你。

教育也是这样。一个班有几十个学生，老师讲课应该讲给谁听？最标准的办法肯定是按照班里学生的中等水平，甚至是比中等略低一点的水平安排教学进度。那如果有个学生学得快，她应该信奉老师的专家意见呢，还是应该按照自己的节奏走？

肾结石是个典型的病，按照固定流程走就行；头皮屑是个疑难杂症，那你就得定制方案。

你管不了别人，但是你可以管自己。当然，自我定制对人的要求非常高，你需要具备很强的综合调研能力。不过在互联网时代，获得专业知识是越来越容易了。

无论如何，尤德考斯基认为，像这种事情，你可以指望每年都做一次。

第三种，是你能不能在互相矛盾的专家意见之中，选择一个你认为值得相信的意见。

比如说，日本经济过去一二十年停滞不前，很多人说这是日本的社会结构问题：社会老龄化，企业没活力，年轻人没奔头，经济不行是注定的。但也有些专家认为其实没有那么深刻的原因——原因很简单：是日本中央银行错误的货币政策！这一派专家说，只要日本央行多印一些钱，日本经济完全可以起来。

那你信谁的呢？像这样的情况，你再说自己水平低，就信专家的，这就完全没有可操作性了——现在是专家都不信专家的。

会看球的人不一定非得会踢球。如果你对各路专家的立场、风格、利益所在和门户偏见有个基本了解，如果你能认识到日本央行领导人面临的利益格局，你完全可以对这个问题做出自己的判断。

当然，你仍然不是专家，你的观点并不是你自己原创的，但是知道相信哪个专家，这也是你主动运用了知识。

尤德考斯基认为，像这样的判断，你可以经常有。

以我之见，这一切一切的根本，就是你到底敢不敢运用知识。通过考试发射一个信号，那不叫有知识。高谈阔论装点门面，那不叫有知识。拿知识武器在辩论中压倒对方，那不叫有知识。

一切不牵扯利益得失的知识，都只不过是智力游戏。

只有当局势不明朗，没有人告诉你该怎么办，错误的判断会导致不良后果的时候，你因为有知识而敢于拿一个主意，这才算是真有知识。

| 第五章 |

智识的两难

检验一流智力的标准，就是看你能不能在头脑中同时存在两种相反的想法，还维持正常行事的能力。

——菲茨杰拉德《崩溃》

所罗门悖论

我们平时读很多书，包括在"得到"App 听课程，并不一定是想获得像编程这样的实用谋生技能，我们更想得到的是能帮助我们做出科学决策的知识。

但是学习了帮助决策的知识，并不代表就会用这些知识。事实上，这可是个大问题。

加拿大滑铁卢大学的社会心理学家伊格尔·格罗斯曼（Igor Grossmann），就专门研究这个问题。他的研究结果并不太乐观。

格罗斯曼打了一个比方。古代犹太王国的国王所罗门，特别擅长给别人提建议。如果你有什么疑难，去问所罗门，他就能告诉你该怎么办。很多人从很远的地方专程来向所罗门寻求建议。所罗门说出的话都是一套一套的，他的建议也确实好使！所罗门，真是智者中的典范啊。

但问题是，如果我们考察所罗门自己的生活，会发现他做了很多错误的决定。他放纵感情娶了很多美女，贪图钱财还爱向别人炫耀。他只有一个儿子，却没有好好教育，以至于所罗门死后，儿子成了一个暴君。

这么聪明的人物，能整天给别人提建议，自己的生活却过不好。格罗斯曼把这个现象叫作"所罗门悖论"。[1]

这个问题不解决，读多少书，也可能过不好这一生。

❶ 智慧

心理学家对"智慧"（wisdom）一词有个非常明确的定义，叫作"明智的推理"。有智慧的人并不一定有多高的智商，有多强的算术能力，而是处事能力和决策能力比较强。智慧包括如下几个方面：

首先是智识上的谦逊。就是我知道我的知识是有限的，我要寻求更多的信息才能做出很好的决策。我不能冲动，一上来就胡乱决策。就好像《中庸》里说的"戒慎乎其所不睹，恐惧乎其所不闻"。[2]

其次，要超越自我。要能从别人的角度去考虑问题，不要光想着自己怎么样。

再次，要善于达成妥协。不能光想着自己的利益最大化，也要考虑别人的利益。

举个特别好的例子。有个非常火的综合格斗拳手叫徐晓冬，连续打败了练传统武术的大师。之前打败太极拳大师时，徐晓冬给人的印象还是个特别狂的人，而且还爱说脏话。

可是打败了咏春拳的丁浩之后，知名记者王志安在《局面》节目里对徐晓冬做了一个访谈，徐晓冬表现出了智慧。

徐晓冬说，我的体重比"丁老师"重，所以我开头先不进攻。王志安说你打倒了他六次，徐晓冬马上说只有两次是"打倒"，剩下的四次只是摔倒。比赛结果实际上是徐晓冬大胜，但是裁判宣布双方是平局，王志安问他对这个结果满意吗？徐晓冬说满意，这只是一场交流赛，胜负不重要。

徐晓冬居然还特别强调，中国武术是一个大家庭，他也是中国武术大家庭的一员！

当然徐晓冬还是说了很多实际上带有嘲讽性质的反话，可是这跟以前微博上那个骂骂咧咧的徐晓冬已经判若两人。微博评论都说徐晓冬变成熟了。

那徐晓冬是怎么变成熟的呢？我们设想，他大概不是因为短期内读了很多书。

❷ 智慧可能很难学

格罗斯曼的一系列研究表明，人的智慧跟情境密切相关。换言之，一个人可以在某一方面、某一时刻表现出很高的智慧，但在另一方面却表现得很没有智慧。

一个人谈起人生意义来头头是道，但是他跟同事的关系却搞不好。一个人工作能力特别强，把手下人管得特别好，但是家庭生活却非常糟。一个人在私下场合很靠谱，发微博却爱胡说八道。这跟智商完全不同，一个智商高的人通常做各种智力工作时都能表现出高水平——智商是一个基本素质。

格罗斯曼在《欧洲心理学家》上发表了一篇综述文章[3]，其中提到有些研究让受试者记日记，随时记录在什么时候遇到什么事，以及都是怎么做的——结果发现，一个人在一天之内，有时可以表现得很有智慧，有时恰恰相反。再进一步，智慧跟人的性别、受教育程度关系都不大。唯一有关系的是年龄，年龄大的人，可能因为经历的事情多，更有智慧。

如果智慧不是一个基本素质，甚至智慧跟受教育程度关系都不大，那智慧是可以学的吗？

答案是，很难学。[4]有人做过实验，先给一些学生讲道德课说要帮助别人，结果就在刚刚听完课，这些学生走出教室，真的遇到一个需要帮助的人时，他们并没有比一般人更愿意提供帮助。等于说道德课白讲了。还有研究发现，专门研究道德哲学的那些哲学家们自己办事时，并不比别人更有道德。

这不正符合纽约大学特聘教授纳西姆·塔勒布对知识分子的批评吗？这些人只有说到没有做到，哪有什么文如其人或者为人师表？

《纽约时报》专栏作家戴维·布鲁克斯（David Brooks），读了心理学家丹尼尔·卡尼曼和合作者阿莫司·特沃斯基（Amos Tversky）的传记《思维的发现》（*The Undoing Project*）之后有一个疑问：这两个人一辈子就是研究人生决策的，按理说他们的决策水平应该很高——可是纵观整个传记，我们发现这两人一生之中根本就没做过多少决策。他们唯一一个大决策就是从以色列移民到美国。

这不就是纸上谈兵吗？学了也没用，研究者自己都不决策。这个所罗门悖论，该怎么破呢？

❸ 提高智慧的方法

也不是一点希望都没有。格罗斯曼就测试过几个行之有效的方法。

一个方法是你要把发生在自己身上的事，想象成是发生在别人的身上。

比如，格罗斯曼做过一个研究，他让受试者想象，自己的男朋友或女朋友出轨了怎么办。很多人都表示马上分手。

但格罗斯曼紧接着问，如果是你的好朋友的男朋友或女朋友出轨了，你会怎么给他 / 她提供建议。

格罗斯曼有一个问卷评分系统，能测试人面对事情时表现出的智慧水平。这些测试包括：

（1）你是不是需要关于这件事更多的信息呢？

（2）你是不是需要了解一下这件事发生的背景？

（3）你是不是要考虑一下妥协的可能性？考虑一下对方的看法？

（4）你处理这件事之后，未来会发生什么？你能不能想象几种不同的可能性？

测试结果是：如果这件事发生在别人身上，你的角色是像所罗门一样给人出主意，你往往会表现出更多的智慧。但如果是发生在自己身上，那就是一怒之下迅速决定，所有智慧都不要谈了。

虽然这件事发生在你身上，但你能不能想象成是发生在别人身上呢？也就是说，如果从第三人称视角考虑自己，我们能更有智慧吗？答案是肯定的，用第三人称看自己的确能表现出更多的智慧。

另一个办法是把一个眼前发生的事，想象成是一年以前发生的事，制造一点时间上的距离感。

还有一个办法是把自己想象成一位老师，把在这件事情上要打交道的对方想象成一个 12 岁的孩子。你跟他打交道，就好像是在哄小孩。结果在这种想象出来的不对等的关系中，你往往能表现出更多的智慧。

所有这些方法，都是要学着跳出以自我为中心的视角，多考虑考虑别人。

格罗斯曼的研究归结起来就是：

（1）决策理论水平和决策操作水平是两码事，所罗门悖论确实存在。

（2）主动切换视角是科学决策的最有效手段。

真正的决策水平还得在实践中提高。不过话说回来，读书也不是真没用。做事演练可以决定你的成熟度，但读书可以决定你的格局。

袁世凯当年做了 83 天皇帝梦，事败将死时留下遗书："恨只恨我，读书时少，历事时多。今万方有事，皆由我起。"可见书读少了也不行。

决策理性批判

请原谅我斗胆用了一个康德式的标题。但我们这里要讲的内容，我敢说就是康德本人也会感兴趣。

我们经常说决策，所谓做决策，简单地说，就是看看自己都有什么选项，然后从中选择最好的一个。这个动作也是战略的本质，战略就是要决定"做什么"，剩下"怎么做"都是细节问题。

决策，归根结底，就是选择。做决策的大框架——选择最好的选项——是永远都不变的。

什么叫理性呢？理性的一个定义，就是你的选择需要有一致性。如果你认为菠萝比橘子好吃，橘子比苹果好吃，那么我们就可以推导出来，你一定认为菠萝比苹果好吃。如果你接下来非得说苹果比菠萝好吃，那你就是非理性的，我就没法给你出谋划策。只有当你的选择具有一致性时，我们才谈得上科学决策。

而我们这里要说的是，所谓理性选择，其实是一个神话。

你可能马上想到了"行为经济学"，你知道人有时候是非理性的，人容易被外部环境、被各种偏见影响。但我们要说的可不是那种非理性。我们要说的是，哪怕你头脑完全清醒、特别理性，你还是会面临不知道该怎么选的局面。

比如到底应不应该要孩子，高普尼克在《园丁与木匠》这本书中有一段非常精彩的论述。

这件事儿怎样科学决策呢？你得评估要孩子和不要孩子这两个选项的价值。为此，你可能要深入考察一下身边的人，看看有孩子的家庭和没有孩子的家庭，日子过得都怎么样，然后看看你想过哪种生活。

几年前网上流传一篇文章，是一位年轻妈妈写的。她的一个女同事目睹了她每天带小孩的过程后，就说："看到你这样我决定不要孩子了。"

年轻妈妈就问女同事："你都看到什么了？"女同事说："我看你每天接送孩子太辛苦。"但是这位妈妈说："那是你没看到我幸福的时候。我儿子有一天从幼儿园回来给我带了一个鸡翅，他说这是他吃过的最好吃的东西，一定要让妈妈尝尝——我感受到的这种幸福，你能够感受到吗？"

这样的话，我们确实要深入评估，孩子的可爱度是否超过了他带来的麻烦。当然我们还要结合自身的情况，比如老人能不能帮忙？夫妻是否有一方愿意专门在家照顾孩子？放不放心把孩子交给保姆？把这些条件都列出来，经过一番计算，这就叫理性决策。

但是，这种理性计算没有多大意义。

有位女哲学家叫劳里·保罗（Laurie Paul），她提出一个观点，如果你没有孩子，你永远都不可能知道自己有孩子的生活体验是什么样的。

观察别人家孩子的可爱度，跟你自己有孩子的感觉完全是两码事。人的天性是爱自己的孩子会远远超过爱别人的孩子。哪怕在别人看来这个孩子不怎么可爱，只要是你的，你也会觉得他特别可爱。一个平时讨厌孩子的人，有一天有了自己的孩子，他很可能会爱这个孩子胜过爱世界上任何东西。

所以在要不要孩子这个问题上，你永远都不可能做出理性决策——因为你除非亲身经历，否则不管怎么做都无法准确评估这个选项。

有一句话说得特别好：如果你没有某个东西，你千万不要抱着酸葡萄心理说它不好——因为你根本不知道拥有这个东西会是什么样的感觉。有些人爱说我视功名钱财如粪土——你最好有了功名钱财再这么说。

这是一个非常深刻的见识。这意味着你根本就不可能理性决定到底应该要孩子还是不要孩子，到底应该娶红玫瑰还是白玫瑰。你肯定是昏了头才结婚生子！

放眼市面上各种励志书、成功学和人生指南，都在告诉我们**应该**怎么办。它们都是把人生描写成一个算法，给你提供一揽子解决方案。但是仔细想想，这种算法根本不存在。

理性选择需要评估选项，评估选项需要标准，标准是由价值观决定的——而我们今天发现，人的价值观根本不稳定，可以变化。

劳里·保罗说，甚至连什么样的价值观"好"，也没有科学的判断方法。你甚至无法科学判断，价值观是多元一些好还是专注一些好。你不知道人这一辈子应该只为一个目标而努力，还是同时追逐多个目标好——更不用说选择的这些目标都是什么了。

哲学家以塞亚·伯林（Isaiah Berlin）有感于此，说人生就是悲剧啊。人永远都不可能知道**应该**怎么活，没有一个选择是绝对正确的。说白了我们都是在浑浑噩噩混日子，只不过有些人感受不到而已。

不过高普尼克比较乐观，她说正因为无所适从，才说明了人活着有意思。有位读者曾问我，如果大数据和算法那么厉害，将来人的命运是不是都归算法指挥呢？现在我们有了更明确的答案，那就是绝对不会。人生不能算法化，今天的你无论如何都不知道明天的你想要什么，你无论如何都不能预测自己会变成什么样的人。

我给你提供一个建议——但这肯定不是科学的建议——把决策标准确定为，将人生的"后悔"最小化。

考察那些到了人生终点、濒临死亡的人，当他们躺在病床上回忆一生的时候，最后悔的是什么？以前就有研究说，他们最后悔的是自己**没做**什么，而不后悔自己**做过**什么。

按照这个标准，你应该大胆尝试一些事情，不留遗憾。注意这其实是一个偏见：之所以对做过的事不后悔，是因为你的心理免疫系统总能找到理由证明这件事值得；之所以对没做过的事后悔，是因为你实在找不到不后悔的理由。

我正好看到一个特别新的研究[1]，也是研究人生最后悔的事，但是这项研究考虑的角度不是做过和没做过，而是"理想的自己"和"义务的自己"。也许这是一个更好的角度。

"理想的自己"，就是你**想要**成为什么人——比如说你想当一个体育明星，或者你想当一个艺术家，这是你的梦想。"义务的自己"，就是你**应该**干什么——比如你应该好好赡养父母、好好照顾孩子，你应该为社会做贡献，你应该兢兢业业地完成任务，等等。

这项研究发现，70% 以上的人，都后悔没有成为理想的自己；只有 20% 多的人后悔没有成为义务的自己。

本来一个人的梦想是当摇滚歌手，可是父母认为摇滚歌手不靠谱，学管理好找工作，于是就听了父母的话，在家乡当了一辈子公务员。这个研究说，公务员临死前会后悔自己没当摇滚歌手，而摇滚歌手临死前不会后悔没当公务员。

这当然也是一种偏见。绝大多数摇滚歌手奋斗在失业的边缘，而公务员的日子总体而言相当不错。研究者认为，人们之所以后悔没有成为理想的自己，可能主要是因为义务的自己更容易做。当公务员比当摇滚歌手容易多了。

但是你一定会后悔当初没有大胆追逐过那个梦想。即使追逐失败了，只要能及时撤出，没有造成严重后果，你就等于已经尝试了，根据前面的研究，你不会后悔。如果从来就没追逐过，你一定会后悔。

既然人生根本就没有对错，那何不过得更有意思一点儿？也许"老了不后悔"就是一种不错的生活方式。尝试一些新东西，稍微追逐一下理想的自我，科学的结论是这么做不一定能让幸福最大化——但是我敢以科学的名义打赌，你将来一定不会后悔。

纪律的悖论

有这样一个小学，学校特别强调纪律性，每个学生都被管得死死的。老师严厉，教学是灌输式的，学生上课都要背着手，没什么自由发挥的空间。学生们为了让老师满意也都努力表现，但是创造性和想象力明显不行。

有一天，学校里来了个态度温和的新老师。新老师认为应该提倡创造性思维，开发学生的想象力，所以她就进行了教学改革。她在课堂上给学生很大的自主权，学生可以展开自己的思路，而不必拘泥于课本上的标准答案……

以上是我假想的一个场景。如果接下来的剧本让你写，请问你打算怎么写呢?

我们盼望的剧情，是这个新老师的教学改革取得了巨大成功，学生的潜能被激发了，特别是一两个有天赋的孩子，因为这个新老师的教育方式，长大后成了大人物，他们一辈子都感谢这位老师。

可是我们不研究我们"盼望"的世界，我们研究真实世界。

❶ 两种教育理念

关于中小学教育，现代社会一直有两种非常不一样的理念。

一种是所谓的"传统主义"。它的风格是严格要求，教学方法是灌输式的，老师把标准化的知识直接传授给学生。这种教学特别讲纪律，对学生的要求是"服从"，会采取一系列措施奖励服从的学生，惩罚不服从的学生。这种教育的目标，当然是考试。

还有一种现代化的教育思想，被称为"进步主义"。这是一种"以人为本"的教学方法，强调学生的独立自主，让学生自己去发现答案，激发创造性和想象力。进步主义最先进的教学方法是让学生用几周的时间完成一个跨学科的"项目"，比如做个科学实验，或者研究面包的制作方法等。

过去中国的基础教育——比如我小时候受的教育——基本上是传统主义的。现在我们痛斥这种死板教育的弊病，正在积极拥抱进步主义。当然，绝大多数中国的中小学还在搞应试教育，因为我们还没有改革好。

而这可能就是为什么中国基础教育的效果比美国好。而美国近年来的一个潮流，却是传统主义教学正在回归。

❷ "成功学院"很成功

我在《智识分子》这本书里专门介绍过美国的一个宪章学校，叫 KIPP（Knowledge Is Power Program，知识就是力量），这个学校用的就是传统主义强调纪律的教育方法，非常成功。《纽约客》杂志的一篇文章[1]报道了纽约市的一个连锁的宪章学校系统，叫 Success Academy（成功学院）。

成功学院用的也是传统主义的教学方法，而且大获成功。成功学院在纽约有 46 个分校，学生中有 2/3 都是来自贫困家庭，绝大多数是黑人和墨西哥裔移民的后代。我们不能有种族偏见，但是贫困家庭、黑人和墨西哥裔，这三个标签在美国的教育系统里是差生的代名词。

纽约市学校的一般教学水平是什么情况呢？全市所有学生都计算在内，数学的达标率只有 36%，英语的达标率只有 38%。可是成功学院的学生尽管来自如此不利的家庭环境，但是他们的数学达标率达到了 95%，英语达标率达到了 84%。

而且成功学院并不是专门选拔好学生入学。尽管作为宪章学校可以独立办学，但既然拿了政府教育经费，你就必须公平面向所有学生。想要入学的学生比招生名额多，所以成功学院最终采用抽签录取的方式。当然成功学院还有个小花招，就是有时候会开除严重违纪的学生，而一般公立学校必须接收片区内的所有学生——即便如此，有这么好的成绩，也足以说明他们的教学手段确实厉害。

美国有些富豪真的想为提高国民素质做贡献，很乐意给这样的学校捐款，比如有个华尔街对冲基金的巨头就给成功学院捐了 4500 万美元。

我们看成功学院的学生，一个个精神抖擞、朝气蓬勃，感觉真是好。

这样的学生是怎么教出来的呢？

❸ 教法

这是一套比中国式教学法更极端的方法。

《纽约客》的记者特意深入到成功学院旁听了二年级的几节课。成功学院有严格的纪律。老师讲课的时候，全班学生的眼睛都得在老师身上，眼睛看向别处或者低头都算违纪，要受到警告。如果一个同学站起来发言，全班同学都要看他，如果发言的同学发现有人没看他，还得指出来。

阅读理解课的教学是完全机械化的。就像我们中国小学生一样，学生要学习课文的"中心思想"。老师会针对课文提出几个问题，而学生的答案，必须是课文里直接就有的内容。能不能从文中引申和推理出一个意思来？对不起，不可以。

课堂中也有讨论环节，两个同学一对一的"讨论"，互相说说自己对课文的"理解"——而这种所谓的讨论根本没有自由发挥的空间，基本上都是重复老师的话。

但是有一点值得强调，成功学院学的课文是有难度的——他们二年级学的课文相当于别的学校三年级的水平。

教的是挺死板的，但是成功学院也有一种"范儿"。比如老师都不管学生叫"学生"，而是叫"学者"。学校还禁止老师用软绵绵的哄小孩的语气跟学生说话，因为那种语气是对"学者"们智力的侮辱——老师说话必须严肃。

成功学院规定学生在上课的时候，两只手要合起来放在前面。还有一个"奇葩"规定是上课不能打嗝。违反这样的规定都算违纪，会被老师课后单独约谈。

连中国落后地区的学校，现在可能都没有这样的规定——而这可是纽约啊。成功学院的学生们也不怎么适应，有高达20%的学生都因为违纪受过暂时休学的惩罚。有的学生害怕上学，一提上学就想呕吐。

甚至有的老师都看不下去了，成功学院的老师经常干三年就不干了。这种教学方法太难受，老师也没有自由发挥的余地，只能按照学校给的剧本教。

这已经不仅仅是控制了，简直就是在压迫学生。可是风格不重要，得看效果——成功学院的教育效果就是好，而且比别的学校好得不是一点半点。

不过成功学院也承认，这种教法确实有问题。

❹ 失败的改革

成功学院的学生考上大学的比例远远超过一般的公立学校。但是问题在于，他们进入大学以后很难坚持下来。

成功学院的学生考上大学以后，竟然有高达70%的比例，不能在6年之内从大学毕业。当然大部分原因还是家庭困难，因为交不起学费、拿不出生活费而被迫退学。但是也存在一种情况，就是这些学生从小学到初中、高中都是在老师的严格管束下学习的，到了大学没有了管教者，他们突然不知道该怎么学习了。

成功学院的学生，似乎缺乏自主学习的能力。这个问题就很严重了。

不过成功学院也不是把学生送进大学就不管了，他们意识到了这个问题，也在进行了相应的改革，但是改革的结果比较失败。

比如成功学院在小学里搞过定点的实验，给学生一些自主权，让学生谈谈自己的观点——结果是一给自由，课堂就会变得混乱，一乱老师就感到无法控制，课堂纪律就涣散，学习效率马上下降。

成功学院在高中也尝试过一般美国高中的教学方法，给学生更多自由——结果学生们马上就失去自控能力，连按时来上学都做不到。有的穿得松松垮垮，到学校我行我素，根本不好好学。

成功学院不得不改回原来的传统风格。那么回到我们开头那个剧本，新老师的改革会怎么样？答案是，将以失败告终。

❺ 天生的矛盾

《纽约客》的文章里提到，有人把这个教育风格问题上升到了哲学的层面：集权和专制制度确实是效率最高的制度，因为它能迅速把事情办成——可问题就在于，这种制度培养出来的人缺乏独立人格。

我认为这里有个天生的矛盾。独立自主、随机应变、拥有创造力和想象力的人才，根本就不能用标准化方法批量生产。你要效率，就得牺牲质量。所以真正的问题是，什么情况下应该选择效率，什么情况下应该选择质量。

对穷人来说纽约是个很危险的地方，纽约贫困学生的生存环境很可能比中国任何一个城市都险恶。

成功学院的老师有一句话说得好："你知不知道我们这里的学生是什么情况？我们这里有的学生宣称要杀死别的学生。"说得难听一点，这些学生是潜在的犯罪分子。

现在成功学院不但让这些学生在学业上取得了成功，而且让他们养成了很好的纪律习惯，这难道还不够吗？如果没有成功学院，恐怕很多人要流落街头。

那为什么成功学院出来的学生到了大学之后都不太成功呢？原因也许在于虽然成功学院的教育符合教育规律，但它不符合美国国情——美国只有这样的小学和中学，没有这样的大学。如果美国也创办一些严格的、批量培养技术人才的大专院校，相信这些人也能成为合格的人才。

所以这个哲学教训是有什么样的国情就使用什么样的制度。反过来说，传统式教育在中国取得了很大成功，但今天的中国已经不是过去那种情形了，那么到底应该用哪种教学方式，就是值得反思的。

坏人分类学

"坏人"这个词，在各种文化里出现的频率都非常高，但是很少有人系统地研究过坏人到底是怎么回事。

坏人是天生就坏吗？还是本身都是好人，遇到不得已的情形才变成了坏人？如果是后天不得已的话，那么同样是遇到考验，为什么有些人表现出了人性的光辉，有些人就变成坏人了呢？

一个合理的推测是，也许某些人先有一些性格缺陷，遇到极端的情况，就变成了坏人。极端情况是偶然的，性格缺陷更普遍。所以要研究坏人，不应该只看那些做过坏事的犯罪分子，而应该关注普通人的性格缺陷。

也许你、我都有性格缺陷，为了不变成坏人，我们就应该识别和警惕这些性格缺陷。

哪些性格缺陷可能让人变成坏人呢？对这方面真正的科学研究大概只有不到 20 年的历史。20 世纪 90 年代末，有人提出一个叫作"黑暗三性格"（dark triad）的理论，说有这三种性格的人，更有可能对人充满恶意，更有可能成为坏人。现在心理学家也已经有明确的证据，证明这三种性格的确是不同的性格，而不是同一种性格的不同表现。

我们就从这个"黑暗三性格"出发，看看"坏人"都有哪些类型。

❶ 自恋者

自恋者认为自己比别人更重要，处处表现自己，总是希望获得关注。比如有人一聊天三言两语就说到自己，动不动就说他出身名门、祖上多少代是明朝皇室，学历高、画画还画得好之类，这就是自恋。

自恋者其实算不上是什么坏人，但自恋的确被视为一种黑暗的性格。过分自恋的人，确实有点令人反感。

❷ 精神变态者

"精神变态"现在常常被当作一个骂人的词，好像什么怪人都可以被称为精神变态。但是对心理学家来说，精神变态者（psychopath）是有明确定义的——他们有三个特征：自私、冷血、爱冒险。

我们经常在电视剧里看到的那种连环杀手，就是典型的精神变态者。这些人心狠手辣，根本不拿别人的命当命，可以因为一点小事儿就杀人。正常人杀人时都有巨大的心理负担，而精神变态者肢解尸体就好像切菜一样。再加上爱冒险，他们简直就是天生的犯罪分子。

我以前看过的一本书《异类的天赋》（*The Wisdom of Psychopaths*）把精神变态的定义给扩展了，说有很多历史上的重要人物，包括好几位美国总统，都有一定心理变态的特征。我现在觉得那本书说得有点夸张了。严格地说，政客可能更符合"黑暗三性格"里的第三种。

❸ 马基雅维利式的权谋者

马基雅维利（Machiavelli）主张不择手段的权力斗争。人们经常引用一句名言，"没有永远的朋友，也没有永远的敌人，只有永远的利益"，这就是典型的马基雅维利式的观点。我对谁都可以背叛，我跟谁都能结盟，只要符合我的利益就行。

马基雅维利的信奉者并不一定都是大人物，生活中这样的人往往精于算计，喜欢搞些计谋设计别人。虽然马基雅维利式的人世界观很冷酷，但他们跟精神变态者有本质的区别。马基雅维利式的人是理性的，他们做事有原则，并不以残害别人为乐。

据我了解，心理学家认为自恋和精神变态这两种性格都有一定的遗传因素，而马基雅维利式的性格，遗传因素比较小，更多的是后天学的。

在黑暗三性格以外，还有两种性格，日常生活中非常常见，但在心理学家那里的研究还不够充分，以下是哲学家给这两种性格下的定义。

❹ asshole

这个词实在有点儿没法直译，但加州大学尔湾分校的哲学教授艾隆·詹姆斯（Aaron James）坚持使用这个词，还给它下了一个精确的定义。

詹姆斯教授说，所谓 asshole，就是那种有强烈特权感的人。什么便宜都应该他先占，什么好事都得先轮到他，别人让着他都是应该的，他的一切利益都是应得的，他就应该比别人拿到更好的东西，这样的人就是asshole。

asshole 虽然令人讨厌，但他们毕竟只是在涉及利益争夺时才表现出asshole 的一面。而另有一种人，则几乎是处处跟人做对。

❺ jerk

jerk 和 asshole 在中文里通常都被翻译成"混蛋"，但是 jerk 和 asshole还是有区别的。

比如有人坐飞机时，喜欢对空姐提出各种无理的要求，坐火车时把鞋脱了，排队时非得插队，在公司里对职位比自己低的人颐指气使，完全没有社会公德，这种人就是 jerk。

加州大学河畔分校的哲学教授埃里克·施维茨格贝尔（Ｅｒｉｃ

Schwitzgebel）在《鹦鹉螺》杂志发表过一篇文章[1]，对 jerk 下了一个定义。

jerk，就是在他的眼里别人的"人性"都降低了的人。jerk 把别人都当作工具，完全不从别人的角度考虑问题，他眼中的别人几乎都是没有感情、没有道德意识的存在。

一个人之所以是 jerk，本质上是因为无知。他认识不到别人的价值，也认识不到别人也有信念和情感。

施维茨格贝尔还给 jerk 找了个反义词，叫 sweetheart，也就是"甜心"。所谓甜心就是善解人意的人，说话做事总要考虑别人的感受，尊重别人的意见，处处为他人着想。

其实以上这几种性格缺陷，也许我们每个人都有一点，只是程度不同。但是施维茨格贝尔认为，在诸多和道德有关的性格中，jerk-sweetheart 这个维度是最重要的。说白了就是你在多大程度上能够考虑到别人的存在和感受，能够尊重他人。

坏人分类学至少有三个作用。

首先是当你遇到各种坏人的时候，能够迅速把他们识别出来。很多事情就是这样，如果一种现象没有名字，你就不敏感；而一旦你知道了这个名字，就会对这种现象非常敏感。将来在人群之中，你应该能迅速识别出谁是 asshole，谁是 jerk。

我甚至觉得 asshole 和 jerk 这两个词急需传神的中文名字，现在的情况是社会上这样的人很多，可是没有合适的名词来对他们形成威慑。

坏人分类学更重要的作用，是能够提醒我们克服自己的性格缺陷。坏人并不是另一种物种，我们每个人都有变成坏人的风险。当你表现得就像是个 jerk 时，你知道自己是 jerk 吗？这非常困难，因为 jerk 的定义就是无知。

不过施维茨格贝尔提出过一个方法。他说如果你不善于观察自己，那你就观察别人。如果你发现自己周围的人都是傻子，都是下等人，那你就要注意了。别人眼中的世界可不是这样的，真实的世界也不是这样的，如果你眼中的世界是这样的，那只能说明你那个时候就是一个 jerk。

坏人分类学还有第三个作用。如果我们能识别坏人，我们就可以尝试**理解**坏人。如果坏人这么不受欢迎，这些性格为什么能够长期存在呢？人类在进化时为什么保留了这些性格的基因呢？

一个解释是，也许，有时候当坏人是有好处的。这一点特别不好把握，我们下文再分析。

做坏人的好处

我们不谈道德说教，单纯从个人利益角度，研究一下到底应不应该做个"坏人"。坦白说，这个问题目前没有特别好的答案。

事实上，人到底应该做好人还是做坏人，这个问题的答案取决于你问的是谁。

❶ 学说

如果你问的是宾夕法尼亚大学的亚当·格兰特（Adam Grant）教授，他会告诉你应该做好人。格兰特有一本很流行的书叫 *Give and Take*（中文版叫《沃顿商学院最受欢迎的成功课》），他把人分成了三种：给予者、获取者、互利者。

给予者爱帮助别人，获取者只顾自己，互利者强调公平交往。

格兰特说，虽然很多给予者被人利用了，混得很不好，但是如果你考察那些地位最高的人，其中也有大量的给予者。也就是说，给予者分布在社会的两端。

我希望格兰特说的是对的，做好人有前途。但是如果你去问任何一个经济学家或者博弈论爱好者，他会告诉你一个非常经典的博弈论原理：在竞争中最后胜出的，其实是互利者。

互利者的博弈原则是"一报还一报"，如果这次你跟我合作，下次我也会和你合作；而如果你背叛我，下次我一定惩罚你。在无数次计算机模拟中，都是这种"以眼还眼，以牙还牙"的策略最后胜出。

格兰特当然也知道这个策略，他对此的评论是我们能不能尝试另一个策略，叫"大度的一报还一报"（generous tit for tat）。这个策略是永远记着那些跟你合作的人，偶尔原谅那些背叛你的人。计算机模拟中这个策略表现得也不错，但缺点是容易纵容坏人。

如果你问斯坦福大学的杰弗瑞·菲佛（Jeffrey Pfeffer）教授——他写过一本书叫《权力：为什么只为某些人所拥有》（*Power: Why Some People Have It and Others Don't*），答案可就不那么美好了。菲佛认为坏人更容易取得权力。

那么现在请你猜猜，有最多实验证据支持的答案，是哪一个呢？就我看过的各种材料来说，在各个用真人做的争夺权力的实验中，坏人胜出的多。

科学作家杰里·尤西姆（Jerry Useem）在 2015 年 6 月的《大西洋月刊》上有一篇文章[1]，综述了各方的研究结果，研究坏人究竟为什么能居高位。我来给你列举几条。

❷　实验

有人做实验，让受试者看一个演员在餐厅点餐的影片。影片中这个演员的表现如果彬彬有礼，别人对他的印象就很一般。同样是这个演员，如果对服务员傲慢无礼，受试者就会认为他可能有更高的地位。

还有一个实验更有意思。两个人坐一起等受试者来跟他们谈件事情，其中有一个人是演员扮演的。第一种情况是，这个演员趁受试者不注意，从受试者的桌子上偷过来一杯咖啡自己喝。第二种情况是，这个演员从受试者的桌子上偷了两杯咖啡，一杯自己喝，另一杯给他同桌的那个人。那请问在这两种情况下，你对这个偷咖啡的演员的领导力，有什么评价呢？

第一种情况，人们对他的评价显然不高，认为他的领导力算是一般吧。但是对第二种情况，受试者认为这样的人特别适合当领导，而且愿意被他领导！

那如此说来，当个 jerk 有时候反而是领导力的表现——尤其是如果你能为自己的小团队谋点福利就更好了。

格兰特教授听说这个实验之后表示不满。他说，如果这个人从合法渠道拿咖啡给队友喝，人们对他的评价也应该很高。但这个故事的妙处就在于实验还真设计了这一步。

如果这个人不是偷咖啡，而是正大光明地找到咖啡壶，给队友和自己各倒了一杯咖啡，你猜，别人对他的领导力又是什么评价呢？

结果是他的领导力评分直线下降。可能人们认为他更像是个倒咖啡的。

所以到底应该偷咖啡呢，还是给人倒咖啡？更进一步，当个 jerk 有时候还能给你带来直接的好处。有人在爱马仕的专卖店里做了一个实验。有顾客来逛商店，拿起一瓶香水看时，就发现服务员看他的眼神好像有点鄙视，好像在说"别看了，你根本买不起"——实验结果是，鄙视的眼神居然促进了奢侈品的销售，顾客一怒之下会买给你看。

这些实验结果完全符合进化心理学，对猩猩和猴子来说，好斗者上位简直天经地义。其实你考察人类历史中的大部分时间，似乎也都是"豺狼当道"。但我们作为文明人总觉得肯定有哪里不对。这些实验结果毕竟都是实验室里的短期效应，那如果从长期看，会是什么结果呢？

❸ 如果 CEO 是个 asshole⋯⋯

宾夕法尼亚州立大学的唐纳德·汉布里克教授（Donald Hambrick）有个著名研究，他想知道 CEO 的自恋程度和公司的业绩之间有什么关系。[2]汉布里克发明了创造性的方法量化自恋：

（1）公司年报中，CEO 照片的尺寸有多大。

（2）CEO 的工资相对于公司其他人有多高。

（3）CEO 的名字在年报中出现的频率。

（4）CEO 讲话的时候用"我"更多一些，还是用"我们"更多一些。

可以想见，如果一个 CEO 把自己的照片弄得特别大，自己的工资比别人高出很多，公司年报中全是他的名字，一讲话都是"我我我"，那他不但是自恋，简直就是个 asshole。

那这种人当 CEO 的表现如何呢？结果非常有意思，这样的 CEO，和格兰特说的那种给予者一样，也是两极分化的。这种 CEO 非常自信，喜欢花大价钱收购，他们的业绩往往不稳定，要不就特别好，要不就特别差。

长期看来，这个做法可能不太好。你要是成功了的确更容易发展得更好，但你一旦失败，就很可能丧失团队的支持。

事实上前面说的那个爱马仕专卖店的实验，就有长期效应的问题。研究者事后访问了当时花了高价的消费者，他们表示刚离开商店就后悔了，说以后再也不会踏入爱马仕专卖店一步。

由此说来，我们大概可以这么总结：做坏人可能让你赢得很多次战役，但是最终你会输掉整个战争。

战役和战争，到底该怎么平衡呢？

④ 三种适合扮演坏人的情况

《大西洋月刊》那篇文章的作者尤西姆分析，只有在三种情况下，你可以像 jerk 一样做事。

第一种情况，是你和别人打的交道是一次性的。比如说你在这家餐馆吃饭，下次就不来了。再比如你在旅游点卖纪念品，根本不指望回头客。没有长期交往，别人的确没法把你怎么样。

第二种情况，是一个团队刚刚形成，还没有分出上下级关系的时候。这个时候如果你能突出表现一下自己，你就可以在权力序列里占据一个好位置。比如说小组刚刚成立还没选好组长，大家做自我介绍的时候，第一个发言的人往往能获得很大的优势。

第三种情况，是你所在的团队到了生死存亡的关头，任何犹豫都会错失良机，那你就宁可做个坏人也要果断决策。

格兰特加上尤西姆的意见，不知你是否对做什么样的人有了一个打算。

我们读者大部分都是好人，所以我想跟好人说几句。权力和地位，说到底应该自己争取呢，还是等着别人给呢？很多饱读圣贤书的人都默认好东西是别人给的，一个人表现好，别人自然会认同你拥戴你。这样的事情当然也有，可为什么在各种微观实验中，总是那些愿意自己争取的人，更容易得到权力和地位呢？做坏人当然不可取，但是我觉得这些实验背后其实有一个道理：像获取权力这样的事情是零和博弈，应该自己主动争取。

当然争取不一定非得做坏人。但是你千万别低估了坏人。最后咱们还是听听斯坦福大学那位菲佛老师是怎么说的。

菲佛有个学生开了个创业公司，而斯坦福大学有很好的校友网络，这个学生就请了一位老校友加入公司，希望能得到前辈的帮助。校友发现这家公司确实好，然后就使了手段，把这个学生给赶走了！

学生被抢了公司，世界观受到极大的冲击，就找菲佛老师抱怨，说怎么校友关系还有这种操作，那么大的人物，为什么欺负我一个学生啊！

菲佛问学生："如果把一只鸡和一条蟒蛇放在一个笼子里，你猜会发生什么事情？"学生说："蟒蛇会吃掉鸡。"教授说："对，难道蟒蛇还会问一问这只鸡是什么类型的鸡吗？蟒蛇本来就是吃鸡的。"

我想，对生活满怀良好愿望的年轻人，应该知道这件事。如果你认为江湖上那些大佬都是靠着优良的道德品质坐上了今天的位置，你不妨想想那位斯坦福大学的老校友是怎么做的。

人心比事实重要

任何高级技能都得有一个理论基础。要掌握这个技能，你得首先更新自己的知识，有时甚至得对世界有一个新的认识。要学习说服力技能，就要对人性有一个新认识。

说服力的理论基础就是人大部分情况下都是非理性的。一般印象中非理性是因为感情用事，但我们前面在《正念自控法》一文中讲过，现在心理学家最新的认识是，人做决定时并不是感情对理性，而是感情对感情——我们任何时候都是感情用事的。有感情不代表不正确，也不代表不理性。

那所谓"非理性"，到底是怎么回事呢？非理性是感情的判断出错了。

斯科特·亚当斯（Scott Adams）有本书叫《以大制胜：怎样在这个事实根本不重要的世界里使用说服力》（*Win Bigly: Persuasion in a World Where Facts Don't Matter*）。亚当斯说，非理性有两个最大的来源：一个是"认知失调"（cognitive dissonance），一个是"确认偏误"（confirmation bias）。

因为这两个机制，每个人其实都生活在自己的幻觉之中。这就是为什么我们说"事实根本不重要"。

❶ 认知失调

有些概念你只能认识一次——一旦认识了这个概念，你就不是你了：你观察世界的眼光会有一些改变。"认知失调"就是这样的概念。有一个最经典的例子。

20 世纪 50 年代有个教派，相信某月某日是世界末日，说信这个教的人到时候会被外星人的飞碟接走，而所有不信的人都得跟地球一起毁灭。结果真到了那一天，飞碟没来，地球上啥事儿都没发生。

教徒面对这个情况，理性的反应，应该是检讨自己是不是信错了。可是每个人心目中的自我都是聪明睿智的，一个聪明睿智的人怎么会信错了教、还信得如此投入呢？所以教徒们就不能承认自己信错了教，他们给自己找了个解释：并不是我们的信仰不对，恰恰是我们的信仰感动了外星人，所以世界末日被推迟了！

这个症状，就是认知失调。所谓认知失调，就是当你发现你的行为和你心目中的自我形象不相符时，你会产生一个幻觉来解释自己的行为。

认知失调有三个要素：自我形象、行为和幻觉。认知失调的触发，是行为和自我形象不符；认知失调的结果，是产生一个幻觉。

乍听起来你可能觉得认知失调是个罕见的现象，谁整天产生幻觉啊？其实不然。认知失调非常常见，我们整天都在产生幻觉。

比如有些老人花高价买了不靠谱的保健品。你如果跟老人说保健品不科学不应该买，老人肯定不乐意，因为这就等于承认自己犯了愚蠢的错误，一辈子省吃俭用攒的钱居然就这样被骗了。所以老人常常会产生一个幻觉：保健品其实是有疗效的，问题在于现代科学不够发达，无法理解这么高级的疗效。

再比如，你有个朋友烟瘾特别大，你劝他戒烟，他会告诉你有很多百岁老人一直抽烟都没事儿。这其实也是认知失调。他认为自己是个聪明人，可是聪明人怎么能服从烟瘾呢？于是他就产生了幻觉：我就是那个怎么抽烟都没事儿的人。这个幻觉不一定是错的，但科学事实是抽烟且长寿的人非常罕见——在没有任何理由的情况下相信自己就是这样罕见的人，这就是幻觉。

了解了这个概念之后，你会发现生活中认知失调的情况简直比比皆是。亚当斯总结了网上言论中认知失调的两个特征：

（1）对别人本意的一个荒谬推论。

（2）远超当前情境的人身攻击。

如果不知道认知失调的原理，我们就无法理解为什么有人在网络上会有幻觉式的逻辑。这正是"非理性"的特征：当一个人处于非理性状态的时候，他自己不知道自己是非理性的——要不就不叫"非理性"了——但是旁观者很容易看出来。

② 确认偏误

"确认偏误"这个概念学术界早就有了，但是请允许我吹嘘一下，我可能是第一个以通俗的方式把"确认偏误"介绍给中国读者的。早在2013年我就写过一篇文章叫《别想说服我》，讲的就是确认偏误。

确认偏误的意思是说，我们平时观察世界，并不像科学家一样以事实为根据，根据事实产生观点——我们是像律师一样，先有观点，再用新的事实去支持自己的观点。

有个著名的例子就是这样的。我们知道共和党人一般相信减税有利于促进经济增长。有科学家就做实验，给一个共和党人看一个经济学研究，这个研究表明历史上的减税政策都没有带来经济增长，那你猜这个共和党人会有什么反应？他会认为，文章列举的研究恰恰说明减税能带来经济增长。

这不是"神逻辑"吗？但是人脑就有这个解读的办法。亚当斯说，人们出现确认偏误的问题，这不是"经常"的，而是"一直"的。我们一直都戴着有色眼镜看世界，每个人看到的世界都是扭曲的。

佛学里说的"色即是空"也是这个道理。同一场比赛，不同阵营的观众看到的"事实"完全不同。用亚当斯的话说，就是同样一件事儿，不同的人看到的是不同的"电影"。再往前推导一步，那就是这个世界里几乎没有什么**公认**的"常识"，人和人在大是大非的问题上常常持完全相反的观点，真要深谈的话，一说就翻脸。

认知失调加上确认偏误，结果就是，每个人眼中的世界，都是扭曲的。

学佛的人看到这一点，可能会说这我得反思自己，我要认识到色即是空，好好修行不要被偏见蒙蔽了双眼。

愤世嫉俗的人看到这一点，可能会说这个世界好不了了，我跟这帮愚蠢的人没法打交道，为什么只有我是清醒的，悲哀啊。

而说服力大师看到这一点，想的是我应该采取什么行动。他行动的指导思想，就是人心比事实重要。

❸ 摆弄人心的学问

亚当斯自认只有商业级的说服力水平，但是他曾经使用过一次武器级的说服力。

因为之前所有主流预测都认为希拉里应该当总统，特朗普当选总统这件事就在美国人心中造成了大规模的认知失调。知识分子们列举了二三十个理由来解释特朗普为什么会当选总统——一件事怎么可能有这么多理由？这其实就是认知失调的症状，人们无法面对自己预测失败的事实，于是产生了二三十种幻觉。

面对这种大规模的认知失调，你应该怎么办呢？你要做的不是什么摆事实讲道理，而是影响人心。

亚当斯在特朗普支持者中有很大的声望，他就利用这个声望，当了一把意见领袖。亚当斯通过推特（Twitter）对特朗普的支持者说，咱们已经赢了选举，就不要再有过分得意的动作了，作为爱国者，我们现在要弥合美国的伤口。如果希拉里阵营的人要打我们一下，干脆就让他们打一下就算了，不要再反击了。爱国是第一位的，为了国家的前途，我们低调一点。这是典型的"先同步再领导"。

他这些话，别人听进去了。那特朗普怎么办呢？口头上的辩解没啥作用，讲些细微的事实对方根本不会听——特朗普做了一个**方向性**的改变。

他用了一系列的动作，向美国人民说明自己这届领导班子一上来就会给国家带来新气象。比如说，特朗普高调宣布，因为他的斡旋，福特公司把一些外包到海外的工作带回了美国。

事实上一个总统刚上来也做不了多少事儿——但是这些动作可以改变人心。人们看新领导就是希望能从他身上看到新思维、新气象，只要人心扭转过来了，别的那都不叫事儿。

人心比事实重要——而说服力，是摆弄人心的学问。

我做了什么并不重要，重要的是别人对我的看法是什么。再说得直白一点，说服就是我做这件事并不是为了改变世界，而是为了改变世人的看法。

第六章

现代化的惆怅

如果一个人 50 岁的时候对世界的看法跟他 20 岁的时候一样，那他就浪费了 30 年的生命。

——穆罕默德·阿里《花花公子》杂志访谈

美国的中年人

2018 年中美两国发生了一系列的贸易纠纷，特别是中兴通讯公司被美国商务部制裁，引起我们的很多思考。从国家竞争的角度看，美国是中国的对手，我们肯定要自立自强。从另一方面来说，这些事也给崛起中的中国人提了一个醒。

美国，是不是还有很多值得我们学习的地方？

我不打算长篇大论，而是从一个小侧面谈起：美国社会的成熟度。

中国游客如果到美国短期旅游观光一下，看看美国破败的基础设施，再想想中国漂亮的城市建设和高铁，难免会有一种自得的情绪。但如果你在美国生活比较长的一段时间，跟老百姓打打交道，甚至哪怕你远在中国，如果注意到一些细节，你可能都会有不一样的感受。

比如，2018 年 4 月 17 日美国西南航空公司一架波音 737 客机发生重大事故。飞机起飞不久，左侧发动机爆炸。机长很好地操控了飞机，用一个发动机又飞了 40 多分钟，迫降，结果只有 1 名乘客死亡，7 人受伤。事后乘客纷纷对机长表示了感谢，说她有"钢铁般的意志"。

我想说的是这件事的一个细节。这位机长叫塔米·舒尔茨（Tammie Shults），一位 56 岁的女性，曾在空军服役多年，开的是 F/A-18 战斗机，而在参军之前，她大学本科学的是生物学和综合农业。

舒尔茨能在关键时刻镇定自若，也许是因为她经历过很多事情，有不同领域的综合经验，有能力处理复杂问题。

像这样的人物在美国可以说是车载斗量。

再比如2009年，全美航空的一架空客A320客机，也是起飞后不久就发生了事故，而且是两个发动机都着火报废，飞机在完全失去动力的情况下，居然奇迹般地在纽约哈德逊河的河面上迫降成功，机上155人无一伤亡。而这架飞机的机长叫萨伦伯格（Sullenberger），当时57岁。

萨伦伯格之所以能迫降成功——甚至他之所以能想到在河面上降落——很可能是因为他早年开过水上飞机。萨伦伯格也在空军服役多年，专门负责调查飞行事故。而加入空军之前，他拥有科学、心理学、行政学的学士和硕士学位。因为这个事故出名之后，萨伦伯格又成了电视节目的安全嘉宾、演讲家和畅销书作家。

美国有很多这样经验极其丰富的高水平中年人，而且他们都在第一线工作。

像这种充满个人英雄主义特色的离奇事迹，似乎在美国比较多。当然一个很重要的客观原因是中国的飞机都比较新，本身就不容易出事故。

但是不可忽视的另一方面是，中国的人也都比较新。我以前研究物理的时候就有个突出的感受。在美国做个报告，发现下面听讲的一大片都是中年人。回中国做个报告，听众几乎全是年轻人。当然这说明中国的未来充满希望，但也说明中国的现代化进程还比较嫩。

以我的经验来看，美国中年人的水平非常高。他们不但很容易接受新事物，而且玩得比年轻人还好——他们本身就是新事物的创造者，是科学研究和各大公司技术研发的主力。在美国，当我看到一个年轻人和一个美国中年人在一起讨论问题时，更多的是年轻人向中年人请教。但是在中国，恐怕更多的工作都是年轻人做。

大概十年前，有位退休的知名物理学家，已经很老了，还得了帕金森综合征，因为不愿意在家待着，每天都到我们物理系上班。物理系给了他一间办公室，但是仅此而已。他没有经费，也没有学生，更没有助手，颤颤巍巍行动非常不便。我的办公室跟他的很近，我看大家都很尊敬他，但是也没什么人主动找他，毕竟各人都在忙自己的项目。

有一天，老先生找到我，说看到我贴在楼道墙上的海报很感兴趣。我们就讨论了一下，他说他有些想法。很快他又来找我，拿着他推导了好几页的公式，而且还整齐地排版打印成了书面的形式！后来我们几个人合作了一篇论文。老人家现在已经去世了，他一直到死，都是一线物理学家。

有这样的到老都要在第一线做事的人，你想想这是一个什么样的社会。

美国人心目中的"中年"很多时候相当于中国人说的"老年"。60多岁别人根本不当你老，该干啥干啥。

我妻子以前在 IBM 公司工作。有一次我们去她的同事家做客，那是一位 60 多岁的工程师。聊天聊到读书时，我说 Kindle 是个很好的阅读工具，结果这位工程师和他的妻子都还没用过 Kindle。我心想看来他们真是有点老了，我还把我的 Kindle 拿给他们看。

但是聊到专业技术时，我感觉这位工程师一点都不老。他是研究打印机的，给我讲了几个技术细节、一些研发的故事。让我印象非常深刻的是，他们研发的一种打印机，打印时纸张往外排的速度非常快，快到一个人全速奔跑都跟不上。他讲到这个地方时眼睛里都放着光。

像这种几乎成了精的老工程师，中国能有多少？这位工程师的妻子也很厉害。按中国的标准她应该算是一位家庭主妇，但是聊天中你会发现她谈吐不凡，是个非常爱读书的人，基本上各种事情都知道。

我家有个邻居，五十来岁了，还在搞技术发明，正在跟中国合作，准备创业开公司。我还认识一个人，本来是位中学老师，中年被查出癌症不得不停止工作。结果癌症治好之后再次进入职场，重新学习，居然成了一个大公司的部门经理。我儿子幼儿园的一个小朋友的家长，也是位工程师，但是居然对物理学很感兴趣，问过我一些特别专业的问题，还把物理新闻发给我看，我还跟他有过一次关于全球变暖的辩论。我刚到美国上物理课《量子力学》时，班上有两位老人，下课后还问我作业题。我就问他们："你们也是学生吗？"他们说："不是，我们是来旁听的——我们想学习量子力学。"

所以美国真没有"中年油腻"这个说法。

美国的人口生育率大约是2.0，比中国生育率高，但我的突出感受是，美国是一个由中年人运行的社会。这样的社会做事就比较靠谱，老百姓就比较理性。

有一次我坐公共汽车，正好坐前排就跟司机聊了几句。司机问我是不是中国人，我说是啊。司机说，听说中国人抢走了很多美国的工作。结果他刚说完这句话，还没等到我回话，旁边一位中年女性马上就说，"那是美国自己的原因"。

我想这样的老百姓大概不会搞什么抵制中国货的运动。我这么多年来几乎就没见过美国人在公开场合情绪失控的。

我儿子上三年级时，我看了一下学校网站上的老师介绍，发现老师以前学的专业居然是体育。我当时心中有点不满，这不真成了"数学是体育老师教的了"吗？可是跟这个老师一接触，发现她还真是位好老师。她非常知道给孩子全面的教育，搞了很多跟真实社会有关的教学内容。有一次讲城市建设，她居然还请来了一位真正的城市规划师。但是这位老师仍然热衷于体育，她专门请假一周去参加滑雪比赛，还让孩子们上课时在网上看直播。

拥有丰富的人生阅历，才能解决复杂的问题。在一个国家经济增长、技术进步的同时，人也必须变复杂才行。美国社会的宽容度高，人们可以有各种各样的经历，哪怕年龄大一点，仍然有机会从事各种各样的工作。事实上因为经历丰富，综合能力强，年龄大不但不是劣势，反而还是优势。

美国有50多岁的工程师从头创业，50多岁的女飞行员迎来人生第一个英雄时刻，50多岁的癌症患者谋求新行业的一个高薪职位，60多岁的物理学家跟年轻人切磋技艺，60多岁的工程师埋头攻关，六七十岁的市民开始学习量子力学。

据说曹操有一次接见匈奴使臣，觉得自己身材矮小、相貌丑陋，就让一个长得漂亮的人假扮自己，他本人装作是个"捉刀人"站在旁边。结果事后有人问匈奴使臣魏王这个人怎么样，匈奴使臣说，魏王的确长得不错——可是我看他身后站着的那个捉刀人，才是真英雄。

所以我们看美国强不强不能光看它的机场和高速公路是不是"光鲜照人"。美国的高科技、大公司和各种先进东西背后站着的那些中年人，才是真英雄。

父爱式鸡汤

如果你经常听 TED（technology，entertainment，design）演讲，不知道有没有一种"奶油"感？我现在越听 TED 演讲，就越觉得这不是一个现代思想论坛，而是一个宗教论坛。所有 TED 演讲，基本上都在说下面这些信仰：

（1）世界很美好。

（2）每个人都是特殊的，每个文化都是无价的。

（3）我们对未来很乐观。

我家有两个孩子，他们每次过生日都要吃奶油冰激凌蛋糕。我每次吃生日蛋糕，都想起 TED 演讲的味道。

这大概就是为什么加拿大的心理学教授乔丹·彼得森近年来火了。彼得森输出的东西绝对不是奶油蛋糕，而是一种比较冲的、不适合儿童的食物，就像辣椒。

如果我们把鸡汤分成两种，那么 TED 演讲提供的是"母爱式"鸡汤，彼得森提供的则是"父爱式"鸡汤。

❶　教授

现在已经有人说[1]彼得森是今天整个西方世界影响力最大的公共知

识分子，所以我们必须讲讲他。

彼得森 2018 年出了一本非常畅销的书叫《12 条人生规则》；他在 YouTube 上有视频课程，有超过 4000 万次的播放量；他在一个电视访谈节目上跟女主持人辩论大获全胜，使我们中国观众想到了当初丁仲礼院士接受柴静的采访。

在这个美式自由主义——也就是"白左"——把持主流媒体和教育话语权的世界里，彼得森教授，是个保守主义者。

现在美国有一类人叫"跨性别者"。比如，老王在生理上完全是个男的，但在内心深处认为自己是位女性，不过老王并不打算做变性手术，而是保持心理和生理的二元人格，老王就是一个跨性别者。自由主义者非常尊重、理解和鼓励老王，奥巴马总统离任前就曾经要求美国各个公共场所，允许人们根据心理上的性别认同，而不是生理性别，决定进男卫生间还是女卫生间。

欧美大学的教授们是"白左"的主力，但是彼得森教授拒绝鼓励老王的心理性别认同。老王如果没有明确提出要求，彼得森将坚持叫他王先生，而不是王女士。

彼得森反感"白左"搞的"政治正确""后现代主义"那一套，他呼吁把那些搞伪学术的人清除出大学。[2] 这个态度似乎有点太激进了，不过作为一个反感 TED 演讲奶油感的人，我很同情彼得森的保守主义立场，也很赞赏他尝试用学术研究结果支持自己观点的做法。

可是读了《12 条人生规则》，我还是觉得他这本书……可能不是我们读者最感兴趣的。

彼得森，很可能信仰基督教。

❷ 信仰

有人公开问彼得森是不是教徒，彼得森表示他不喜欢这个问题，因为这个问题会把他限制在一个盒子里。不过据有人推测[3]，彼得森应该是个"文化基督徒"。也就是说，他并不像真正的教徒那样相信《圣经》上的每一个字，也不见得接受基督教的世界观，但是彼得森对《圣经》很有敬意，认为《圣经》故事应该成为人们生活的指南。

你可能觉得对大学教授来说这还是有点过分了，但是请听我帮他解释。

彼得森不但是位大学教授、心理学家，还是位临床心理医生。作为学者，彼得森从小到大经历了很多人生的艰难；作为心理医生，他见识了太多的人间不幸。彼得森知道，如果没有一个信念，人很难在这些不幸中撑下来。

自由主义者认为世界的本质是美好的，彼得森认为人生在世的本质是受苦。有些苦是我们自找的，比如你因为意志力薄弱而吸烟、酗酒，甚至吸毒，那你吃苦是自作自受——但是就算你做得再好，还是会吃苦。你会生病，会衰老，会绝望，会死亡。

彼得森眼中的世界是个混乱和秩序的二元共同体。混乱带给人痛苦，所以我们必须用秩序对抗混乱。而宗教，就提供了这种秩序。

而当今世界，正如尼采所说，上帝已死，信仰宗教的人越来越少了。过去人们曾经因为不同的意识形态而打来打去，现在为了避免这些争端，西方社会连意识形态也不讲了，开始倡导"多元文化""后现代主义"，结果世界变得更加混乱。

这个混乱的世界里有很多失败者。自由主义者对他们充满同情和表面上的关爱，可是这根本不解决问题。"白左"的"母爱"理念是，什么都是政府的问题——吸毒不是你的错，是你从小家庭环境不好，是政府对不起你，所以你有权闹！

但是彼得森提倡的是"父爱"理念。彼得森认为人应该自立自强！而宗教故事，就给了我们奋斗的道德力量。

在彼得森看来，考察《圣经》故事的真伪没意义，这些故事的价值在于它们是 2000 年心口相传的东西，已经融入我们的基因之中，它们不是关于事实的，而是关于道德的。而这种经历了时间考验的道德，最有力量。

这就相当于"叙事自我"——你总给自己讲一个什么故事，就决定了你会是一个什么样的人。

❸ 给男人的指南

《纽约时报》专栏作家戴维·布鲁克斯有个说法[4]我很赞同，他说彼得森的《12条人生规则》并不是给所有人看的，他的目标读者应该是那些正在生活中挣扎的青年男性。

彼得森特别有意思，他举了龙虾的例子。龙虾这种动物已经在地球上生存了3.5亿年，比人类的历史长得多，所以如果说龙虾身上有什么气质跟人一样，那我们大概可以认为，这是一个古老而深刻的气质。

龙虾的气质是胜者为王败者为寇。公龙虾打败所有对手之后，会划定很大一块地方作为自己的地盘。别的公龙虾绝对不敢进它这个地盘，而母龙虾们则争相跟他交配。

虾犹如此，人何以堪？胜了的公龙虾代表秩序。母龙虾可以随意挑选公龙虾，她们代表混乱。而那些战败了的公龙虾，也就是广大草根男性，代表受害者。

失败的公龙虾是被打疼了，打服了，打怕了。动物学家观察到这些龙虾的行为模式都跟胜利者不一样，它们战战兢兢，惶惶不可终日。彼得森从临床心理学角度表示，人也是这样。

所以彼得森的最根本建议就是站直了别趴下！千万别在精神上垮掉。自由主义者总把你描写成受害者，但是你自己不能整天一种受害者心态，不要怨恨父母，不要报复社会。你应该：

（1）承担个人责任。人生在世有些事必须你去做，而且必须做好。

（2）照顾好自己。首先要看得起自己。

（3）只跟看得起你的人交朋友。

（4）好好教育你的子女。

（5）尊重传统。

（6）你需要纪律，需要勇气，需要自我牺牲的精神。

（7）先把自己的事管好了，再去想什么"资本主义""政府与社会"之类的大问题。

（8）谦卑，不懂的别胡乱发言。

（9）早餐多吃点脂肪和蛋白质，摆出一种积极向上的姿态，精神点……

总而言之，彼得森认为人生的意义不是什么自由，而是责任。

我看他这些建议，就好像是一个在外面打了好几年仗的老兵，退伍回家一看自己的儿子没出息，刚刚还被邻居给欺负哭了，于是他走过去，对儿子说的话。

他说"风雨中这点痛算什么，擦干泪不要怕"——但是他接下来的一句可不是"至少我们还有梦"，而是你得自强啊孩子！

中国人可能觉得这些建议没什么，我们小时候接受的不就是这种鼓励吗？但是西方国家的青年，特别是加拿大这种"白左"当道的国家，彼得森这个声音还真不算陈词滥调。自由主义媒体只会像关爱小动物一样同情这些孩子，有时候给点安慰，而彼得森不但把孩子扶起来，还往上拉了一把。

❹　世界的两面

彼得森这些建议我完全赞同，我看他的电视辩论甚至可以说感觉特别解气。我希望我儿子长大以后读读彼得森这本书。

但是我觉得他没把这个世界给说全。人毕竟不是龙虾。世界固然有时候弱肉强食，但是也真的有关爱、合作的一面。个人要自强没问题，但是社会也的确可以做一些事情。

更重要的是，混乱也不见得就不好。混乱能带来创新。如果人人都按照经典的教条行事，社会就会缺少生气。

彼得森说女性心思多变，今天喜欢这种明天喜欢那种，随意挑选男性，所以女性代表混乱，男性动不动就被女性羞辱，现在在大城市没有房子的男性可能对此深有同感。可是话说回来，也正因为有这些挑剔的女性，男性才有动力，经济才能增长，社会才能进步。

我们中国社会还远远没发展到美式自由主义的程度，所以我们大概不会对彼得森这本书有强烈的情感反应。

但是这本书能告诉我们，自由主义并没有在西方社会一统天下，传统常识仍然有意义，而且时不时就有可能变成畅销书。

"后现代"的逻辑

"后现代"这个词的公众形象不算太好。恪守传统价值观的人士都反感后现代。如果说某个艺术品是后现代的，那基本就是说老百姓看不明白，也不是给老百姓看的。你可能还不知道，连科学界，最近几年都在向后现代宣战——说后现代混淆了真理和谬误，是科学的敌人。

那为什么还有人推崇后现代呢？难道那些人思想都另类吗？这篇文章我想用最简单的语言给你讲讲所谓"后现代"的逻辑。

后现代不是理论也不是方法，可以说是一种哲学，是一种思考世界的思维模式。要想理解后现代，咱们先说说什么叫"现代"。

❶ 启蒙

古人什么都可以信，通常没原则没理由，就算有原则有理由也是感情用事站不住脚的，是一种蒙昧的状态。

哲学家说的"现代"，特指 18 世纪启蒙运动以后。启蒙运动的关键词是"理性"。知识分子不再盲目相信什么东西，而是希望像数学一样一步一步地严格推导出各种结论。科学和现代哲学，就是这么产生的。

结果启蒙运动非常成功。人们就有了一个信念，认为人的理性完全可以掌握世界的真理。

比如你可以说所有的科学知识就是一套真理，就好像搭积木一样，被人类理性搭成一个大厦。有了这个大厦，我们就有了关于这个世界的知识地图和使用说明书。我们就知道什么是对什么是错，什么是好什么是坏。

这是人类文明的巨大进步！你甚至可以说，这才是文明的开始。

但也仅仅是开始而已。

❷ 到底有没有绝对真理

启蒙是启蒙了，可是如果你相信学习了科学知识就等于掌握了绝对真理，你可能就误解了科学。人们很快就意识到，科学结论不等于真理。

比如过去人们都相信地心说，后来哥白尼提出了日心说，两派争了个你死我活。其实你站在更高的高度看，日心说和地心说其实都是描写天体运行的理论模型而已。

到底是太阳绕着地球转，还是地球绕着太阳转，这完全取决于你站在哪个位置看。假定地球不动，太阳绕着地球转这个说法就没毛病。

再比如引力，牛顿认为引力是一种超距作用，爱因斯坦说引力并不是什么"力"，而是空间的弯曲。那你能说牛顿错了吗？

这就是两个模型而已，哪个模型方便我们就用哪个模型。牛顿定律公式简单，一般用这个就行了，只不过它的适用范围不如爱因斯坦的广义相对论广。

如果你说广义相对论才是真理，那么将来再有人提出适用范围更广的引力理论，你该怎么评判呢？

尼采有感于这一点，提出根本不存在什么绝对的、客观的真理。人永远不可能理解客观世界。你的一切解释，都取决于你的视角，取决于你看到了多少，解释只不过是你主观的看法。

这就开启了后现代主义哲学。

注意，到这一步我们就知道了，后现代其实是一种进步，是高级的思维方式。

认为自己掌握了宇宙普遍真理的人，可能是最危险的人。单纯为了利益，根本不需要伤害很多人。而历史上有些人是为了某种主义、为了所谓的真理而随意摆弄别人的命运，甚至不惜杀戮，造成的危害极大。如果每个领导都是后现代主义者，不信什么真理，老老实实摸着石头过河，这个世界大概就不会有那么多悲剧。

但是后现代再往下发展，可就见仁见智了。

❸ 后现代主义的多元化

后现代思潮继续发展，就出现了文化多元主义。

地球人曾经因为理念的冲突、文明的冲突大打出手。冷战以后，人们就想，既然没有绝对真理，我们为什么不能尊重所有的文化呢？

比如西方有歌剧，中国有京剧，谁能说京剧就不如歌剧？应该说它们都是宝贵的艺术！各种文明的习俗不一样，不能说现代欧洲人的生活习惯就先进，印度人的生活习惯就落后。文明应该一律平等！民族的就是世界的，各种文化都有各自的价值。

这就是多元。这是一种包容的心态。顺着这个思路，各国显然也有权选择自己的制度。

可是有些文化互相之间有矛盾，该怎么办？后现代主义者建议，不要分辨对错，看看这些文化带给你的主观体验。

就像我们欣赏大专辩论赛，辩题是"人性本善"。到底人性本善还是本恶，这不是比赛的看点，评委不是根据哪方的答案正确来判断胜负的。辩论赛的看点是哪方话说得漂亮、道理讲得有趣、论证更具说服力。

也就是说，后现代是用审美取代对错。

现代艺术都有一个主题，你一看画作就能揣摩出画家的意图，你只能从画家的视角去看。而后现代的画作，可能根本就没有主题，画家到底想表现什么连画家自己都说不清楚——画家给你的建议是，你认为这幅画表现什么，它就是表现什么，这完全取决于你内心的感受。

多元化思想再往前走，就引起争议了。

❹ 对后现代主义的批评

后现代主义者没有立场。那请问，有些文化中还存在压迫女性的东西，这也是平等的吗？比如中国有些边远地区有在婚礼上闹新娘的习惯，有些闹法纯粹是调戏和侮辱，在"城里人"看来完全不能容忍，而当地人却说这是传统风俗。难道这样的风俗也应该尊重吗？

更重要的是对科学的态度。后现代主义者认为没有客观真理，你跟他说一个科学知识，比如人是进化而来的，他会告诉你科学也是相对的，你那不过是一家之言。甚至有的后现代主义者认为所谓科学其实是白人的东西，其他文明完全可以不接受科学。这难道也有道理吗？

这就是为什么现在有这么多人批评后现代。与其让人不分对错，还不如让人相信有客观真理。

如果我们的认知停在这里，那关于后现代就没什么可说的了。但是我读过一本书，普林斯顿大学哲学教授戴维·温伯格（David Weinberger）《知识的边界》（*Too Big to Know*），这本书对后现代主义哲学有个更深入的叙述。温伯格总结了一套逻辑，在我看来相当有道理。

❺ 后现代主义的真实逻辑

这套逻辑分五步。

第一，一切知识和体验都只是主观的解释。每个人看到的都是自己的视角，都只是世界的一部分，你想的可能和别人想的不一样。

第二，你对世界的解释会受到你所处社会的历史文化的影响。

比如这里有棵树，在小孩看来，树是用来爬的；而在伐木工看来，树是一种木材。这是因为他们的工作性质、文化、见识不同。

第三，没有一个视角优于其他视角。

你不能说这棵树就是木材，小孩说爬树就是错的。孩子的视角和伐木工的视角各有各的道理，这两个视角是平等的。

第四，视角决定了"语境"，每个解释都在某个语境之下。

我们要讨论问题，得先问语境是什么。比如要讨论全球变暖，如果你的语境是科学，你想知道全球变暖到底是不是人为造成的，那你就要用科学方法判断，用事实和数据说话。

但如果采用另一种视角，语境是中国会不会在这个问题上吃亏，那就不是科学方法的问题了，而是政治问题。比如有人说全球变暖说明我们必须交易碳排放权，那你就可以说"不行"，这么做中国太吃亏了。

而两个不同语境的人争论问题就没有意义。就好像夫妻吵架，一个算经济账一个算感情账，根本说不到一块去。

从维特根斯坦以来的这一派哲学家，有一个重要洞见，那就是人的语言其实是一种非常无效的沟通工具。有太多默认的东西是不明说的，所以你很难分辨对方说这句话用的是什么语境。

第五，也是最关键的一点，在同一个语境之下，不同的解释有高低优劣之分。

比如考古挖掘出一个文物，我们想知道它的年代，那这就是一个有关客观事实的问题。在这个语境中，科学的解释就是最好的解释。你要是说："不对，我昨晚做梦梦见它是宋朝的东西！"那你的解释就不如我的科学解释。

在我看来，理解了这五条逻辑，后现代主义就不会走向彻底的、不分对错的虚无主义。

比如全球变暖的问题，有个科学家说，根据科学研究，现在我们认为全球变暖有超过 95% 的可能性是由人类生产导致的，我们必须限制碳排放。

对这番话，如果你说："哎呀，科学家都说了，我们必须听科学家的！"——那你就有点天真可爱一根筋了。

如果你的评价是科学的解释也不一定对——我根本不相信什么科学解释！那你就是一个怀疑一切的虚无主义者，什么事也办不了。

那"好的"后现代主义者会怎么说呢？你可以说："科学解释是我们所能得到的最好的事实判断，我姑且相信你们科学家的说法。但是全球变暖不仅仅是科学问题，还是政治和经济问题。"

总结来说，后现代主义并不是没有对错，而是先定视角，再在一个特定语境之中分辨哪个更可能对，哪个更可能错。

最后，回顾本文的内容，你可能发现人的认知是分等级的：

第一级是古典，讲信仰、讲忠诚。

第二级是现代，讲理性、讲真理。

第三级是后现代，认为并不存在绝对的真理，讲多元化。

第四级是在后现代的基础之上，讲语境。

希望这篇文章能让你达到第四级。这是一个很高的级别，到了这个级别你可能会觉得前面那几个级别的人想问题想得都太浅了。

明人如何说暗话

1685 年 2 月 2 日，英国国王查理二世突然病了。根据后来公开的记录，皇家医生并不确切了解病因，但是他们对查理二世采取了一系列"有力的"治疗措施。

首先是放血 700 毫升。之后也许是为了清理肠胃，医生给他吃了金属锑（tī）——这是一种有毒的金属，查理二世吃完就狂吐。医生又对他进行了若干次的灌肠。可能是为了清除病毒，医生把查理二世的头发剃光，用消毒水清洗他的头皮，又把鸽子粪抹到他的脚掌上。接着又给他放了 300 毫升的血。之后给他吃了一点糖，让他的精神能够振作一点。可能看他还不够振作，又用烧红了的火棒戳他的身体。

但是国王的病还是不见好，于是医生又放了两个大招。第一是找一个犯人，把犯人虐待致死，然后把犯人的头盖骨打开，从头盖骨中滴出一共 40 滴液体，让查理二世喝了。第二是弄了一头来自印度东部的山羊，给山羊吃石头，当石头进入山羊的肠子之后，再把石头掏出来，磨成粉末，给查理二世从嗓子里灌进去。

四天以后，也就是 2 月 6 日，查理二世就死了。我觉得你不难理解他为什么会死。经受这样的"治疗"，健康的人大概也会死。但当时的人对医生的疗法并无异议，国王的家属也认为医生已经尽职尽责了。

这件事是我在《头脑里的大象：日常生活中的隐藏动机》（*The*

Elephant in the Brain: Hidden Motives in Everyday Life）这本书中看到的。这本书的主题是人们做任何事情都有一个隐藏的动机。根据这本书的理论，查理二世显然是"炫耀性医疗"的受害者。他接受的疗法在医学上毫无价值，但是从炫耀的角度看绝对是达标了：复杂而专业、外行根本想不到的疗法，牺牲掉一个活人，还用到一头非常不容易得到的、来自印度东部的山羊。

这个案例并不具备从医学角度讨论的价值，现代医疗体系跟过去完全没有可比性。但我们仍然可以从这件事中学到一点东西。有时候有的人竟然会为了上不了台面的、隐藏的动机，把性命都搭进去。

读《头脑里的大象：日常生活中的隐藏动机》一书我们能做些什么呢？了解这些知识有什么用处呢？

首先，一个明显错误的思想，是认为我们隐藏的那些自私自利的动机都是不好的，应该把它们都去除，争取做一个诚实的人、一个"纯粹"的人。

古代很多圣贤，大概就是这么想的。事实证明谁也做不到，而且现代学者认为，根本就不应该这么做。

人类进化了这么多年，绝对坏的特性其实已经不存在了。我们头脑中任何一种感情、任何一种动机都是有好处的。这本书的主题恰恰不是批判这些隐藏动机，而是说这些隐藏动机有好处。

比如炫耀性医疗，查理二世有时候就必须摆这个谱，宣示权力，同时也能让国民放心。希望得到别人关心是人之常情，我要是去医院看病，如果有五个护士闲着，我希望她们最好都来看看我。欣赏艺术品的时候了解一下价格，喝红酒的时候关心一下产地，给别人发出某些信号，对加强合作都有好处。

但这可不是说，我们就应该全盘接受所有这些动机和它们导致的行为。查理二世的命运就明显不值得模仿。

自然选择的一个根本思想就是，一个特性到底好不好，取决于当时的具体情况。如果你是个迫切需要树立权威的新领导，也许就应该搞一些隆重的仪式来宣示权力。但如果你已经大权在握，就没必要每次开会都开很长时间，讲一堆废话，逼着员工一而再再而三地向你表忠诚了。

我们可以从对别人、对自己和对世人这三个角度来想想怎么使用这些知识。

第一，当你面对一个具体的人时，不要猜测，更不要指责他有什么隐藏的动机。有时好心能办坏事，有时自私自利却能办成好事，本来重要的是事情的结果，可是人们总觉得人的"动机"更重要。批评别人时不专门针对他的行为，反而以"揭发"他的"动机"为乐，甚至动不动就说"谁谁谁亡我之心不死"，这在中国文化中叫"诛心"，连古人都看不起。

我们学了这么多有关大脑的知识，最关键的一条就是大脑是个多元体，各个模块各有各的主意，最后做出的决定，我们常常自己都不知道到底是出于什么动机。可能对绝大多数事情，我们都是既有"好的"动机，也有自私自利的动机。

那我们跟人合作，为什么不干脆假装大家都是出于好的动机呢？人类早就不是低等动物那种打打杀杀的局面了，作为文明人互相合作，我们最好的政策就是讲学习、讲正气。

第二，对于自己，在做重要决定时，应该深入问问自己到底有什么动机。这样有利于你做出理性的选择。

我特别喜欢博弈论对"理性"的定义：所谓理性，就是对你想要的各种东西设定一个优先级，并且能够贯彻执行这个优先级。

比如，如果你说菠萝比橘子好吃，橘子又比苹果好吃，那我就可以认为你觉得菠萝比苹果好吃。如果你紧接着说一句又觉得苹果比菠萝好吃，那你就是非理性的，你就用不上博弈论这种高级工具。

我们大脑中同时有各种动机。生存是一个动机，炫耀也是一个动机。在几种动机都有的情况下，你应该分析一下哪个重要，哪个不重要——你应该设定一个优先级。

如果你是理性的，而你又认为生存比炫耀重要，你就不会为了炫耀而冒生命危险尝试各种虽然很贵但是不靠谱的医疗手段。如果你是跟女朋友一起欣赏艺术，也许你想炫耀一下自己的艺术知识。但如果你是自己去博物馆欣赏艺术，就应该关注那些艺术品的内在品质，为自己而欣赏。

问题就在于没有这些知识的人常常会被某一种动机劫持，形成了一种情怀，做多大的事儿都是这一个动机，根本意识不到自己还有更重要的动机。

有研究者做过一个问卷调查，说假设现在《蒙娜丽莎》这幅画被烧毁了，所幸的是我们还有一个完美的复制品，那你愿意看这个复制品呢，还是愿意看《蒙娜丽莎》原作烧成的灰呢？结果大多数人居然选择了看灰。我觉得给这样的人看艺术品纯属浪费。

所以时刻反思一下自己的动机是个好习惯。不过你也不用有心理负担，因为正如我们不在乎别人的动机，别人也不在乎我们的动机。

第三，更高级的要求是，对于具体个人之外的、广泛意义上的"世人"，我们要充分了解，甚至运用隐藏动机这个知识。

这个知识能让我们发现系统的漏洞。事实上，包括医疗、教育等在内的很多领域都有隐藏动机的问题。比如说读书就可能是有隐藏动机的。有些人只买书藏书不读书，有些人连读闲书都是给别人读的。

如果你能洞察到世人的各种隐藏动机，也许你可以利用这些洞见获取一些利益。比如中国家长给孩子买书，买的往往不是孩子想读的书，而是他们想让孩子读的书。那出版商就会做一些面向家长的"童书"，比如弄些上一代人小时候喜欢的东西，重新包装，让这些人买给他们的孩子。其实新一代孩子对那些东西根本不感兴趣，但关键是家长感兴趣。

再比如医院，既然患者特别注重就医体验，想要获得安慰的感觉，那医院完全可以聘用一些穿着白大褂的"假医生"和"假护士"作"形象大使"。这些形象大使的任务是给病人提供各种无微不至的小关怀，领着病人挂号、就医、拿药，非常卖力地嘘寒问暖。我敢打赌，只要医院服务态度好，哪怕病没治好，病人也不会成为"医闹"。

但你也可以用这些知识做些好事。比如说给一个有意义的慈善机构募捐，你可以采用一些显眼的募捐方法，比如给捐款人发个可穿戴的纪念品，派两个长得漂亮的人去对方家里或者公司募捐。

如果你更厉害、更大胆的话，还可以对不合理的系统进行改革！如果你认为现在的医疗系统实在是太荒唐了，也许你可以想想怎么推动一些实实在在的、真正的医疗服务。比如，你能不能借助互联网和大数据，把每个医院、每个医生的治愈率、医疗事故记录和价目表公布出来，让患者能轻易地货比三家。

如果上述这些你都做不到，你可以把这些知识当作谈资。随时点评一下生活中的隐藏动机，只要不是针对具体的人，这件事儿也挺酷的。这证明你是个诚实的人、有智慧的人，还是个有勇气的人——完全值得作为炫耀的资本。

最需要的人没有，最有的人不需要

❶ 资源与效用

现在很多公司会给员工提供健身的福利。比如，在医院的体检之外，公司会组织员工参加一年一度的体检，看看你是不是超重了，血糖含量高不高。公司会请专家根据你的各项体检指标给你提供健康方面的建议。为了怕你不来，参加的员工还有奖励。有些公司还会给员工办健身俱乐部的会员卡，有条件的公司还会在办公场所搞一些健身设备。

搞这些活动固然是真心为了员工好，但公司也有利益方面的考虑。如果员工更健康，公司的医保支出会下降，员工也不至于总请病假，工作效率也会提高。把钱花在健身上，总比花在治病上划算得多。

好是好，但有时候你想得挺好的项目，可不一定真有用。2018 年的一个最新研究[1]表明，公司给员工提供健身福利，也没啥用。

这是有史以来第一次有人对公司提供的健身福利项目做随机实验。伊利诺伊大学的研究者从大学里找到 1.2 万名雇员，其中 5000 人愿意作为受试者参加健身研究。这 5000 人中的 2/3 作为实验组，要体检，要参加问卷调查，而且获得了研究者提供的健身机会。剩下的 1/3 作为控制组，什么都不用做。

实验进行了两个学期。这一年下来，有幸入选健身项目的这些员工，有没有取得一定的效果呢？答案是没有任何可见的效果。他们的患病率、请病假率、离职率，乃至于升职加薪的比率都跟控制组几乎一样。如果公司给员工提供健身福利是为了经济利益，那这个研究明确告诉你，那个经济利益是不存在的。

实验组的人虽然有更好的健身条件，但是总体来说并没有养成更好的健身习惯。唯一能看出来的区别，是他们主观上，认为自己对工作的幸福度和满意度提高了。这听起来也不错，但是考虑到离职率没有变化，这个主观的情绪显然并没有切实增加员工的忠诚度。

所以给员工买健身福利其实没啥用。但我最想告诉你的不是这个，而是为什么没用。

现在有一个免费的健身计划，而众所周知健身对人有好处，那你就去健身呗？如果你真的参加了健身活动，怎么可能没用呢？而研究者从问卷数据中获得了一个洞见。

这个洞见就是，那些真正利用了这个免费健身计划的员工，他们原本就是健身爱好者。公司的这个计划对他们来说只是锦上添花而已，就算公司不提供，他们也健身。他们通常是年轻而有活力的人，他们的身体本来就好。而那些平时就不健身的人，就算免费，也不会去健身。当然，也许他们一开始觉得挺新鲜去了两次，但两次之后也就不去了。他们通常是年纪比较大而又不爱运动的人，他们的身体本来就差。

最需要健身的人不健身，而对整天健身的那些人来说，更好的健身条件对他们的意义并不大。

这就是我想说的人生经验。最需要这个东西的人，往往并不接触这个东西；而最可能得到这个东西的人，往往不怎么需要它。

我很想用一句成语或者什么谚语来概括这个意境，但我能想到的都是什么"朱门酒肉臭，路有冻死骨"之类控诉社会不公平的句子。其实这个局面跟公平不公平没关系，这纯粹是一个客观规律。

再举个例子。前文有一篇文章叫《正念自控法》，这个方法要求我们能以旁观者的视角观察和分析自己的感情。你越分析它，它就离你越远，你就不会被自己的情绪劫持，你就能控制自己。我相信这是一个非常有效的方法。

问题是，谁最需要正念自控法？当然是那些平时控制不了自己的情绪，动不动就冲动、易怒的人。可是谁最可能学习和演练正念自控法？是那些平时就比较有自控力的人。

最需要自控的人，根本就意识不到自控的重要性。有耐心钻研自控方法的人，本来就有耐心。

那么我们可以预期，正如公司提供的健身项目不会显著提高员工的健康水平一样，我们那篇《正念自控法》——以及一切谈论这个方法的课程——也不会显著给国人赋能。最需要上"得到"课程的人，不知道上"得到"。

这个规律并不神秘。一种好东西，如果你已经拥有很多了，那再增加一点就不会给你带来很大的效用。经济学家把这个现象叫"边际效应递减"，我们前面在《复利的鸡汤和真实世界的增长》一文中提到的"S 曲线"，都是说持续的投入资源并不能匀速地提高效用。

比如说钱。对穷国来说钱很有用，对富国来说，钱能起到的作用就非常有限。美国经济学家泰勒·考恩（Tyler Cowen）在《大停滞》（*The Great Stagnation*）这本书里列举了很多现象，说明美国现在就进入了这么一个状态。在政府投资上，如果两个城市之间已经有很好的公路，再多修一条的价值就不高。在医保上，改善国民健康、治疗最常见的病，其实用不了那么多钱，最后大部分钱都用在了疗效非常有限的老年病上。在教育上，如果连高中教育都已经普及，那你就很难再通过教育投入显著提高国民素质了。

而美国在政府投资、医保和教育上花的钱越来越多，占 GDP（国内生产总值）的比重越来越大，只能说明美国已经进入低效率时代。

说到钱，人的一生不也是如此吗？日本人的今天也许就是中国人的明天。现在日本的情况是年轻人到处要用钱可是没钱；老年人房子也有了、孩子也大学毕业了，没什么大的花费了，反而钱很多。

S 曲线到顶虽然慢，但毕竟还在增长。而还有一种情况是"倒 U 曲线"，是涨到一定程度开始下降，形成"过犹不及""物极必反"的局面。比如马尔科姆·格拉德威尔（Malcolm Gladwell）在《异类：不一样的成功启示录》（*Utliers: The Story of Success*）这本书里说，按照美国家庭年收入中位数是 6 万多美元的标准，对抚养孩子来说，家庭年收入的最佳点是 7.5 万美元。低于这个收入，孩子的正当需求就不能都满足；高于这个收入，要啥有啥的日子也不利于孩子的性格养成。

❷ 超越"人设"的建议

从宏观的角度，你可能会据此认为我们这个社会的资源配置是非常低效的。比尔·盖茨真的需要那么多钱吗？把他的钱分给我一些也许效率更高。但更可能的是，如果真有一个把盖茨的钱分给我的机制，盖茨就不会那么努力创新了……这个问题不是我们这篇文章想要研究的。

我想说的是，面对这样一个"最需要的人没有，最有的人不需要"的世界，你应该怎么办。

也许有一些你最需要做的事情，你根本没想过要做。

你应该偶尔做一些超越自己"人设"的事情。

比如，如果你是个一贯内向的人，那你应该尝试去做一些外向的事情，哪怕是假装一次外向。有个研究[2]表明这会对你大有帮助。

如果你是位整天沉迷于技术的工程师，也许你应该偶尔搞搞艺术。如果你一天到晚对人特别严厉，也许你可以尝试温和一天。如果你一贯勤俭持家，也许你不妨奢侈一把。如果你是个宅男，你最应该做的就是出去锻炼。

在一个领域不断深耕总是对的，哪怕越往后进步越不容易。但是你还需要一点创造性，就如同蒂姆·哈福德（Tim Harford）在《混乱：如何成为失控时代的掌控者》（*Mess: The Power of Disorder to Transform Our*

Lives）一书里说的"任意的震动"。有很多更有效率的地方，你还没有开发过。

复旦大学中文系教授严锋，我跟他算是微博上的朋友。严锋的父亲是中国著名文化人辛丰年，本名叫严格，以写音乐随笔闻名。我对音乐没啥兴趣，不怎么了解辛丰年先生的文化成就，但是通过严锋的微博，我对辛丰年先生是十分的佩服。

在"文革"中，辛丰年受到不公正对待，被下放到农村当乡村教师，严锋也跟着去了。当时虽然经济条件很差，但是城市里也有比较好的餐馆，不过不是普通人能负担得起的。但是辛丰年先生，就曾经花费大半个月的工资，领着儿子去高级餐馆吃了一顿。等到他被落实政策，收到一笔补偿金后，又立即拿出其中一大半，买了一架当时中国少有的钢琴。

普通人做不出这样的事儿来，有点钱都得量入为出。但是普通人也没培养出像严锋老师这样的儿子。严锋老师是当今中国少有的志趣高雅同时又谦虚平和的人物，他的童年有那样美好的回忆。我想你就算今天用 100 顿高档餐馆的饭菜换当年那一餐，他也不会换的。

辛丰年先生，把钱花在了最有效率的地方。

如果女生成绩更好，为什么事业成功的大多是男的

这篇文章我们说说女性，这是我刚刚学到的一个关于女性的最新认知，特别重要。

不管我们怎么呼吁男女平等，现在这个世界大体上还是男性主导的。最重要的职务被男性把持，各行各业的职场主力大多是男的。这是为什么？

甚至在还没有进入社会之前，在上大学选专业时，男女两性就已经有差异了。男生学理工科的多，女生学文科的多。像这样的现象，用科学的眼光我们应该怎么看呢？

一个可能是女性天生就在某些方面比男性弱，比如也许女生数学不行；另一个可能是主流社会文化一直在压迫女性——也许女生不是数学真不行，而是社会一直在向她们灌输女生数学不行的思想。

我们可以从科学的角度设想问题，假设现在是一个两性完全平等、没有任何干涉、女生可以完全自由选择专业的社会——请问女生会选择什么样的专业，她们的职业道路会不会跟男性有所不同？

现在科学家已经可以回答这个问题了。答案可能跟你想的很不一样。

❶ 两性思维差异是真实存在的[1]

要想排除社会文化对男女思维差异的影响，最有说服力的办法是研究婴儿。有人就真的做了这样的研究，而且幸运的是还真有明确的结论。

有个研究是给 1 岁大的婴儿看各种视频。结果发现男孩特别喜欢看有汽车的视频，而女孩特别喜欢视频里的人脸。

才 1 岁大，就已经是男孩看车，女孩看人了。你总不能说是社会文化对孩子施加了影响吧？这只能说明男性天生就喜欢一些机械化的东西，而女性天生就喜欢和人打交道。当然也不能说所有男孩女孩都是这样的，人跟人之间肯定有差别。但是大体来说，这个两性差异是存在的。

现在研究者进一步认为，这个差异是由睾酮素的分泌水平决定的。请注意女性卵巢和肾上腺也能分泌睾酮，但是显然男性的睾酮水平更高。睾酮水平高，人就比较激进，更爱竞争；睾酮水平低，人的共情能力就更强，更愿意跟人交流合作。

男女思维差异还体现在视野上。实验观察证明，男女眼睛的运动模式就不一样：女性的视觉范围更开阔，能随时扫描周围各种东西；而男性则更喜欢盯着一个东西看。这可能有进化心理学方面的原因。原始社会男性负责狩猎，他就要一直跟踪猎物，得盯紧了。女性负责采摘野果，就需要大范围扫描，看哪里有好东西就摘过来。

这个视野差异还体现在男女领导的风格上。男性领导喜欢制订长期目标，认准一件事非得办成不可。女性领导则不喜欢长期目标，更喜欢摸着石头过河。撒切尔夫人就说过，她从来不制订长期规划，她总是同时盯着很多方面，一有机会出现她就能抓住。

现在我们看到：男性，喜欢机械的东西，喜欢专注于一点；女性，喜欢跟人打交道，喜欢大范围扫描。

而且我们再强调一遍，这跟社会文化没关系，跟睾酮水平有关系。事实上有人做实验，给女性注射一点睾酮，她们跟人打交道和大范围扫描的能力就下降了。

　　那如此说来，男生学理工科、女生学文科，这不是明摆着的吗？

　　但是且慢，还有一个问题要考虑。我们知道现在理工科毕业生的工资水平比文科生高，那么女生即便更喜欢文科，为了高收入也可以选择理工科啊。那现在学理工科的女生少，是不是因为女生不仅仅是不喜欢，而且还不擅长理工科呢？

　　答案是女生既擅长文科也擅长理工科。中国最近十几年的高考成绩，都是女生领先于男生。有人说这是因为中国的应试教育更适合女生。但根据一项 2014 年发表的对各国过去 100 年的数据的大规模综合研究[2]，只要是公平竞争，女生的成绩在哪个国家都比男生好。女生的确在文科方面更有优势，但是女生的数学水平也不差。

　　再进一步，女性不但学习成绩好，而且还是更好的领导者。

❷　女性在团队中的应用

　　在团队中，好的领导应该善于促进交流。那么谁更擅长交流？肯定是女性。

　　事实也是如此。有人直接通过实验证明，一个团队中的女性越多，团队的合作水平就越高。如果一个团队全是女的，那合作水平就最高。

　　当然这有个前提，就是团队内部没有互相竞争，团队成员的地位比较稳定。如果团队内部存在个人地位的竞争，那女性就不能给团队加分了——女性不擅长这种竞争。

　　女性的特长是合作。相比男孩，研究发现如果是一群女孩在一起聊天，她们会更注重公平，更愿意分享，聊天的时间也更长。

　　既然女性学习成绩更好，领导能力也更强，那为什么女性没有主导这个世界呢？是因为女性被压迫吗？

　　不是。这是女性自愿的选择。

❸ 女性的选择

可能很多人都知道语言和认知科学家史蒂芬·平克（Steven Pinker）。他有个妹妹叫苏珊·平克（Susan Pinker），是位心理学家，专门研究女性心理和职业表现。《鹦鹉螺》杂志曾对苏珊·平克做过一个访谈[3]，访谈中她列举了一系列最新研究结果，给我们讲了一番很有意思的道理。

40多年前，有人选拔了数学成绩排前1%的中学生——其中有男有女——然后连续跟踪了他们40年，看这些尖子生都是怎么选择他们的职业生涯的。研究结果发表于2014年。结果是男生大部分都选择了理工科的工作，而那些女生，虽然她们当初的数学成绩也很好，但她们中更多的人选择了像医学、法律、健康卫生、教育这类职业。

并没有人压迫那些女生，这纯粹是两性思维方式和价值观的差异。平克说，男性特别关注个人职业上的成功。我有什么才能、我要发明什么东西，整个社会就应该为我服务，帮我把这件事做成。但是女性更关注公平。她想的是我应该在社会上扮演一个什么角色，社会上的其他人能不能从我的工作中受益。

这些女性也有当工程师、科学家的才能，但是她们更愿意当医生、老师。

根据平克的说法，女性想的还不仅仅是工作。女性的关注点实在太广泛了——她们还很关注家庭、朋友，还有自己的各种业余爱好。而对比之下，男性想的基本上就是自己的事业。

这跟我们前面说的男女思维方式差异是一致的。正是这种思维差异导致女性对职业没有那么重视。

比如有很多女性明明可以全职工作，但是故意选择了兼职，甚至拥有高级职位的女性也是如此。传统观念认为女性不工作可能是为了照顾孩子，但实际上并非如此。荷兰主动不全职工作的女性中，有62%的人根本不需要在家带孩子。她们每周只工作两三天，剩下两三天就去陪陪年迈的父母，跟朋友玩玩，自己搞搞美术、美容或者美食。而男性这么做的就太少了。

事实上，社会环境越平等，女性就越愿意从事"女性的"工作。在两性关系最平等的瑞典、瑞士、挪威和芬兰，理工科毕业生中只有 20% 是女性，在美国这个比例是 24%。

而在男女特别不平等的国家，像阿尔及利亚、突尼斯、阿联酋、土耳其、阿尔巴尼亚，理工科毕业生中有 41% 都是女性。这是因为在这些国家里，能力出众的女性除了选择理工科就没有别的办法提高社会地位。而在男女真正平等的国家，女性选择自己喜欢的工作一样能受到尊重。

这样说来，如果真的是两性平等，那么：

第一，男性选择理工科是因为他们只擅长理工科。

第二，女性什么都会，但她们更可能选择文科。

第三，女性并没有把全部精力投入到职业发展上。

这就解释了为什么男性的职业成就更高。

❹　女性的人生策略

以前人们通常认为男女成就的不同跟智商分布有关。虽然可能女性总体学习成绩更好，但是男性智商分布的标准差更大，也就是说男性中有更多特别聪明和特别笨的人。大人物都应该是特别聪明的人，所以有成就的人里男性多。

可是智商高不等于成就就大。而且我们看到的是，不仅仅是大人物，社会上几乎每一种工作都是男性做得比女性好一点。所以在我看来苏珊·平克的解释更有道理，两性成就的差异是因为两性的思维方式和人生策略不一样：女性有天赋，但是男性走极端。[4]

大人物都是男的，是因为男的特别在乎成为大人物，他们一心一意地追求职业上的成功。女性有能力，但是女性不愿意把全部身心放在事业上。这正好是两性思维方式差异导致的结果。

想要在这个世界取得一点成功，不走极端是不行的。你得选定一个方向投入进去猛练，你得牺牲陪伴家人朋友的时间，而且你还需要家人支持你。思维方式决定了大多数女性不会这么做。

那你可能会说，女性有才能不用这不可惜吗？这是不是女性的牺牲呢？还真不是。

女性不专注于一个职业的成功，是因为她们想要的是一生。女性知道人生除了工作还有很多别的东西。只要是男女平等的社会，女性就通常比男性幸福得多。她们跟家人朋友的关系更好，工作时间更灵活，工作满意度更高；她们面对挫折的抗打击能力更强，会享受更好的生活……她们的寿命比男性长好几年。

那如此说来，到底什么是男女平等？是让女性从事在传统上由男性从事的职业吗？是大学各专业都按对等比例录取男生女生吗？还是让两性都能发挥自己的特长、选择自己喜欢的工作和生活方式呢？

现代医疗（仍然）是个畸形体系

这篇文章我们要讲一些有关医疗的"猛料"。这些事情在医学界其实都是常识，根本不是秘密，但你听到后可能会感到颠覆，因为这些内容并不为一般公众所知。公众之所以不知道，并不是医生、医院和医疗保险公司故意保密，而是公众根本就不想知道。

病人死后，有时医院会做个病理解剖，查看真正的死因。跟病理解剖显示的死因对比，医生最初给病人的诊断中，可能有误诊的情况。你猜测一下，这个误诊率，有多高？

答案是40%。这还是美国的数据。病人身患重病，把性命交给医生，医生治不治得好都可以理解，可居然有40%的可能性会误诊？！

《原则》（Principles）一书的作者雷·达里奥（Ray Dalio）是华尔街大亨，拥有最高水平的医疗资源，他找了四个医生看病，这四个医生居然给了三种截然不同、生死两隔的诊断意见。

既然误诊率这么高，那医生应该"刻意练习"啊——最起码，医院应该对每个死亡的患者都做病理解剖，查明死因，吸取教训总结经验吧。事实是过去50年间，美国的解剖率从50%降到了5%。

（患者死亡之后解剖一下是个好习惯……）

那我们干脆承认医院不靠谱，学学达里奥的宝贵经验，真得了大病多找几个医生看看，综合调研。可是有多少病人会这么做呢？非常非常少。

绝大多数病人根本不在乎医疗质量，对某个医院治疗某个体疾病的死亡率这种关键信息完全不敏感，他们只是把自己交给医生。

这简直是不可理喻。我们到医院看病难道真的是为了健康吗？

在凯文·西姆勒（Kevin Simler）和罗宾·汉森（Robin Hanson）合著的《头脑里的大象：日常生活中的隐藏动机》一书中，我们看到人们做什么事情都有一个隐藏的动机。就医，也是如此。

❶ 就医的政治

经济学家早就有个理论叫"炫耀性消费"（conspicuous consumption），说人们买奢侈品并不是为了使用，而是为了炫耀。据此，这本书的两个作者提出一个叫作"炫耀性救护"（conspicuous care）的说法，说我们去医院看病，也不仅仅是为了健康，还是为了"求关注"。

我们病了时，希望有人来救助。别人病了，我们也要去救助他们。救助的效果如何那得看天意，我们更关注的，是救助本身。

互相照顾这个动作非常重要，正所谓"患难见真情"。人类绝大多数情感需求都能追溯到采集狩猎时代，那时候没有私有财产的概念，也没有余粮，要吃什么都得当天去采摘。如果一个人生病了，就必须得有人照顾，有人给生病的人带来食物，有人确保他不在场的时候生病的人的利益不受损害。

从那个时候开始，生病，就是对人际关系的一个重大考验。一个平时特别强的人，如果病了没人照顾，哪怕他后来病好了，别人也会看不起他。政治的本质就是结盟，而生病暴露了一个人有没有盟友。

反过来说，如果你身边有人病了，你应该积极救助！这能传达两个信息。首先你生病了我帮你，下次我病了你也会帮我。更重要的是，这也是做给其他人看的——我朋友病了，你们看我是怎么对待朋友的，我是个有价值的朋友！这样的人会有更多朋友。

所以医疗的一个关键因素，就是救助行为一定要"看得见"。

当然，进入文明时代以后，人们就不能只靠亲朋好友的救助了，得靠公共医疗设施……这样你才可以一个人去做手术。医生是最早专业化的职业——远古时候叫"萨满"。早在古埃及，国家就有一套简直可以跟现代发达国家相媲美的、完整的医疗系统。谁要是生病了，就可以得到专业化的治疗。

但是请注意，古代医疗系统发达是发达，专业是专业，可是医疗技术不行——基本上，就医行为不但无效，而且有害。

现代人经常抹黑中医，其实古代西医更残暴。放很多很多血是最常见的疗法，更精确的办法是用虫子吸血。如果病情非常严重，一个办法是在病人的头盖骨上钻孔，以期把病人头脑中邪恶的精灵给放出来。

如果是牙疼，那可能是因为嘴里有虫，得用蜡烛烧。还有一个通用的疗法是把人的身体切开，把一些豆子放到伤口里，包上，然后第二天再把伤口打开，这么反复好多天，要点是绝对不能让伤口愈合。

所以我要是穿越到古代，宁死也不去就医。那古人为什么就这么愚蠢呢？这些所谓的治疗，有效没效难道还看不出来吗？

实际上，有效没效真的不是唯一重要的——同样重要的是让人看到治病这个动作。只要治疗过程兴师动众、轰轰烈烈，患者死了就能瞑目。

如果说过去的医疗系统没用，那么今天的医疗系统，又有多大用处呢？

❷ 过度医疗的时代

美国各地对某些疾病的治疗深入程度是很不一样的。同样一个病，有些地方喜欢保守疗法，有些地方喜欢做大手术。有研究者考察了各地的疗效，发现即使是不同治疗程度，结果也没什么大区别。还有大规模的统计研究说，一个人的健康水平，跟他的年龄、收入、受教育程度等因素都有关系——但是跟他愿意在医疗上花多少钱，没关系。

而且有时候花钱还不如不花。比如说老人临终前的医疗。有一项研究考察了 3400 个医院的 500 万个病人，结果是老人在 ICU（重症监护室）里多住一天，他的生命会减少 40 天。

而老人每多花 1000 元钱就医，生命多则增加 5 天，少则减少 20 天。

当然这些研究只能告诉我们相关性，而且适用于老人的结论并不一定适用于年轻人。只有随机实验才能证明因果关系，而有人就真的做了实验。

兰德公司在 1974 年到 1982 年之间，做了一个长期的跟踪性随机实验。实验花了 5000 万美元，是有史以来最贵的医学实验。研究者找了 5800 个受试者，他们都是成年人，但不是老人。受试者被分成了若干组，接受不同程度的医疗赞助。第一组的条件是未来 5 年之内，不管在医疗上花多少钱，兰德公司都给报销。第二组的人给报销 75%，以此类推，最少的一组给报销 5%。

5 年下来，全额报销的这一组，平均比只报销 5% 的组，在医疗上多花了 45% 的钱。钱是多花了，可是不同组受试者的健康程度，几乎没有任何可观测的区别。研究者在实验开始和结束的时候对所有受试者做了详细的身体检查，结果 22 项指标之中，除了血压这一项第一组稍微好一点，其他指标的变化都是一样的。

还有一个自然实验。美国有一种由政府提供给穷人的医保计划，叫 Medicaid（公共医疗补助制）。2008 年时，俄勒冈州的 Medicaid 账号里的钱不够了，申请者太多，政府决定抽签选择谁享受 Medicaid。

这是一个天然的随机实验。几年之后，研究者比较当时抽中和没抽中的人身体状况有什么不同。结果是各项身体指标，包括血压在内，都是一样的。抽中和没抽中的区别只有两个：一个是抽中了享受 Medicaid 的人在精神上更健康，更不容易得抑郁症；另一个是他们的主观感受，他们感觉自己更健康——尽管体检结果是一样的。

据此，《头脑里的大象：日常生活中的隐藏动机》的两位作者估计，把美国医疗花费砍掉 1/3，美国人的健康状况应该不受影响。1/3 是什么概念呢？目前美国每年用于医疗上的花费是 2.8 万亿美元，占 GDP 的 17%！

如此说来，现代医疗到底有什么意义呢？

❸ 医疗的意义

我们上面列举的这些研究，可不是说医疗就没用。我们比较的是多花钱和少花钱的区别。在一般国家即便你没钱，得了急病医院也是会给你救治的。这些研究的要点是在医疗上花很多钱和花有限的钱其实没区别。人们正在过度医疗。

至少对发达国家来说，医疗体系对健康的作用并没有那么大。影响国民健康最大的因素是营养水平和公共卫生状况。如果一个国家的环境很干净，病毒都能得到控制，没有像挖煤这样明显伤害健康的工作，那国民就会是相当健康的，在医疗上投入更多钱的作用不会很明显。

病了去医院有好处，但也有坏处。任何医疗都是有风险的，医院是最容易发生感染和传染的地方，而且任何大手术都有生命危险。这还不算，医生还会犯各种错误。

美国每年因为医生的错误而死亡的人数，低估是 4.4 万人[1]，高估是 25.1 万人[2]，如下面两张图所示。不管怎么估计，这个人数都比因交通事故而死的人还多。

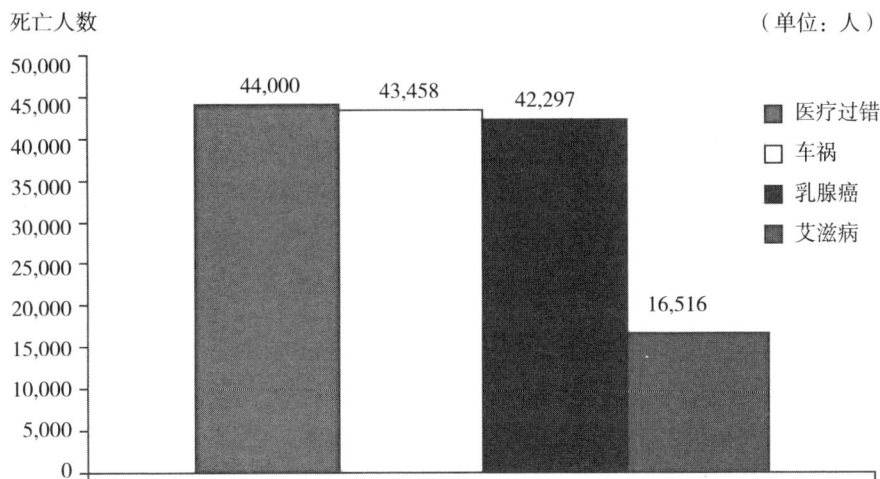

死亡人数　　　　　　　　　　　　　　　　　　　　（单位：人）

44,000	43,458	42,297
			16,516

■ 医疗过错
□ 车祸
■ 乳腺癌
■ 艾滋病

在美国，医疗过错致死的人数高于因其他原因致死的人数

而老百姓对此并不在意。正因为人们追求的并不是疗效而是医疗动作的可见性，医生们也不太在乎疗效。

如果你领着家人去医院看病，医生说这病不严重，什么药都不用吃，回家休息两天就好……一般人是不会接受的。你没看见他很难受吗？我们来都来了，你怎么能不管呢？医生非得上演一个轰轰烈烈的治疗，患者和家属才能满意。

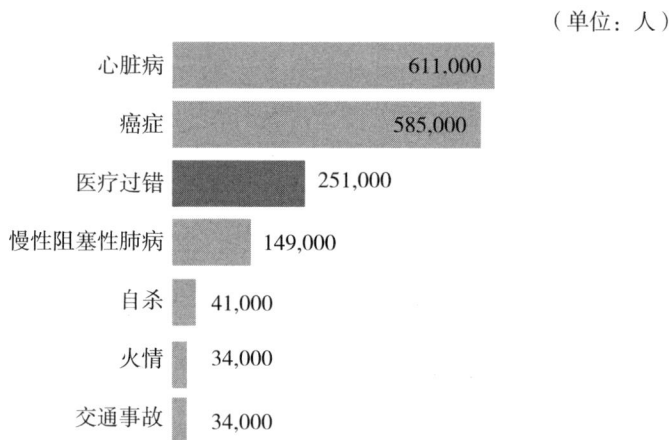

（单位：人）

心脏病	611,000
癌症	585,000
医疗过错	251,000
慢性阻塞性肺病	149,000
自杀	41,000
火情	34,000
交通事故	34,000

来源：马丁·马卡里、迈克尔·丹尼尔在约翰·霍普金斯大学医学院的研究

2013 年，医疗过错已成为美国第 3 大杀手

两位作者认为现代医疗仍然是炫耀性医疗，患者最想要的不是疗效而是引人注目，并且列举了如下证据：

（1）人们愿意在医疗上花钱的额度，往往是跟身边人攀比的结果，而不怎么在意个人收入多少。

（2）非常追求治疗手段的"可见性"。

（3）不过问科学统计，但是对医生的资历和声望非常重视。

（4）只要医生态度好，一般不质疑疗效。

（5）病了要大张旗鼓地治，但是平时并不重视健康。

医学界有句自谦的话说"有时治愈，常常帮助，总是安慰"——现在想起这句话来，是不是有了新的体会：患者最想要的正是安慰。

美国全部的医疗花费中，有 11% 是花在患者生命的最后一年。这个时候人的身体已经非常弱了，花再多钱不但治不好病，反而可能减少寿命，而且一定会降低最后这一年的生命质量。

对比之下，如果你真的在乎健康，其实不是钱的事儿。选择生活在乡村，你会比生活在城市的人多活 6 年；不吸烟可以多活 3 年；经常锻炼可以多活 15 年。可是我们现在这个系统，几乎从不干预人们的生活方式，而非得等人病了以后去花钱治病。

| 第七章 |

世界观的悬疑

起初，上帝创造天地。

——《圣经·创世记》

当时没有人在现场看。

——史蒂芬·温伯格《最初三分钟》

意识 ABC

"意识"是个大问题，是当今无数聪明人最想搞清楚的问题，也是科学家解决不了、哲学家反复思考、各路牛人一直在吵的问题。

正因为现在还没有特别好的科学理论和科学工具描写意识，有关"意识"的各种讨论的专业性都不怎么强，所谓"前沿"的学说反而都是比较容易理解的。

我想结合麻省理工学院物理学教授迈克斯·泰格马克（Max Tegmark）的《生命 3.0》（*Life 3.0*）这本书，讲讲学术界有关"意识"的最新认识。

❶ 细思恐极

意识人人都有，很少有人质疑，但是如果你仔细想，你会觉得非常不对。AI 给我们思考人类意识提供了一个新角度，用这个更高的视角去看，我们甚至会有一种细思恐极的感觉。

你知道你肯定是有意识的，可到底什么是意识呢？

思考，就是意识吗？我们想象一辆自动驾驶的汽车。这辆车随时接收外界的信息，随时处理这些信息，用各种复杂的算法对下一步行动做出自己的决策，它的确会思考。我们承认自动驾驶汽车是智能的，但是它跟你有一个本质区别——我们认为这个区别，就是它没有意识。

你上车了，它对你毫无感觉。把你送到地方，任务完成了，它也不会高兴。在路上遇到红灯停下来了，它也不觉得这是个麻烦。没有油了，它也不觉得饿。遇到危险，它也不害怕。就算撞车了，把自己撞坏了，它也不会觉得疼。它只是找到路线，油不够就去加油，遇到红灯就停，遇到危险就合理避让，它走在路上只是单纯地做着计算，它对走路完全没有任何**感觉**——它没心没肺地把任务完成了。它只是一台机器——跟玩具汽车没有本质区别，只是多了点智能而已。

那我们跟机器的区别到底在哪儿呢？显然我们有感情。我们如果需要补充能量了，不但知道去找东西吃，而且会产生"饿"的感情。我们如果遇到危险，不但知道赶紧避让，而且还会产生"害怕"的感情。

从实用的角度来看，这些感情似乎起到了"思维快捷方式"的作用。感情无非也都是算法，是吗？

尤瓦尔·赫拉利在《未来简史》（*Homo Deus*）中说，人也许并不需要感情算法。生物学家对人研究得越深，就越觉得感情似乎是多余的东西。

人在绝大多数情况下的动作都是本能的反应，并不需要什么感情。比如说你正在路上走，一个足球向你的头部高速飞过来，你本能地就会躲开，根本来不及有什么"感受"，整个动作是无意识的。我们的大脑里已经预先设置好了这种反应程序，我们的这些本能反应跟自动驾驶汽车是一样的。

我们完全也可以像机器人一样生活，饿了就去吃饭，冷了就加件衣服，一切都是本能，不需要附带感情。

那我为什么饿了不但知道要去吃饭，还能感受到痛苦？这个痛苦的感情，到底是个什么东西？

准确地说，我们所有的感情，以及所有的"感觉"，都是对经历的各种事物的"体验"。更准确地说，是"主观的体验"。

这也是泰格马克在《生命3.0》这本书里选择的意识的定义：意识，就是主观体验。

客观上，你冷静地做好计算，该怎么办就怎么办便可以了，可是我们偏偏多了主观体验。

② 哲学家的洞见

说到这里我们不得不佩服哲学家，哲学家在人类意识这个问题上想得非常深。哲学家的一个洞见是，我们能不能找到一个最基本的东西，来说明意识的存在。

比如，当你看到最简单的红色的方块时，有什么感觉？

也许你联想到喜庆，也许你联想到鲜血。这种感觉也许是喜欢，也许是不喜欢，也许谈不上喜欢不喜欢，但是你总是对它有一种感觉，要知道有很多感觉根本就不能用语言描述。

如果是一台计算机看这个红色，那无非就是一个光学信号，没有可以多说的，我编码一下就可以了，是什么编码就是什么编码，是什么色号就是什么色号。但是当人看到一个颜色，哪怕是完全陌生的颜色，都会对它产生一种感受，而不是把它当成什么光学信号。

1929 年，美国哲学家克拉伦斯·刘易斯（Clarence Lewis）提出一个非常精彩的概念，描写这个最基本的感受，叫作"感质"（复数形式是 qualia，单数形式是 quale）。所谓"感质"，就是意识的最基本单位。对我们来说，红色并不仅仅是一个光学信号，它还有感质。我们品尝到的每一个味道，听到的每一个声音，都给了我们感质。

哲学家丹尼尔·丹内特说"感质"有四个特征：

第一，不可言传。比如我见到一种你没见过的红色，我没办法用语言向你描述看到这种红色是一种什么感觉。我可以给你打比方让你联想，我可以发给你准确的颜色编码让你想象，但是如果不亲自看一眼，你还是无法准确知道这个红色到底是什么感觉。我们描写感觉的语言都只是近似的提示而已。

第二，感质是内在的。因为感质是最基本的意识单元，我们总可以把周围环境因素都去掉，最后剩下的红色给我们的感觉才是感质。

第三，感质是私人的。我对红色是什么感觉，你对红色是什么感觉，咱俩的感觉能不能互相比较一下呢？没法比较，因为不可言传。

第四，可以直接意会。当你感受到一个感质的时候，你立即就知道你感受到了，不需要再有别的提醒。

丹内特说的这四条可能有点抽象，我举个例子你就明白了。假设现在有个色盲症患者，他从来没见过彩色，他眼中的颜色都是各种各样的灰色。你向他描述了红色的性质，他烂熟于胸，他知道红色代表的各种文化含义，他甚至能从眼中一大堆灰色中准确找到红色，但是他就是不知道红色到底是什么感觉!

直到有一天，他的色盲症被治好了。他一下子看到了彩色的世界——这时候不用你说任何话，他马上就感受到了红色!

这就是意识。如果一个色盲症患者也能生活得很好，我们为什么还要**感受**颜色呢?

❸　活人之所以是活人

有些研究计算机的学者觉得意识不重要，但是我们仔细想想意识肯定是重要的。意识，是目前为止人和机器的一个本质区别。机器没有主观体验。意识给了我们"自我"，给了我们"活着"的感觉。

正因为人有意识，有这种主观的体验，才有人权问题，才有道德问题。如果意识不重要，那么请问短期囚禁虐待一个人，甚至强暴一个女性，又有什么不对的? 他们的身体没有受到什么严重伤害，过段时间就会一切如常。如果一个人就是一堆原子，罪犯做的不过就是临时限制了一下这堆原子的运动，这又有什么不道德呢?

这种行为是犯罪，是因为人不仅仅是一堆原子，是因为人有主观体验——罪犯给人造成了极大的痛苦。

如果将来讨论对待 AI 是否需要道德，大概根本的判断标准是这个 AI 有没有意识。有人希望自己死后把全部的思想上传到一个机器人身上，要以机器人的形式继续生存。可是如果机器人的结构不允许意识存在，那它就算获得了你的思想，也只不过是个假装的你而已。所以 AI 研究的最高级别问题，就是意识。

泰格马克在《生命 3.0》这本书里，把现在我们关于意识的问题分为四级。

第一级是"简单"的问题：大脑是怎么处理信息的？大脑的智能到底是怎么工作的？这些问题其实也很难，但毕竟似乎是可以用计算机原理解释的。

第二级是"比较难"的问题：一个有意识的系统和无意识的系统，从物理学角度来说它们到底有什么区别？

第三级是"更难"的问题：物理性质是怎么决定感质的呢？

第四级是"特别特别难"的问题：为什么宇宙里面居然有意识的存在？

我们知道，分拣快递包裹的机器人，虽然忙忙碌碌简简单单，但是非常非常高效。为什么人不是这样的？我们为什么不能该吃吃该喝喝，啥事不往心里搁，为什么要有主观的体验呢？

不过话说回来，虽然现在科学家对意识的研究进展很小，但也不是一点进展都没有。

泰格马克在《生命 3.0》这本书里列举了一些研究结果。我们先说一些实验上的进展。

❹ 有意识的行为很少

人的大部分思维、动作和行为都是无意识的，有意识的只占极少数。

比如，我们一边走路，一边吃东西，一边还和身边的朋友说话。我们走路的动作、对前方路况的判断、吃东西具体咬在哪里、如何吞咽……这些行为统统都是自动化、无意识的，就好像一辆自动驾驶的汽车一样。真正有意识的大概只有我们说的话，而且很多话还都是不假思索脱口而出的。

人的大脑每秒钟接收 1000 万比特的信息，而人能有意识地处理的信息大概只有 10 ~ 50 比特。绝大部分信息被我们自动处理，甚至忽略掉了。

　　而且人的自动行为和有意识行为之间，并不存在一个明显的界限。不熟练的事，你必须有意识地做，一旦熟练了，就可以变成自动化、无意识的了。比如我们刚学开车的时候每一个动作都得小心翼翼，开熟练了就可以一边开车一边想别的，有时候都不知道自己是怎么开过来的。

　　所以人的意识似乎有点像是一个 CEO，它只负责思考最重要的问题，简单的工作都交给机械化的手下去做。

❺　意识到底存放在哪里

　　意识到底是存放在大脑中某个具体的区域，还是整个大脑甚至整个身体都参与意识？我们的眼睛有意识吗？

　　咱们先来看下图[1]。图中有 8 个圆点，其中有些圆点看起来是凸出来的，像个按钮，有些圆点是凹进去的，像个凹坑。你知不知道哪些圆点是凸出来的，哪些圆点是凹进去的呢？

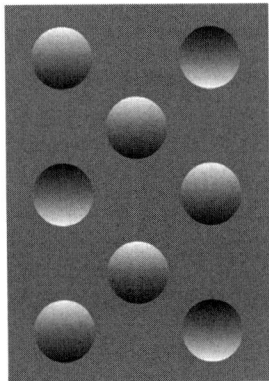

　　如果你和正常人的思维是一样的话，应该看到其中有 5 个圆点是凸出来的，3 个圆点是凹进去的。

　　现在我们把这张图[2]旋转 180 度，如下图所示。

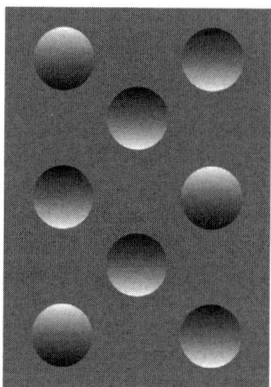

这时候再看，变成了 3 个圆点是凸出来的，5 个圆点是凹进去的。

这种前后不一致，是因为这些点给我们的感觉是一种主观的体验。因为我们平时的光源，像太阳和灯，都是在上方，所以我们总是假设光线是从上往下照的！如果一个圆点上面比较亮，下面比较暗，我们就认为它是凸出来的，反过来就是凹进去的。

由此可见，凹和凸不是我们的眼睛看出来的，而是大脑意识处理的结果。眼睛似乎只提供画面，不参与意识。

这种视觉错觉实验很好玩，咱们再来看一个特别著名的实验——下面这张图上的小方格[3]中，你是否认为 A 处比 B 处的灰度深一点？

那其实是你的错觉。事实是 A 处和 B 处的灰度完全一样。现在即便我告诉了你正确答案，你盯着这张图看，还是觉得 A 处比 B 处颜色深。这其实是因为旁边那个圆柱体的影子影响了你大脑对灰度的解读。

其实只要把图片放大，每次只看一个方格，就能看出来两个地方的灰度一样。还有一个办法是在另一张图上把两个地方连接起来，如下图[4]所示。

现在一目了然了。眼睛只负责传递画面，真正负责解读画面的是大脑的意识。

再看下面这张图，我们可以把它看作是一个白色的花瓶，又可以看作是两个面对面的黑色女人。

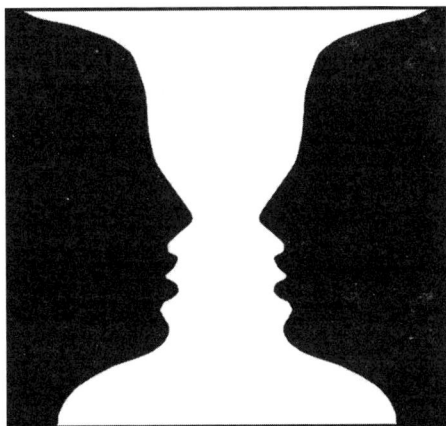

图还是同一张图，只是我们大脑的解读不同而已。我们可以一会儿把它当成花瓶，一会儿当成两个女人，而科学家如果用核磁共振观察我们的大脑，他能看出来某一时刻我们想的是花瓶还是女人——变化的不是我们大脑中的视觉处理区域，而是其他区域。

由此可见，人的眼睛虽然具有复杂的信号处理计算能力，但并不参与意识。眼睛就是个机器。如果谁的眼睛失明了，换上人工的眼睛，也完全不影响他的意识。

使用这样的办法，科学家把很多区域排除在意识之外。比如肠道里有很多神经元，肠道也是非常智能的。肠道在消化食物时，并不需要通过大脑，而完全是本地化的计算——科学家已经证明，肠道和意识无关。人脑中 2/3 的神经元都在小脑里，但是小脑已经被证明不参与意识。脑干负责呼吸以及协调很多活动，但它也不参与意识。

那意识到底在大脑的哪个区域里呢？目前还没有明确答案。要点是我们已经知道哪些部位没有意识。就算把那些部位全都用电脑代替，你也还是你。

⑥ 意识的反应很慢

现在请你听我的指令，眨一下眼睛——从你接受指令到实施眨眼睛动作，至少需要 1/4 秒的时间。

可是换一种方式，如果你的眼睛睁着，突然有个飞虫往你眼睛这边飞过来，你会用最快的速度把眼睛闭上——在你意识到飞虫之前，你已经眨眼了！

由此可见，眼皮虽然没有意识，但是它却有一个高度自动化的本能防御机制。眼皮，是个智能的东西。

手也是这样。你把两只手的手指分开、悬空，让另一个人在你的两只手的手指中间将一支笔丢下去，看你能不能抓住这支笔——你通常抓不住，因为你的反应速度没那么快。但是如果他在扔的过程中，拿那支笔碰一下你的手指，那你马上就能抓住。这是因为你的手指是智能的，能做出本地化的反应。

而你的意识反应并没那么快。意识的反应会受到距离的影响，从腿上传递一个信号到大脑，比从眼睛传递一个信号到大脑，就要慢出许多，因为距离更远。声音信号的传递比视觉信号更快，因为我们解读一个视觉信息要花更多的时间。

如此说来，人体并不是一整台计算机，而至少是很多台计算机的联网。意识只存在于大脑深处的某个区域，而身体各部分都有自己的智能。

那最终负责意识的那台计算机，应该是什么样的呢？这就引出了一位天才的理论。

❼ 整体信息论

朱利奥·托诺尼（Giulio Tononi）是个意大利人，现在在美国威斯康星大学当神经学教授。

托诺尼的贡献是"整体信息论"（Integrated Information Theory, IIT），这个理论号称能识别什么东西有意识。IIT 是个高度数学化的理论，但是它的基本思想我们可以简单说说。

基本上，托诺尼说，如果你能把一个系统分成几个模块，而几个模块之间并不怎么交流，那这个系统肯定就是没有意识的。一个有意识的系统，必定是一个不可分割的整体。

这似乎是容易理解的，我们的自我认同感毕竟只有一个。当然你可以说我们头脑中有多个不同的声音，但毕竟没到自我分裂的程度。如果人的大脑可以分成两个独立的意识系统，那人就应该有两个意识。

托诺尼的高明之处在于他把这个思想给数学化了。他还提出了一个量化指标，用希腊字母 Φ（phi，斐）表示——Φ 代表一个系统的信息整合程度。只有当 Φ 非常大，也就是系统各处有高度一体化的信息交流的情况下，这个系统才可能是有意识的。

下图[5]中有三个系统：第一个系统中各部分各自为政，显然没有意识；第二个系统各部分有一定的连接，所以可能有半个意识；第三个系统各部分充分连接，就算是有意识的。

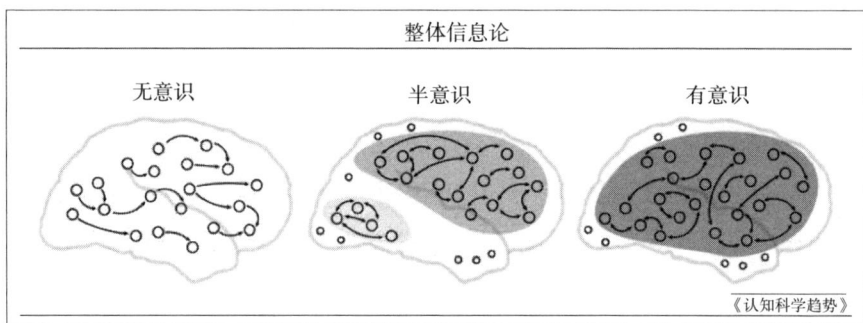

整体信息论

无意识　　　　　　半意识　　　　　　有意识

《认知科学趋势》

托诺尼这个 IIT 理论甚至已经有了实际应用。使用他这个计算指标，让一个人躺在那里，用仪器一扫描大脑就知道他有没有意识。比如这个人如果是清醒的，甚至哪怕是在做梦，他大脑的各个区域也在不断发生交流，那我们就知道他现在有意识。而如果这个人是处于深度睡眠，大脑各个部分之间不怎么交流，我们就能判断出他现在处于无意识状态。

更进一步，一个全身瘫痪的植物人，哪怕他没有任何办法和外界进行交流，我们也可以用这个仪器测量他的大脑是否还有意识。

不过现在对 IIT 理论还有很大的争议。比如我们大概认为 Φ 应该只能算作"有意识"的必要条件，可是托诺尼似乎认为只要是 Φ 值大的系统，就可以算是有意识的。但无论如何，IIT 理论大概算是现在关于意识的一个最靠谱的理论。

如果假设 IIT 理论是对的，那我们就有几个有趣的推论了。

❽ AI 的意识

如果你相信 IIT，那我有一个坏消息：当前的计算机架构永远都无法产生意识。这是因为，这种计算机架构的各个部分之间并没有多少全局的连接。

但好消息是未来的 AI 也许会有意识——只要我们能发明合适的计算机架构。毕竟 IIT 只是对系统信息结构的要求，它并不在意信息的介质，那 AI 就不一定非得像人脑那样有血有肉才有意识。

但是 IIT 对 AI 的意识能力，提出了一个限制。有的科幻小说里建立一个星系那么大的 AI——比如说让遍布整个太阳系的计算机互相联网，形成一个巨大的 AI，那么 IIT 会说，对不起，这么大的 AI 不会有很有效的意识。这是因为 IIT 要求信息高度整合，组成 AI 的各个部分之间要有很多横向的信息交流，而信息交流的速度受到光速的限制。从太阳到地球，光要走 8 分钟。如果整个太阳系联网组成一个有意识的大 AI，它的意识反应速度将会非常非常慢，半天都说不出一句话来。

这就意味着不管技术先进到什么程度，也不可能出现一个神级 AI 直接统领一个星系！它必须把权力下放，在各个地方设立代理人。

我们仍然不知道，AI 到底能不能有意识。几百年后，当 AI 仰望星空的时候，它也能看出一点诗意来吗？我们最好指望它有意识。而且因为 AI 能接收和处理的信息比人多得多，它会有比人丰富得多的体验。

当我们追求效率的时候，可能会觉得意识是个累赘——干活儿就干活儿，念什么诗啊。我们前面讲过达里奥的企业家视角，这里介绍了泰格马克的科学家视角，把这些东西放一起，我总结起来就是：

所有效率最终归结于目的，所有目的最终归结于价值观，所有价值观最终归结于感情，所有感情最终归结于意识。

有了意识，这个世界才有了好坏，才有了幸福，才有了意义。

泰格马克说，不是宇宙给了生命意义，而是我们这些有意识的生命给了这个宇宙意义。人类文明最坏的结局，就是要么人类灭亡，要么被没有意识的僵尸 AI 取代——留下一个空洞的、毫无意义的宇宙。

意识上传者最后的问题

英国物理学家杰弗里·韦斯特（Geoffrey West）有本书叫《规模》（Scale），书中提到这样一个观点，想要通过身体改造的方法大幅度延长寿命，是不太可能的。衰老是全身所有地方的全面衰老，就算把主要器官替换了，别的地方还是在衰老。就算把脖子以下的身体全换了，大脑还是会衰老。

有人就提出了用上传意识这个方法实现永生。这个问题不是科幻畅想，现在有科学家在专职研究把大脑意识上传的方法，有专门的研究项目甚至有创业公司在做这件事。

有个俄罗斯超级富豪叫德米特里·伊茨科夫（Dmitry Itskov），非常相信未来 30 年之内就能解决意识上传的问题。他专门投资赞助了这方面的研究项目，准备在未来上传自己的意识，他请到了脑神经科学家非常严肃地做这件事。[1]

人的意识再神秘，也只不过就是一堆信息而已，身体只不过是这堆信息的一个载体。既然是信息，就一定有办法让它换个载体。身体老化了，把意识上传到计算机上，甚至干脆上传到便于维护的人形机器人上，不就实现永生了吗？

人脑跟我们用的计算机其实非常不一样，记忆和思想都是以神经元连接的方式存储的——也可以说，都是长在肉上的。精确复制每个神经元是不太可能的，任务量实在太大，现在科学家的思路，是复制神经元之间的网络连接，复制这个逻辑结构。

在复制人脑神经元连接之前，科学家先要能复制更简单的脑结构——比如说，一只苍蝇的大脑神经元连接。这个现在已经可以做了，现有的技术复制一只苍蝇的大脑大约需要花两年的时间。照这么慢的速度要复制人脑肯定不行，但这毕竟是一个很好的开始。

但是有人提出，大脑是个动态的过程，脑神经元每时每刻都在发生变化，有的还是很剧烈的变化，所以光复制神经元连接不行，还得能复制神经元的活动才行。这方面也有进展，毕竟现在科学家已经能够实时观测大脑神经元的大规模集体活动了。

但即便我们能精确读取神经元的所有连接结构和活动，也未必能实现准确复制。我们设想，换一个存储的地方，毕竟跟原来的大脑有所区别，那你总要舍弃一些信息，保留有用的信息。可是怎么知道什么信息有用，什么信息可以舍弃呢？归根结底是我们现在对意识是怎么产生的几乎一无所知。

所以我认为意识上传是一个非常难的目标，涉及科学原理和技术实现，我完全不相信 30 年时间能解决这个问题。

但这些都不是我这里想说的重点。我想说的是，就算真的能完美上传意识，还是有一些根本的问题。

咱们干脆假想一下，50 年后，上传意识的技术已经完美实现。有一家公司就专门提供上传意识的商业服务。那时候的你大概七八十岁，是个亿万富翁，完全有能力购买这项服务。

三年前，你的妻子就把意识上传到一个仿生机器人的身体中了。这个新身体是根据她年轻时候的形象打造的，整个上传过程非常完美，你现在等于是跟年轻时的妻子生活在一起。一开始你对这个技术比较怀疑，所以你迟迟没有上传。

但是三年下来，你觉得这个年轻版的妻子没什么问题。她记得你们二人所有共同的记忆，你们相处得还是那么默契，她等于是无缝地重新嵌入了自己的生活。当然区别也是有的，那就是现在妻子的精力比以前好多了，重新开始喜欢年轻人的东西，每天都充满活力。你们一起出门，别人都以为她是你女儿。

与此同时，妻子对你老迈的身体越来越不满，她强烈要求你赶紧上传意识。她甚至已经定制了一个年轻版的你的身体。结果80岁生日这天，你也决定上传意识。

接受意识扫描的时候，你躺在手术台上，被全身麻醉。你感到有点不安，但你知道一觉醒来之后你就会重返年轻。你看着医生们忙着准备仪器，心中充满期待。在昏迷之前，你好像听见一个医生的电话响了。

再次醒来的时候，你迷迷糊糊，好像听到有个特别遥远的声音说道："你醒了！欢迎回来！意识上传非常成功，恭喜你开始新的人生！"

哈！成功了！

你非常高兴，迫不及待地抬起手来，想欣赏一下自己的新身体。

一开始你的手好像有点不听使唤，你觉得这很正常，毕竟新的身体需要适应。你终于把手抬起来了……可是你看到的却是一只老人的手——那是你自己的手。

不对啊！我怎么还在这个身体里？不是说意识上传成功了吗？

就在这时，你听见一阵脚步声向你走来。一个年轻的声音——好像是年轻时你的声音——说："让我看一眼我的老身体！哈哈，还从来没用第三人的视角看过！"

你刚要喊出来，就听见一个声音说道："那边怎么回事？小王你赶紧处理一下！……啊，您先等一下再看啊，我们的工作人员要把尸体稍微处理一下。"

你看到小王医生手忙脚乱地向你走过来，手里拿着一个注射针头。小王医生，好像就是你昏迷之前出去接电话的医生。

你突然明白这是怎么回事儿了。

你妻子上传意识的时候，医院告诉你们，一旦意识被上传到新的身体上，原来的身体就没有用了。你们还特意给那个身体买了个墓，"下葬"的时候你还有点伤感——尽管你妻子并不觉得有什么不好。你妻子把你这个老身体的墓也安排好了。

你突然想到，既然是扫描复制，就好像把一台计算机的信息上传到另一台计算机上一样——那原来的计算机上应该还保留了这份信息啊！这不等于有两个你了吗？难道说他们每上传一份意识，就要主动**杀死**原来的身体吗？

意识上传是成功了，但是小王医生因为接电话，忘了在扫描信息之后把你杀死！所以现在有两个你。

你的妻子其实已经死了。三年来跟你生活在一起的，其实是她的一个复制品。如果你也死了，那就是两个**机器人**继承了你们的财富，他们会替你们享受生活和你们子孙的爱戴。在外人看来，这和你们两个换了新身体没有任何可观测的区别……

小王已经给你注射完毕。在完全失去意识之前，你想到了最后一个问题——拥有我的全部意识，难道就是我吗？

这个故事不是危言耸听。我们要严肃面对上传意识，就得面对这个问题。有一种观点[2]认为这并不是什么新问题，因为所谓"自我"，可能本来就是一个虚幻的概念。

此时此刻的你，和 5 岁时候的你，难道真的是同一个人吗？组成你的原子已经几乎全都换了很多遍了，你现在的所思所想跟当年完全不同。你甚至都没有保留多少当年的记忆，你们之间只不过是一个连续的变化而已。那将来上传意识，那个生活在机器人体内的你，跟现在的你，不也是相当于连续的变化吗？

你完全可以认为 5 岁时的你不是你，而机器人体内的你就是你。佛学说"无我"，你又何必在乎哪个是真正的你呢？

这么想固然可以，可是我们看到，如果意识可以复制，那就完全可以复制出来很多个你，甚至可以跟"原本的你"共存——而这就意味着，上传意识并不能解决怕死的问题。

是，你的意识被复制了。可是原本的那个你，还是得死。

我以前读过一部科幻小说，说未来有一种瞬间移动装置，可以扫描一个人的全身，把信息用光速发送到另一个装置，在那里重新合成这个人。那部科幻小说的设定不会出现两个人并存的问题，因为某种技术的原因，扫描过程中会把这边的人自动毁掉。

一方面，在外人看来，这个过程完全等同于把一个人从这里传递到了那里。可是另一方面，每一次传递都等于杀死一个人，又重建另一个人。那你说这个人到底是死了，还是没死呢？

我不知道你怎么想。如果我怕死，就算有这样的复制，我还是怕死。

如果上传意识解决不了怕死的问题，那我们上传意识就不是为了自己，而是为了别人——为了能让"自己"继续为别人服务，或者为了让别人不至于失去我们。毕竟在别人看来，上传意识完全等同于你还活着。

可是别人真的需要我们继续活着吗？历史上那么多好人、牛人、伟人都死了，世界照常运转。如果这些人都不死，也许世界还不容易进步。

而且如果你认为意识存在就等于活着，那我们可以说很多古人现在就是活着的。

我们假设上传意识的技术还不够完美，它只能上传你的一部分思想和记忆，你还同意上传吗？当然同意，毕竟连你自己都不知道自己都有哪些思想和记忆。

可是那些古人，包括我们每一位死去的亲人，他们都有一部分思想和记忆现在已经上传和复制了，而且还复制了很多份。他们在某种程度上活在史书里、活在日记本里、活在家庭录像里、活在我们的记忆里。

所以对上传意识，我们有两个论点：

（1）上传意识并不能解决怕死的问题。

（2）上传意识和写日记没有本质区别。

宇宙是计算机吗

麻省理工学院出版社 2017 年出版了一本书叫《柏拉图和技术呆子》（*Plato and the Nerd*），作者是加州大学伯克利分校的电子工程与计算机科学教授爱德华·李（Edward Lee）。

我发现麻省理工学院出版社出的书，都是一看书名特别感兴趣，但是买回家却发现非常非常难读。作者都是"来自生产一线"的科学家和教授，这帮人非常有思想，但是根本不会写书。麻省理工学院出版社好像完全不在乎书的销量。

《柏拉图和技术呆子》这本书的前半部分和后半部分几乎没什么关系。前半部分讲计算机工程师的智慧，后半部分则是从理论上探讨计算机这种东西的局限性。李教授完全不讲写作的章法，我作为一个书呆子读得也很痛苦。

但是这本书中说的内容非常重要，作者拥有一线的见识，而且下了很大的调研功夫，特别是后半部分。

我们要重点讲一个特别大的大道理，足以影响你的世界观和人生观。这个道理来自深奥的数学，但是距离我们每个人又都很近。我将用由浅入深的方法彻底给你讲明白。你不需要懂多少数学知识，但是你需要思考。

我们知道，工程师做的都是模型，计算机也是一种模型。但是对一个模型琢磨得久了，你难免就会觉得它不仅仅是一个模型。比如你可能会问，人脑⋯⋯也是一台计算机吗？

作为一种智识上的兴趣，每个人都会忍不住关注这个问题。这个问题涉及"图灵机"、信息论和"哥德尔不完备性定理"，你肯定早就听说过这些概念了，我们这里将给你一个统一的解释。

我们将通过计算机科学的眼光理解这个世界。

在回答人脑是不是计算机之前，我们要先问一个更大的问题——这个宇宙是计算机吗？

有一种猜想认为我们以为的这个"现实世界"，其实是某个更高智能的计算机模拟——我们其实是生活在一个网络游戏里。如果你觉得这个猜想太过离奇，我还可以换个说法：请问我们生活的这个现实世界，在理论上，可以用一台要多强大就有多强大的计算机来完全模拟吗？

这个问题可不仅仅是个好玩的思想实验。我们需要理解计算机的本性，并且跟真实世界的本性做一个对比。使用计算机视角，你会重新认识这个世界。

而你可能想不到，这一切要先从"实数"开始讲起。

❶ "实数"的不可思议

每个中学生都学过各种"数"：

"自然数"是 0，1，2，3，⋯⋯

"整数"是自然数加上负的自然数：⋯⋯-3，-2，-1，0，1，2，3⋯⋯

"有理数"则包括了分数和小数，但要求必须是有限的，或者是无限但是必须循环的小数——本质上，所有有理数都可以写成分数，也就是两个整数相除：1/2，1/3，4/3 ⋯⋯

在说实数之前，我先问你一个问题。你说到底是自然数多，还是自然数里的"偶数"多呢？

人的直觉反应肯定是自然数比偶数多。偶数只是自然数的一部分，自然数里还有 1，3，5，7 这些奇数，整体肯定比部分多啊。但是请注意，自然数和偶数都有无限多个。无限多的两种东西，怎么比较多少——无限大和无限大到底哪个大，这是个问题。

德国哲学家格奥尔格·康托（Georg Cantor）曾经为此思考了整整 12 年。大概是 1874 年，康托提出，自然数、自然数中的偶数，甚至一切有理数，都是一样多的。

康托的洞见在于两个集合的元素如果能一一对应，那这两个集合的元素个数就一样多。

每个偶数除以 2 就是一个自然数，偶数和自然数可以一一对应：

$0 \leftrightarrow 0,$

$2 \leftrightarrow 1,$

$4 \leftrightarrow 2,$

$6 \leftrightarrow 3,$

……

同样的道理，全体整数的个数也和自然数的个数是一样多的，因为我们可以把整数按照一定的规律"数出来"，也就建立了跟自然数的一一对应：

$0 \leftrightarrow 0,$

$-1 \leftrightarrow 1,$

$1 \leftrightarrow 2,$

$-2 \leftrightarrow 3,$

$2 \leftrightarrow 4,$

$-3 \leftrightarrow 5,$

$3 \leftrightarrow 6,$

……

数学上这叫"可数"（"数"是三声，英文叫 countable）。一个包含无限个元素的集合只要是"可数"的，它就能跟自然数一一对应，它的元素个数就跟自然数一样多。

事实上，有理数的集合也是可数的。比如可以按照下面这张表格[1]，把全体有理数列举出来。

	1	2	3	4	5	6	7	8	……
1	$\frac{1}{1}$	$\frac{1}{2}$	$\frac{1}{3}$	$\frac{1}{4}$	$\frac{1}{5}$	$\frac{1}{6}$	$\frac{1}{7}$	$\frac{1}{8}$	……
2	$\frac{2}{1}$	$\frac{2}{2}$	$\frac{2}{3}$	$\frac{2}{4}$	$\frac{2}{5}$	$\frac{2}{6}$	$\frac{2}{7}$	$\frac{2}{8}$	……
3	$\frac{3}{1}$	$\frac{3}{2}$	$\frac{3}{3}$	$\frac{3}{4}$	$\frac{3}{5}$	$\frac{3}{6}$	$\frac{3}{7}$	$\frac{3}{8}$	……
4	$\frac{4}{1}$	$\frac{4}{2}$	$\frac{4}{3}$	$\frac{4}{4}$	$\frac{4}{5}$	$\frac{4}{6}$	$\frac{4}{7}$	$\frac{4}{8}$	……
5	$\frac{5}{1}$	$\frac{5}{2}$	$\frac{5}{3}$	$\frac{5}{4}$	$\frac{5}{5}$	$\frac{5}{6}$	$\frac{5}{7}$		……
6	$\frac{6}{1}$	$\frac{6}{2}$	$\frac{6}{3}$	$\frac{6}{4}$	$\frac{6}{5}$	$\frac{6}{6}$	$\frac{6}{7}$		……
7	$\frac{7}{1}$	$\frac{7}{2}$	$\frac{7}{3}$	$\frac{7}{4}$	$\frac{7}{5}$	$\frac{7}{6}$	$\frac{7}{7}$	$\frac{7}{8}$	
8	$\frac{8}{1}$	$\frac{8}{2}$	$\frac{8}{3}$	$\frac{8}{4}$	$\frac{8}{5}$	$\frac{8}{6}$	$\frac{8}{7}$	$\frac{8}{8}$	
……	……								

无非就是把每个有理数都写成分数的形式，然后根据分子、分母的数字决定它在表格上的位置。只要按照图中箭头的方向，我们就可以把全体有理数数一遍。你一边数着有理数，一边数着自然数，这就建立了一一对应的关系：所以有理数也和自然数一样多。

现在轮到"实数"了。所有有理数都是实数，而实数还包括"无理数"，也就是小学老师所谓的"无限不循环小数"。无理数的特点是不能写成分数的形式，也就是不能用两个整数相除得到。比如根号 2 和圆周率 π 就都是无理数。

具体怎么证明我就不说了，但是数学上有个结论：无理数，是"不可数"的。

也就是说，实数不能跟自然数做一一对应。虽然自然数和实数都有无限多个，但是这两个无限不是一个级别——实数比自然数要多得多。如果你说自然数是"无穷多"，那实数就是"不可思议的多"。

你可能会说，这些都是一百多年前的人就知道的数学，现在对很多人来说都是常识，说这些有什么意义呢？

意义就在于，实数是不可数的，而计算机的一切，都是可数的。

❷ 计算机的本质

我们这里凡是说"计算机"，都特指我们现在都在用的、基于图灵机的这种寻常的计算机。如果我想说另一种会做计算的机器，那就叫"机器"。

理论上讲，只要有足够多的内存、给足够多的时间，一台计算机就可以完成任何"算法"。但是计算机对算法有三个要求。这些要求就决定了，计算机和真实世界似乎是有区别的。

第一个要求是算法必须是"数字化"的。计算机所有的输入和输出，中间计算过程中涉及的所有数，都必须能用有限多个数字描写。也就是说要么是整数，要么是有限位的小数。换句话说，计算机只能处理有理数。

比如说圆周率 π。计算机里没有真正的圆周率。你要输入圆周率，只能输入一个有限位的近似的小数，3.141592653……到一定长度你必须停下。你可以用计算机把圆周率算到任意精度，但是总要在算到某一位的时候停下来。只要你停下了，你算的那个数就是一个有理数，而不是真正的 π。

第二个要求是，算法是一步一步的。计算机不能算连续。所有计算机程序都按照"步"运行，这一步干什么、下一步干什么。我们要模拟一个足球的运动，必须先把时间和空间分成若干"小步"，让足球每次走一步。当然我们可以把步分得很细——但是一旦确定了步，一步就是一步，没有"半步"这种中间状态。

这是因为计算机的底层是一个开关网络。晶体管要么是开要么是关，没有半开半关的状态。

真实世界好像不是这样的。我们挥一挥手，让手从 A 点到达 B 点，这应该是一个连续的运动，我们的手似乎应该经历了从 A 点到 B 点之间每一个距离数字——其中既有有理数也有无理数。而计算机模拟的我们的手，只能经历有理数。

第三个要求是，图灵机必须停机。给一个算法，它一定要算出一个结果来。从这个意义上讲，现在的计算机都不是严格的图灵机。比如我们用的个人电脑的操作系统，在理论上都可以永远不停机。我们还可以跟电脑做交互式的操作，这就更不是图灵机了。而真实世界，也是交互的。当然电脑里运行的每一段代码，都符合图灵机的要求。

根据这些要求，计算机程序就一定是有限长的而且是数字化的操作。事实上，所有计算机程序都可以翻译成由 0 和 1 组成的代码，硬件层面就是这么操作的。

所以计算机程序必定是可数的。比如我们可以按照下面这个方法列举所有的计算机程序：

0

1

01

10

00

11

000

001

……

规则是按照长度，在每个长度下列举 0 和 1 的所有排列组合。当然其中很多代码根本就不是正确的计算机程序，但这点我们不细究，我们只要确保这个数法已经包含了所有可能的计算机程序就行。

所以说，计算机程序的集合，是个可数的集合。那计算机能做的事情，就是可数的。

那请问，真实世界里的事情也是可数的吗？真实世界里有没有实数呢？

如果真实世界里有些不可数的事情，有些数必须是实数，那计算机怎么可能完全模拟真实世界呢？

❸　再论信息论

我们前面讲过《一个基于信息论的人生观》，重点讲了香农的信息论。什么是信息呢？信息就是意外，信息就是我们克服了多少不确定性。可供选择的范围越广，这个选择的信息量就越大。我们甚至讲过香农信息熵的公式，这里就不纠缠于数学的细节了，但是我想把这个思想再强调一遍。

每个人都知道写在纸上的字是信息，但是这个信息的本质是做选择。比如你用英文给我写一封信，无非就是在 26 个字母、10 个阿拉伯数字再加上一些标点符号中做选择。你写的每个字都是从这几十个字符中选取了一个——你是在几十个选项之中选择了一项，你克服了这么大的不确定性。

再比如，我知道有 5 个候选人在竞争一个位置，但是我不知道是谁当选了。你告诉我当选者的名字，这个名字的信息量，就比从几十个字符之中给我一个字符要少得多——因为你克服的不确定性只有 1/5。我胡乱猜，也有 1/5 猜对的可能性。

所以信息量的大小、给信息量编码需要用到多少"比特"，都取决于背后选项的多少。正所谓你"说了"什么不重要，重要的是你"能说"什么。

现在假设有一条 1 公里长的铁路线，咱俩负责维护。有一天，铁路线上出了线路故障。你去探测了，告诉我故障发生在第 702 米的地方。请问这个信息量有多大？1 公里一共有 1000 米，你给我的是千里挑一的信息，这个信息量比 5 个人中选 1 个人要大得多。

要给这样的信息编码，我们就要把铁路线分为 1000 段，给每一段一个编码。下次不管哪里出事，我们都可以报一个编码。

好，现在上级要求提高精度，说必须得精确到厘米，比如说你得报告故障发生在第 702.32 米的地方。要给这么高精度的信息编码，我们就必须把铁路线分成 10 万段，这个编码量就大大增加了。

那我们知道，从 0 到 1000 米的这条线段上不但有整数和小数，还有更多的、不可思议的多的无理数——那如果故障发生地点是在一个无理数的位置，请问怎么编码呢？

答案是无法编码。描写一个无理数，比如 104.298730472840382048……（永不停止、永不循环）需要无限的精度。

有些无理数，像根号 2 和圆周率，可以用文字说明，比如我们可以报告上级故障发生在"π"米处，上级一听也能明白。但绝大多数无理数根本无法用文字描写。对于一个无法用文字描写的、出现在 0 和 1000 之间的一个任意的无理数，怎么给它编码呢？从理论上讲，在连续实数集上的精确信息是不可编码的，"信息熵"的概念也不再适用了。

说到这里你可能要抗议了。你说我们根本就不需要用无理数标记位置，我们有限的精度就已经够用了啊。的确是这样的，日常生活中的任何测量都有误差。不管是 702 米，还是精确到 702.0567287 米，只要停止了，就留有一定的误差。精确到小数点后第 7 位，就表示有 0.0000001 米的误差。

早在 1948 年那篇提出信息论的论文里，香农就已经注意到无限精度的测量信息不可编码，但是有噪音的、有误差的测量信息可以编码——现在我们把这个理论称为"信道容量定理"（channel capacity theorem）。

所以我们的生活应该不受影响，毕竟凡是人为取用的信息都有误差，那就都可以数字化和信息化。

但是从理论上来说，如果真实世界是一个连续的实数系统，它就不可能用一个数字化的信息系统完全描写。

但是现在有很多人相信，真实世界根本就不是建立在实数上的。

❹ 数字宇宙假说

如果空间和时间都是连续的东西，无限可分，那真实世界就必须有无理数。但如果空间和时间本来就是不连续的呢？比如说，也许空间上存在一个最小的距离尺度，比这更小就没意义了。也许这个宇宙的空间就好像电脑屏幕一样，有一个分辨率——当然它的分辨率非常非常高，但是是有限的。

这就是所谓"数字宇宙假设"。我们一直说宇宙必定是"数学"的，但我们可没说宇宙必定是"数字"的。"数学宇宙"允许无理数，如果有无理数就不可编码；而"数字宇宙"是建立在有理数上的，它在本质上就可以用计算机编码。

在数字宇宙里，空间是一格一格的，时间是一步一步的，都是不连续的。而我们现在所有的物理定律都假定时空是连续的，里面有微分方程，假设时空无限可分——所以这些物理定律都是柏拉图世界的想象，必须改写。

学者们对数字宇宙有不同的信仰，爱德华·李把这些信仰按照从弱到强的顺序，分为五级：

第一级认为，这个世界可以用有限多的数字信息来进行完整的编码。

第二级认为，这个世界里的一切都是信息。

第三级认为，这个世界里的一切物理过程都是计算。

第四级认为，这个世界就是一台计算机。

第五级认为，这个世界不但是一台计算机，而且就是某个具有高级智能的计算机模拟——我们都生活在网络游戏里。

这些级别的细微差异代表严格的数学和哲学思辨，咱们就不仔细追究了。那这个听起来很玄乎的假设，到底有没有可能是真的呢？答案是，有可能证明，但不可能证伪。

如果你能证明，空间的确有一个不能再分的、最小的尺度，那你就证明了数字宇宙假设。现在费米实验室有个装置叫"Holometer"，就打算做这件事。它采用的原理和探测引力波的 LIGO（激光干涉引力波天文台）装置类似，通过激光干涉来测量距离的变化，它的目标是发现空间的最小尺度。

也许有一天早上起来，你会听说，费米实验室发现了我们这个宇宙的空间有个极限尺度。那将是一个无比重大的新闻，说明空间不是连续变化的——说明这个世界完全是由有理数组成的！……也说明我们很可能是生活在计算机模拟之中。

考虑到微观世界的物理学，把基本粒子再做细分并没有多大实际的意义，基本粒子的尺度是有限的。但是空间本身可不可以无限细分，这个问题还没有答案。如果人类的实验精度永远都发现不了空间的最小尺度，那你能说空间没有最小尺度吗？不能。所以说数字宇宙是个不可证伪的理论。如果你信仰数字宇宙，你可以永远坚持这个信仰。

而你猜怎么着？在认真思考过数字宇宙假设的学者之中，相信的人是主流，不信的人是少数。

为什么这些学者非得相信宇宙是数字的？也许因为数字化的世界更容易被接受。计算机世界是数字化的，而计算机是人能造的东西，我们完全接受数字化的世界。但是爱德华·李可不信。当然爱德华·李也没有足够的证据，他只是觉得真实世界应该比一个由有理数组成的世界更丰富一些。

你相信数字宇宙吗？我没有特别强烈的信仰，但我的确更喜欢存在无理数的世界。

不过我们仔细想想，无理数这种东西，的确是很难跟真实世界联系起来。我觉得无理数也有可能是来自柏拉图世界的一种想象。

比如说根号 2 吧。我现在还记得，第一次学到根号 2 这个无理数的时候，感到了世界观的危机。我就想，画一个等腰直角三角形，两个直角边的边长是 1 米，斜边长度就是根号 2 米，对吧？那我就拿一个尺子去量斜边的长度，我肯定能量出一个普通的数来啊！根号 2 怎么可能就是一个怪异的数呢？

现实生活中尺子的精度总是有限的，所以我们只能测量出一个寻常的数字。可是理想中的根号 2，却是个永远都不会终止的数！

难道我们这个世界真的需要这样的数吗？这个问题可不仅仅涉及世界观，而且还能影响我们的人生观。下一篇文章中我们将会看到，只有在一个实数的世界里，人生才有无穷多丰富的意义——诗人，需要无理数。

大脑的字里行间

我们继续用计算机的眼光审视真实世界。前面我们说了，计算机只能处理可数的东西，可以说是建立在有理数之上的。而真实世界，则有可能是——也有可能不是——建立在实数上的。

现在我们继续往下推演，一直到下一篇文章要说的哥德尔不完备性定理，我们会导出一个非常深刻的、让人受益终生的道理。

我们之前几乎从来没用过"深刻"和"受益终生"这种词汇来形容所讲的内容，但是哥德尔不完备性定理真的值得你用一辈子的时间慢慢把玩。

我先说一个我曾经犯过的特别有意思的错误。

❶ 笑话有有限多还是无限多

现在我问你一个问题：这个世界上的笑话，是只有有限多个呢，还是有无限多个？

所谓笑话就是用几百个字写成的一篇短文，让人读了觉得很好笑的那种东西。直觉上你可能觉得笑话应该有无限多个，世界一直在演变，每个时代都总能发现新的好笑的东西来，对吧？可是你只要想想数学就会发现，笑话显然应该是有限多个。

这个道理是这样的。首先笑话必须要写得比较短，不能讲半小时才把别人逗乐。比如我们可以规定，笑话必须在 2000 个汉字之内。我们知道汉字的个数是有限的，就当有 10000 个吧。那从这 10000 个汉字中选出 2000 个，允许重复，进行排列组合形成文章，请问一共有多少种不同的方法呢？

最多有 10000 的 2000 次方种。其实具体的计算方法和结果不重要，重要的是答案肯定是有限多种。

所以笑话只有有限多种。其实不光是笑话，诗歌、散文，只要我们限定字数，它就是有限的。当然这个"有限"是一个极大的数字，可能就算我们每秒读一个笑话，一直读到人类文明终结了也读不完……但是在理论上，只有有限多个笑话。

大概在十多年以前，我在博客上写下了这个说法。我想说的是其实所有笑话都已经存在了，只不过等着作家去把它们挑选出来而已。

但是有一位读者留言，提出了一个反对的观点，他这个观点非常非常高级。

他说这并不能说明笑话只有有限多个。同样一篇文字，每个人捕捉到的笑点可以是不一样的。文字是有限的，但是文字背后的**意思**是无限的。不同的人对同一段笑话的解读可以千变万化——所以这么说来，笑话还是无限多的。

所以写作是个双向的交流，你看我有时候就是从读者那里学到东西，他说的的确有道理。

其实我们想想，音乐就是如此。曲谱无非就是音符的排列组合，所以我们完全可以说乐曲只有有限多首——但其实不然，因为同样的乐谱到不同的演奏者手中可以千变万化。考虑到演奏方法的变化无穷，我们大概可以说曲谱是有限的，但音乐是无限的。

当然，如果你相信数字宇宙假设，这里所谓的"无限"也只是一个错觉。数字宇宙里的乐器有有限的分辨率，所以乐曲的细微变化仍然是有理数的、可数的和有限的——就好像非常高保真的数字唱片一样。

但是纠结于数字宇宙假设没意思——目前这只是一个信仰。现在我们不妨假装真实世界是个实数世界，我们看看能得到什么。

❷ 处理实数的机器

如果我相信真实世界是实数的，那么就有很多机器并不像计算机那样只能处理有理数——事实上，绝大多数"机器"都能处理实数。

爱德华·李举了个气球的例子。我们把气球充满气，它就变成了一个球形。如果气球的直径是 1 米，它的周长就会是 π 米。我们可以把气球当成一个计算器，它帮我们计算了 π——而 π 是一个无理数。气球，是一台可以计算无理数的机器。

那你可能又要抗议了，说这不对啊，测量总是有误差的，我不管怎么测量也不可能从一个气球上测量出真正的圆周率。没错。但爱德华·李说这没关系，要点在于气球有一个周长，这个周长的本质是个无理数——至于你能不能测量，那是另一回事儿，受你测量手段的限制，气球对此不负责任。

这个道理在于，哪怕你测量出来的输入和输出都是有理数，这个机器的本质也可以是计算实数的。有理数是你对世界有限的观测，而世界的本质是实数。

输入和输出的东西都是可数的，但内部却有些不可数的东西。还有一个机器似乎也符合这个条件，那就是人的大脑。

❸ 大脑能编码吗

现在有很多人相信大脑只是一台普通的计算机。比如我们考察大脑内部的思维过程，无非就是脑神经元之间的连接，而神经元连接本质上是个二进制过程——或者激发，或者不激发。这不跟开关一样吗？也许人脑也是一个开关网络，跟普通计算机没有本质区别。

再比如说 DNA（脱氧核糖核酸）。DNA 的遗传编码是用碱基对实现的，碱基只有四种，所以我们完全可以说 DNA 是一个四进制的数字信息编码。那也就是说，遗传信息是可数的。大脑，是从可数的 DNA "种子" 里生长起来的。

可要是据此就说大脑的一切活动都是可数的，我们总觉得哪里不对。

所谓 "可数"，就是像我们前面说的偶数、有理数和全体计算机程序那样，可以一个一个地列举下来。DNA 的确是可数的，写成文字符号的笑话、诗歌和乐谱也的确都是可数的，它们都可以按照同样的方式一一列举出来。

但是人的心灵、意识、自我的感知、智慧和知识，这些也能写成代码——列举吗？

你要问我都有哪些想法，我无法一一列举。你要问我对一处美景的感想，我可能给你说一大堆话，但是不管说多少，我总会觉得有些感想无法写成文字。这也许是我能力不行，也许是现有的文字数量不够——但也许，是大脑内部的有些活动是不可数的。

也许大脑不仅仅是一个开关网络。我们知道药物可以控制大脑，营养也对大脑有影响，后天的经历、环境都对大脑有细微的影响。这些影响是怎么体现到思维上的？也许大脑不仅仅是神经元的二进制活动。

当然这些都是猜测。但如果我们假设大脑是个实数机器，内部有不可数的活动，那么根据前面说的香农信息论，大脑活动就是不可编码的。对大脑的任何观测结果，都必然有噪音和误差。

遗传信息可以编码，而大脑不可编码，这就意味着一个人不可能把他的所有知识和智慧遗传给子孙后代。这个结论好像没什么，我们本来也知道不可能都遗传。但是这也意味着，大脑活动是不可复制的。

那也就是说意识无法上传。不管你怎么扫描大脑，你都只能得到有噪音的信息，你在编码过程中一定会出现失真，你永远无法记录大脑的全部活动。你的记录就好像是人的日记——他写下的文字再多，也总会有些东西没有写，有些东西无法用文字描述。

如果是这样的，那我们就找到了人脑和计算机之间的一个本质区别。这个区别就是计算机只能处理可数的、数字化的东西，而人脑的思维过程是不可数的。

说白了，就是人脑中有一些"只可意会，不可言传"的东西！

艺术家完全理解什么叫"只可意会，不可言传"。诗人会故意不把事情说得太细，画家会故意留白，这大约就是他们知道可数的语言和明确的笔画都有误差，并不能真实反映人的思想。还不如留下空白不测量，让读者——作为一个人——去自己"脑"补。

所以人脑的阅读和机械化的信息输入有本质区别。人脑可以从字里行间体验文字以外的东西。所有阅读都结合脑补，每个人用自己特有的思想、经历和偏见填补字里行间的意思，完全不是一台只会对信息忠实解码的计算机。

我们经常说"主观"，阅读就是个主观的行为。到底什么是"主观"？主观就是可数的语句背后那些不可数的意思。

在数字宇宙假设的眼光下，这一切都只是假说。也许大脑真的有些不可数的活动，但也许只是大脑活动的分辨率实在太高，以至让我们感觉它不可数——其实只是"很难数"而已！

但是别急，接下来我们用一个特别强的理由来说明为什么不可数的大脑要比可数的大脑好得多——因为可数的大脑，不管分辨率多高，都有个本质的缺陷。

这就是哥德尔不完备性定理。

哥德尔不完备性定理的世界观

我们一直在说"数字宇宙假设"，这是一个不可证伪的假说，也许我们就是生活在一个分辨率有限的、可数的、可以完全用计算机模拟的数字宇宙之中。但是今天我要说明这种宇宙的一个本质缺陷——而你会因此希望我们最好还是生活在一个实数世界之中。

这个缺陷源自"哥德尔不完备性定理"，这大概是我所知道的最让人感到震撼的数学定理。我打算在几千字之内，给你一个未必准确，但是简明的解释——目的是让你通过这个定理对世界有个深刻的理解……

当然，这是个不可能完成的任务。不过几千字固然无法讲透，可是按照哥德尔不完备性定理的精神，长篇大论也说不透。

❶ "终极数学"的终结者

数学家研究问题的方法，跟科学家存在本质区别。科学家通过观察世界总结出来的规律常常有可能是错的——但是数学家没有这种担心。数学家得出的结论都不是"总结"出来的，而是"证明"出来的，是建立在坚实的逻辑基础之上的。

比如你考察了几个直角三角形，发现它们直角边的平方和都正好等于斜边的平方，那你能据此就认为这是直角三角形的普遍性质吗？不能。

你必须用严格的数学推导证明这个性质。证明了，才能把它称为"勾股定理"。

那证明定理的依据都是什么呢？有的是之前已经被人证明了的定理。那最初的定理是从哪来的呢？最初的定理就不叫定理了，叫"公理"。公理无须证明，是人们普遍认可的东西。

比如说，"两点之间只能有一条直线"，这就是一条公理。

数学家先认可几条公理，然后在公理的基础之上证明各种定理，数学大厦就算建立起来了。比如我们初中学的欧氏几何学，总共才只有五条公理。决定几何学大厦的不是那些五花八门的定理，而是这五条公理。

以上这些都是初中数学，现在让我们进入 20 世纪的数学。你都知道，证明一个数学定理常常需要巧妙的构思，有时候非常困难。在 20 世纪初的时候，有些数学家就有一个野心，说我们能不能找到一个机械化的方法，能够从最基本的数学公理出发，自动证明所有的数学定理。

当时数学家重点考虑的是有关自然数的理论体系。比如哥德巴赫猜想就是有关自然数的一个论断，那数学家会思考，有没有一个机械化的方法，自动判断哥德巴赫猜想到底正不正确。如果这个方法找到了，那就没有后来的陈景润，也没有其他数学家什么事儿了，什么漂亮的证明都会被机械化的方法无情碾压！等于是这帮人要抢后世所有数学家的风头。

数学家们努力了一番，貌似也取得了一些进展，人们充满雄心壮志。

可是在 1931 年的一次会议上，一个 25 岁的年轻人，哥德尔（Goedel），做了一个报告，说他证明了一个有关自然数公理系统的定理。据说当时冯·诺依曼（von Neumann）就在报告现场，冯·诺依曼听完哥德尔的报告之后说了一句话："全完蛋啦！"（It's all over！）

下面这张图是一本漫画书——Logicomix（最新中文译本为《疯狂的罗素》）[1]中的一页，表现了当时哥德尔做报告的情景。

注：右下角是冯·诺依曼。他旁边是当时并不在场，但是被漫画家安排在场的罗素（Russell）。

简单地说，哥德尔证明了，在自然数的公理系统中，不但我们想要的那种机械化的证明不存在——而且对有些命题来说，连"证明"本身，都根本不存在。

这就是"哥德尔不完备性定理"。这个定理说，只要自然数的公理系统只有有限条公理，那么就一定存在一些命题，你既不能用这些公理证明它是对的，也不能判断它是错的。也就是自然数的公理系统是不完备的。

数学家的整个世界观都崩塌了。

❷　误解

在大幅度地引申这个定理的含义之前，我们先小心一点，澄清一下人们对哥德尔不完备性定理的误解。有些人认为哥德尔证明了一切有限的公理系统都是不完备的——这可就错了。不完备性定理只限于自然数系统。

事实上，有一个数学家叫阿尔弗雷德·塔斯基（Alfred Tarski），他在 1948 年就证明了，如果是一个封闭的实数系统，那它就有可能是完备的，也是自洽的。比如欧氏几何就是一个关于实数的系统，塔斯基已经证明，欧氏几何系统——虽然仅有五条公理——是完备的和自洽的。

所以我们千万不要滥用哥德尔不完备性定理。

❸　霍金的感悟

但是哥德尔不完备性定理的确说了，对自然数这个领域来说，我们真的不能从有限的几条公理出发，推导出整个大厦。自然数世界里永远都有新东西等着我们。

2002 年，霍金在北京参加一个物理学家的大会，他在会上做了个领导讲话式的报告，就叫《哥德尔和物理学的终结》。[2] 我们知道物理学家都在追求一个"统一理论"，希望能够一举结识这个宇宙的终极秘密。但是在这个报告里，霍金把物理学理论和哥德尔不完备性定理做了一个类比，他说："也许要以有限数量的命题来阐述宇宙终极理论是不可能的。这和哥德尔不完备性定理非常相似。"

换句话说，霍金觉得，也许物理定律就好像自然数的公理集合一样，有多少条都不够。当然物理定律跟自然数的公理系统还是不一样的，为什么物理定律不是像欧氏几何一样是个完备系统呢？霍金没有给出解释，所以霍金这里只不过是表达了一种可能性而已。

但是这种可能性也许是个好消息。如果没有终极理论，我们对世界的探索就永远都不会停止。

❹ 内涵

既然霍金都说了，那我们也可以做一点推广。

我们前面说了，所有可数的系统都等价于自然数系统。那么哥德尔不完备性定理的本质就是说，一个可数系统本身，是说明不了自己的。

咱们打个比方，假设你作为新员工入职了一家公司。老板对你说："我们是一家成熟的公司，一切行为都有章可循。这里有一本手册，你拿回去好好学习。以后不管遇到什么情况都要对照手册行动——手册说该做的你就做，手册说不该做的你就不做。"

你一看这本手册非常厚，上面密密麻麻写了好几千条规定。老板非常得意。

要是哥德尔遇到这家公司，他马上就会告诉老板——总会有一些行动既属于公司的活动范畴，又是手册无法判断它的对错的。事实上，哥德尔加入美国国籍的时候，官员让他谈谈对美国宪法的看法，他就指出了宪法中的逻辑缺陷。

有些事情，你必须得跳出手册，才能判断它对不对。

计算机算法是可数的。那仅用计算机算法的各种规则，能对所有算法做出判断吗？不能。有时候我们必须跳到算法之外去看算法。可是如果宇宙就是个计算机，你又怎么可能跳到算法之外呢？

❺ 语言的局限

哥德尔不完备性定理给学术界开了一个巨大的脑洞。后来有人证明了一个类似的理论，说任何一个可以写下来的语言系统，其中总会有一些语句，我们用这个语言系统本身是无法判断其对错的，必须得跳出这个语言系统才能判断。

也就是说，如果我们全部的思考都被限制在一种语言里，有些事儿对你来说就永远不知道怎么做决定，我们得跳出这个语言环境才行。

所以不管多么精细的语言，都是不完备的。

我们在前文中说了，如果大脑是个实数系统，那我们有些思维就是不可数的，就不能完全用任何一种语言描述。那如此说来，我们就有可能跳出这个语言系统，用"只可意会，不可言传"的思维做出高级的判断。

这就是为什么实数宇宙比数字宇宙好。

任何一个语言系统的句子都是可数的，所以每种语言都是不完备的。文字是可数的，但文字背后的意思可以是不可数的。但如果你的思维是不可数的，你就总是可以创造一种新的语言去描写那些可以感知到，但无法用旧的语言描写的东西。而爱德华·李认为，新语言的种类也许是不可数的。

当一台盯着手册看的 AI 不知道怎么办好的时候，因为你的思维不可数，你可以跳出手册做决定。

考虑到哥德尔不完备性定理，我拒绝接受有可能让我盯着手册看却不知道怎么办好的设定。

从总体上说，计算机系统本质上是一些可数的东西，符合哥德尔不完备性定理的条件。

哥德尔不完备性定理说，在这样一个封闭系统中，总有一些语句是这个系统本身无法判断对错的。这就意味着如果我们身处的是一个数字宇宙，如果我们的大脑都是计算机，那迟早有一天，我们会发现对这个系统我们能想明白的东西都已经想明白了，剩下的都是永远都不可能想明白的。

从那一天开始，我们将永远浑浑噩噩地活着。

但如果真实世界是实数的，人脑不是计算机，那我们就有可能随时跳出任何能写成文字的认知系统。我们永远都有一个"只可意会，不可言传"的思路。

我们可以不断地跳出旧系统，探索新知识，发明新语言，建立新系统。科学家永远可以琢磨新的物理定律，艺术家永远可以创造新的意境，工程师永远可以发明新的模型。

实数的世界是我们用语言所无法穷尽的。这大约有点像咱们中国人说的"道可道，非常道"。

写到这里我又想起一句中国话叫"纸短情长"，似乎也符合哥德尔不完备性定理的精神。

宇宙是平的……这很令人费解

如果我们想测验一个人的科学知识水平，有一个问题特别有意思。我们可以问他，宇宙是有限大，还是无限大的？

如果他回答宇宙是有限大的，那说明这个人具备了一定的科学素养。如果他回答宇宙是无限大的，那就有两种可能。一种可能是，这个人对现代科学一无所知；另一种可能，却是他对天体物理学的最新进展非常了解。

❶ 有限大，是可以理解的

以前哲学家一说起宇宙来就是什么"空间上无边无际，时间上无始无终"。这个朴素的想法是有道理的，我们无法想象一个存在边界的宇宙——如果宇宙有边界，那么边界之外是什么呢？其实这个问题，物理学家在很早以前就已经给出了高级的答案。

我们现在已经确切地知道，宇宙在时间上肯定有一个开端，那就是大爆炸。你要问在大爆炸之"前"是什么？这个问题没有意义，因为那时候"时间"并不存在。时间，是有限的。

那么空间呢？宇宙完全可能是一个空间有限大，但又没有边界的存在。我们只要想象一下地球的表面就明白了。地球的表面积是有限大的，但对于生活在地球表面这样一个二维空间上的人来说，地球是没有边界的，不论他往哪里走，总能循环回到原点——因为地球表面是**弯曲**的。

三维空间，也可以是弯曲的。

咱们首先明确一点，宇宙空间是三维的。有些科幻小说喜欢说宇宙空间是高维的，比如什么四维空间、五维空间，这都是不对的。我们可以在数学上证明，只有在三维空间中，行星轨道才可能是稳定的——才允许有文明存在。我们可能听说过"超弦理论"，说有十维空间，但是请注意，超弦理论中那些多出来的维度都是蜷缩起来、极其小尺度上的存在，是不算数的——而且超弦理论至今没有任何可观测的证据。

所以宇宙是三维的，但却是可以弯曲的三维空间。广义相对论说"物质告诉时空怎么弯曲，时空告诉物质怎么运动"，我们现在有充分的观测证据，证明大质量物体就弯曲了它周围的空间。

那么据此设想，人们推测，也许整个宇宙就是一个弯曲的巨大空间，就好像二维的地球表面一样。如果我们沿着某个方向在宇宙中一直走，最终也将会回到出发点。当然宇宙实在太大了，而且空间膨胀的速度超过了光速，所以我们并没有观测到有一束光在宇宙中循环往返。

这个有限大、没有边界的弯曲空间，就是十多年以前科学家对宇宙空间的标准想象。比如霍金的《时间简史》（*A Brief History of Time*）这本书里讲的宇宙空间模型就是这样。

所以如果一个人说宇宙是有限大的，就说明他超越了传统思维模式，具备了科学素养——他心目中的宇宙是一个弯曲的空间。

但是我们这个宇宙喜欢给物理学家制造惊喜。

❷ 宇宙是平的？！

过去十几年间，科学家用地面望远镜和太空探测器反反复复在大尺度上观测宇宙，发现空间并不是弯曲的。最新的一个结果是在 2013 年底由"重子振动分光镜勘测"（Baryon Oscillation Spectroscopic Survey，简称 BOSS）发现并于 2014 年 1 月宣布的：在大尺度上，宇宙空间是"异乎寻常的平直"（extraordinarily flat）。

像这样超乎寻常的结论，科学家有超乎寻常的证据。弯曲空间中没有真正的"平行线"——比如我们在地球的赤道上画两条平行线，我们会发现这两条线会在极地交叉到一起；而如果空间曲率是负的，平行线之间的相互距离就会越来越远。但是科学家测量遥远星系的光，发现并没有这种弯曲。

科学家还仔细考察了宇宙微波背景辐射的地图。如果空间是弯曲的，这个图就会有些弯曲，如下图[1]所示。

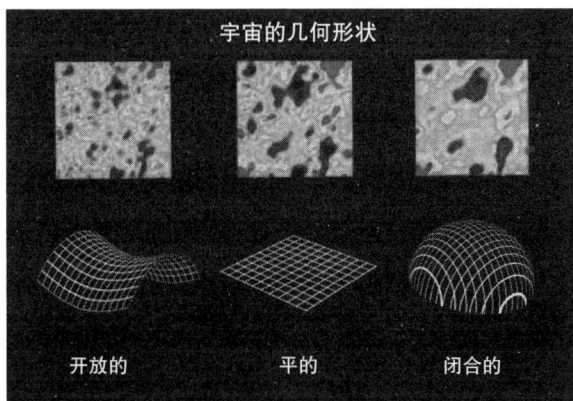

但是科学家观察不到任何弯曲。根据现在观测的结果，我们有误差小于 1% 的精度，认为宇宙是平直的。

还有一个间接的办法。根据广义相对论，质量和能量可以让空间发生弯曲，那么我们只要统计一下宇宙里大概有多少的质能，就可以知道空间是怎么弯曲的。科学家把已知的可见物、暗物质、暗能量这些质能都加在一起，就可以测量出宇宙的质能密度。在广义相对论中还有一个理论上的"临界质能密度"，我们把观测的质能密度除以临界质能密度，得到一个数值，用希腊字母 Ω（omega，欧米伽）表示。

如果 $\Omega>1$，那就说明宇宙里物质比较多，引力比较大，宇宙空间的曲率就是正的，那么宇宙就像一个球一样弯曲；如果 $\Omega<1$，那就说明物质比较少，引力比较小，那么宇宙就会是一个像马鞍形一样的空间，是开放的。你猜计算

结果是多少？

结果是 $\Omega = 1 \pm 0.004$。

也就是在 0.4% 的精度之内，Ω 正好等于 1。这说明我们这个宇宙的物质不多不少，引力不大不小，空间正好是平直的！

空间是平的，所以我们这个宇宙中三角形的内角之和正好等于 180度，两条平行线永远不会相交。换句话说，我们初中学的几何学正好够用，宇宙在大尺度上就是一个简单的欧几里得空间。

这个看似平淡，实则惊心动魄的事实，给我们带来了两个问题：一个是学术问题，一个是想象力问题。

❸ 巧合，又见巧合

先说学术问题。宇宙质能密度系数 Ω 正好等于 1，这大约相当于每立方米中有 5 个氢原子的能量。可这是为啥呢？为什么不是宇宙里每立方米有 4 个或者 6 个氢原子呢？这个问题现在没人能解答。

以前我写过一篇文章叫《一个让人寝食难安的世界观》，里面提到现在物理学面临一个"微调"问题，也就是标准模型有 19 个自由参数，无法从理论上解释，简直就是特意调成那样的数值，好让这个宇宙恰好适合生命存在。

这个 Ω 也有点"微调"的意思。其实 Ω 比 1 稍微大一点或者小一点，人类也能存在，但是 $\Omega = 1$ 也还是太巧了。为什么非得让空间这么平呢？难道"上帝"有强迫症吗？

❹ 怎样理解"无限大"

只要 Ω 等于或者小于 1，宇宙空间就无法闭合，就是无限大的。一个平直而又没有边界的空间只可能无限大。事实上，在 2014 年测量结果出来后，BOSS 项目总负责人大卫·施莱格尔（David Schlegel）在新闻发布会上说，我们关心宇宙是不是平的，因为这关系到宇宙是有限大还是无限大的——而"我们的观测结果和无限大的宇宙相吻合"（Our results are consistent with an infinite universe）。

这是一个非常令人不安的结果，有限大是可以想象的，无限大是不可想象的。大爆炸之前什么都没有，然后现在怎么就无限大了呢？

当然，你也可以说测量存在误差，测量结果是 $\Omega = 1 \pm 0.004$——也许 Ω 并不严格等于 1，宇宙空间并不是严格的平的。但即便如此，也意味着宇宙比我们能观测的，甚至比我们能想象的，都要大得多得多，至少是"几乎无限大"。

这么大是什么意思呢？物理学家对此也开了个脑洞，这会给我们的想象力带来极大的刺激。

首先，我们要知道，宇宙没有中心。空间的膨胀是哪里都在膨胀，宇宙中遥远的区域应该跟我们这里差不多，有差不多密度的星体。从微波背景辐射图来看，宇宙各个地方大体上是差不多的，我们这里，一点都不特殊。

其次，我们还要知道，根据量子力学，给定这么一堆物质，不管它们的排列组合有多少种不同的可能，也一定是有限的。这意味着所有可能的文明世界形态，也只有有限多种。

这意味着每一种可能都有几乎无限多个副本。

说白了，就是非常遥远的某个地方，存在着一个跟地球一模一样的星球。在那个星球上，存在着和我们一模一样的人。其中就有一个一模一样的"你"，也正在看着这本书。

当然，你和他的下一步行动可能是不同的，比如你选择将这篇文章分享给朋友，而他没有这么做——但无论如何，还存在另外无数个同样的你，他们也分享文章了。

甚至有人已经估算了这样的星球距离我们有多远。最近的那个一模一样的你，距离你大约是 10 的 29 次方米。

这当然是个不可思议的数字。使用常规的旅行方式我们永远也不可能见到他，也永远无法和他取得联系，他有极大的可能性在我们可见的宇宙范围之外。

这是一个非常好的科幻小说素材，它意味着网络小说中流行的"穿越"在逻辑上是可能的。物理学家不太相信什么"时间旅行"，说回到我们这个地球曾经经历过的明朝末年，那不太可能，那样会造成因果关系的紊乱。但是，如果宇宙中存在另外一个地球，那个地球和我们一样，它正好处于明朝末年，其中也有崇祯、魏忠贤、袁崇焕这些人物。如果我们能通过什么虫洞之类的机制前往那个地球，那你尽可以随便折腾，不用担心影响我们这里的历史。

考虑到宇宙是无限大或者近乎无限大的，我们可以认为一切"有可能发生"的事情都发生过，而且都会发生几乎无数次。因为再小的概率乘以一个几乎无穷大的数也可以大于1。

下次买彩票没中奖，或者跟意中人失之交臂的时候，想到宇宙之大，那个你希望的可能性毕竟在某一处发生了，你也许会感到些许安慰。

穿越平行宇宙

物理学家想要什么

麻省理工学院教授迈克斯·泰格马克有本书叫《穿越平行宇宙》(*Our Mathematical Universe*)，虽然这不是他最新的书，但其中的思想非常重要。我们将借助这本书来讲讲物理学家对世界的最新理解，以及世界到底是怎么回事。

我们先来看看物理学的发展。

❶ 一个最简单的物理学史

物理学的历史跌宕起伏，有无数的英雄故事，但我会讲一个最简化的基于逻辑的物理学史，让你明白物理学到底是怎么回事。

这一切的开始，是你对生活的一个细致观察。

每次往空中扔出一个东西，你都会注意到它走的不是直线，而是"抛物线"。

比如扔石头。你做了精确的测量，发现石头既有往前走的速度，也有往下落的速度。往前的速度是匀速的，而下落的速度不是匀速的，而是越来越快——有一个"加速度"。你就想，一定是有什么东西在把石头往下拉——石头受到了某种看不见、摸不着的"力"的影响。这个力只能来自大地，于是你就发现了"引力"。

你进一步测量，发现不管石头有多重，它下落的"加速度"是恒定的——这就是为什么一轻一重两个铁球会同时落地。于是你得出结论，引力应该正好跟受力物体的重量成正比。

这样你有了第一个引力理论！这个理论非常好使，你可以用它精确计算炮弹的弹道。有了引力理论，你的炮兵指哪打哪，这给你带来了巨大的声望。

这时你有了更大的野心。既然所有有重量的物体都受到引力的影响，那行星绕着太阳转，会不会也是因为引力呢？为了验证这个猜想，你做了一番计算，想用你的引力理论把行星轨道给算出来。

结果你发现怎么算都不对！可能在这么大的尺度上，引力理论需要做些修改。旧理论中引力只跟物体的重量有关系，那可能是因为我们都住在地球表面。行星距离太阳这么远，它感受到的太阳引力应该变小才对。你反复思考，发明了一个新的引力理论，让引力跟距离也有关系——这个理论，就是万有引力。

万有引力理论就更厉害了，它能精确预言行星的运动！什么椭圆轨道、速度、周期，你都能算出来，而且跟天文学家的观测结果非常吻合。

从数学上来说，万有引力理论在地球表面的极端情况，正好就是那个旧理论。所以现在万有引力理论是一统江湖，对地上和天上的东西都管用。

于是你就去挨个测量太阳系行星的轨道，想看着万有引力理论"大杀四方"。结果发现，其他行星的轨道和你的理论计算都是精确符合的，但是距太阳最近的行星——水星的轨道变化，总是和计算结果有一点点的差异。

这个差异非常非常小，每个世纪相差还不到 1 弧度。可你还是感到坐立不安：如果我的理论是完美的，水星怎么就例外呢？难道说因为水星离太阳很近，万有引力理论就不好使了吗？

你克服了无数的困难，甚至把"力"这个概念都更新了，终于发明了一个更新的理论——广义相对论。

广义相对论能完美解释水星轨道，而这仅仅是个开胃菜。有了广义相对论，你就可以研究更大的问题了。你预言了黑洞和引力波的存在，结果后来观测都证实了！而且因为有了广义相对论，我们居然可以研究整个宇宙的历史了。

多年以后，面对成熟的宇宙学，你准会想起第一次往空中扔石头的那个遥远的下午。

❷　物理学的逻辑

这段极简的物理学史，告诉我们三个逻辑。

第一，物理学家总是用一个更"一般"的新理论，取代旧理论。

有了新理论，你会发现旧理论只是新理论在局部的一个特殊情况。比如，你把广义相对论拿过来，考虑在一个引力比较弱的特殊情况下算一算物体的运动方式，它跟牛顿万有引力公式的计算结果是一样的。同样的道理，你把牛顿万有引力公式拿过来，结合考虑地球表面这个特殊情况，那就相当于引力只和重量有关。

所以物理学家一般不说旧理论是错的，而说旧理论只是适用范围有限。新理论是旧理论的推广，旧理论是新理论的近似。

第二，新理论除了能解释旧理论不能解释的一些现象，还能预言一些物理学家此前连想都没想过的新的东西。

牛顿力学只能计算一般行星的轨道，可是有了广义相对论，我们不但能解释水星轨道的"怪异"变化，还能预言一些新东西。比如黑洞、引力波等，牛顿力学里根本没有，天文观测也没见过，物理学家做梦都没梦见过——可是如果你把广义相对论当个玩具，考虑这个方程在一些特殊情况下的解，你就能在纸面上算出来，应该有这些东西存在！

结果多年之后，天文观测的手段进步了，天文学家一找，还真的找到了！这简直不可思议，你就觉得这个世界对物理学家真是非常友好。

1928 年，理论物理学家保罗·狄拉克（Paul Dirac）把量子力学和狭义相对论结合到一起，提出了一个关于电子的新理论。他对新理论的方程求解，就发现这个理论除了能解释电子的存在，方程还有另外一个解。那个解的各种性质和电子一样，但是它带正电，是电子的"反物质"。狄拉克就纯粹根据自己的方程，说世界上应该有"正电子"。结果到 1932 年，实验物理学家就真的找到了正电子！

像这样的故事数不胜数。物理学家推广旧理论不仅仅是为了数学上的完美，还是为了开疆拓土，打开新世界的大门。

第三，新理论不会让物理学家满足很长时间，他们又会想要更新的理论。

有了新理论，打开了新世界，你很快发现又有新的现象是这个理论解释不了的。比如广义相对论似乎不能完全解释暗能量，根本就无法解释暗物质，你就想要更新的理论。

整个这个过程，就是：

现象→理论→新现象和新的解释不了的现象→新理论→……

这有点像是玄幻世界里的"修仙"。每上升一层新境界，你看世界的整个眼光就都改变了。比如，你会发现原来看起来很不一样的东西，现在在这个更高的层次上看，其实是同一种东西。

人和动物都是生物，生物和非生物都是原子组成的，地上和天上的东西满足同样的物理定律。

每一次见识的升华，又会给你解锁新的技能。在低层次看来，高层次的技能就好像法术一样。

到了高层次回头再一看，以前那些看似神秘的东西都变得一目了然，真是"一览众山小"。

而很多物理学家相信，这个提出新理论、解锁新现象的过程，不会一直持续下去——可能马上就要到头了。

❸　终极理论

前面我们说了引力理论这条线，这条线的理论专门研究大尺度的物理现象。物理学的另一条线是往小尺度方向走，也就是量子力学这条线。

一开始，你以为电力和磁力是两种完全不同的东西。有了电动力学以后，你发现电和磁可以用同一组方程统一描写，而光其实就是一种电磁波。为了研究原子这么小尺度的电磁现象，就有了量子力学，又有了量子电动力学、量子场论、量子色动力学等——现在微观尺度的一切物理，统一起来，叫"标准模型"，简单地说叫量子场论。

这样，如果有引力，尺度比较大，你就可以用广义相对论；如果引力可以忽略，尺度比较小，你就可以用量子场论。那如果引力比较大，尺度又比较小，该怎么办呢？黑洞内部，以及最初的宇宙，就是这种极端的情况，而我们还没有一个理论适合这种情况。

所以现在物理学家最想要的，就是把广义相对论和量子场论统一起来。

这个理论的了不起之处，就在于它将能解释和预言从遥远星际到黑洞内部、从宇宙起源到无穷未来、从无比小到无比大的尺度上的一切现象。

所以它被称为"统一理论""万物理论""终极理论"。

这就是物理学家的雄心壮志。这将是最后一个物理理论，引无数英雄竞折腰。

在物理学家眼中，只要有了这个终极理论，世间一切科学知识，就都可以从这个理论中推导出来，下图[1]是物理学家心目中各个学科的推导关系。

你考虑终极理论在大尺度下的情况，就是广义相对论。你把终极理论取一个引力是 0 的极限，就是量子场论。从广义相对论出发你可以推导出狭义相对论和电磁学，从量子场论出发你可以推导出核物理学和粒子物理学……

从物理学出发你可以推导出化学、机械工程学和电子工程学。从物理

学和化学出发你可以推导出地球科学和生物学。从生物学出发你可以推导
出心理学和医学，然后推导出社会学……这一切的一切，都源自一个"终
极理论"。

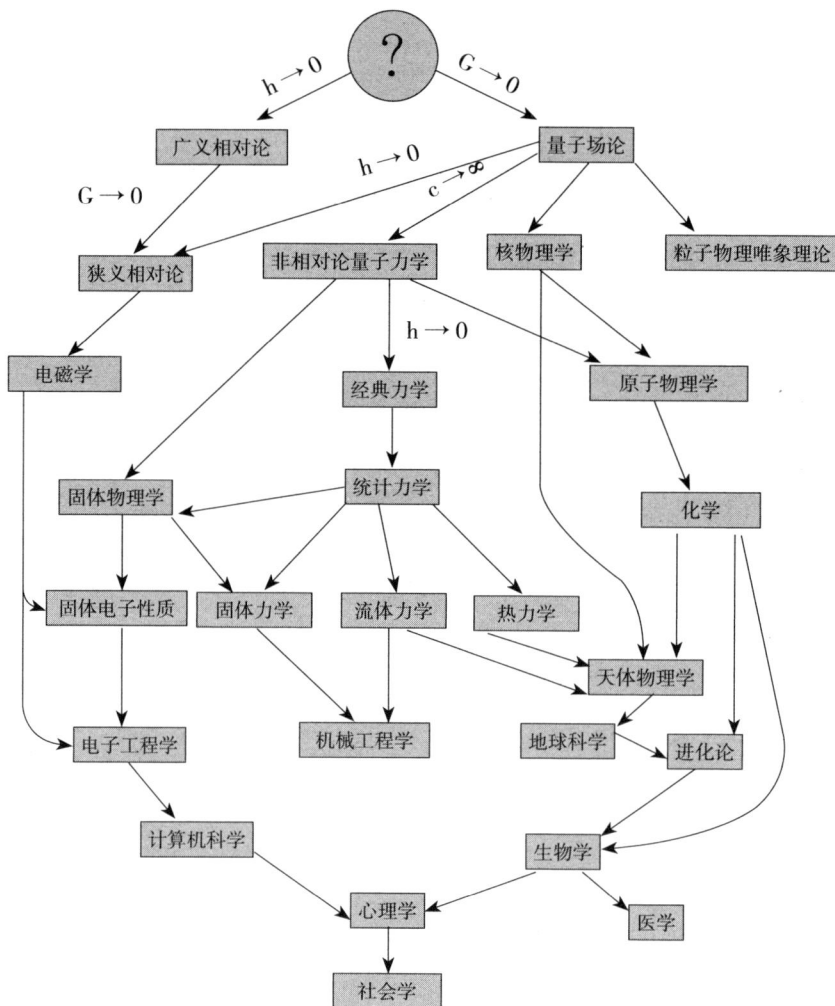

为什么世界是数学的

"终极理论"虽然是个大问题，但我们还要探讨更大的问题，这大概也是人类所能问的最大的问题——这个宇宙到底为什么存在。

自古以来的哲学家都要问这个问题，但往往是空谈。而我们则会给出一个值得严肃对待的答案。

❶　不可约化的复杂

关于万事万物是怎么来的，现在在美国，除了科学家的"进化论"和宗教徒的"神创论"，还有一派叫"智能设计论"。智能设计论者表面上并不假设上帝的存在，但他们也认为万事万物不是从自然界中无缘无故来的，而是某个更高级的"智能"设计出来的——这个智能可能是上帝，也可能是外星人。

智能设计论认为，进化论无法解释这个世界的"复杂度"问题——世界上有些东西不但复杂，而且这种复杂是"不可约化的"。比如眼睛中的视网膜和晶状体，必须一起出现、互相配合，才有意义。单独的视网膜和单独的晶状体毫无意义，这就是不可约化的复杂。如果一切都是进化来的，那怎么可能一下子进化出两个东西来呢？

其实进化生物学家对这个问题早就有很好的答案。简单地说就是像视网膜和晶状体这样互相配合的部件，并不是凭空一起出现的，也不是为了当前这个功能而出现的——它们很可能是从别的器官演化而来的，在形成眼睛之前，它们各自都有别的用处。

但智能设计论者还可以说，就算你能解释眼睛，世界上还有别的不可约化的复杂……最起码，物理定律就是不可约化的复杂，这总不是演化来的吧？

无神论者对此的一个反驳是，如果这个复杂世界是智能设计的，那设计世界的那个"智能"，一定更复杂——那请问，那个智能，又是从哪来的，又是谁设计的呢？

这个问题要是这么想的话，你就陷入了无限循环，永远都不会找到答案。经济学家斯蒂文·兰兹伯格（Steven Landsburg）十多年前写过一本书叫《大问题》（*The Big Questions*），他建议我们换个问题问。

兰兹伯格说，有没有什么东西，是必须存在，凭空就存在，而且一直都是不可约化的复杂的呢？

这样的东西的确有，它就是，**数学**。

❷ 数学是什么

一般人心目中的数学，是从简单的开始学，慢慢学到复杂的；数学家研究数学，也是先研究简单的，后研究复杂的，好像数学也是从简单到复杂这么发展来的。但这只是我们的错觉。

其实数学一直都存在，跟数学家、跟人类都没关系。

数学是一套纯粹的逻辑系统。不管你是中国人、欧洲人还是阿拉伯人，当你思考数学时，如果你明白 2、4 是什么意思，加法是什么意思，那么 2 加 2 就只能等于 4。也许我们用的数学符号不一样、公式的写法不一样，但是数学本质是一样的。

假设在另一个宇宙中，有一个外星文明，他们那里连物理定律都跟我们的不一样。但只要那里的人能想象到"直线"和"圆"这些概念，他们就只能得出平直空间中的三角形有且只有一个外接圆的结论。

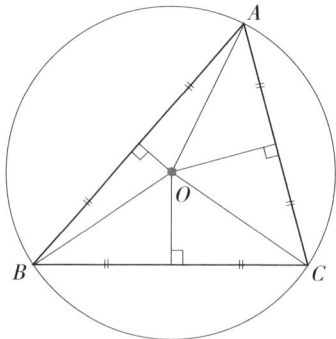

假设我们这个文明比较落后，还没人思考过平面几何的问题，那你能说，"勾股定理"就不存在吗？勾股定理永远存在，你只不过暂时不知道而已。

所以说，数学家并没有"发明"数学知识，数学家只是"发现"了数学知识。

我们可以设想，存在一个独立于所有文明、所有宇宙之外的"数学王国"。数学永远都在那里，所有的、不管多难的数学定理的证明，也永远都在那里。各个文明里的伟大数学家，只不过偶尔能看一眼数学王国里的珍宝。

我第一次听说泰格马克的思想，就是在兰兹伯格的《大问题》里。泰格马克说，为什么宇宙会存在，是因为数学存在。

数学王国，无须证明"为什么"，就存在。宇宙，只不过是数学王国中某些数学结构的物理实体而已。

为什么我们这个世界能存在呢？因为数学，允许，它存在。

❸ 物理定律和数学

学了这么多年物理，你有没有想过一个问题，为什么物理定律都要精确地符合数学呢？

通常，我们做心理学、医学的实验，搞大数据研究，虽然也要用到数学，但是从来都没那么精确，有时候能有个弱相关就不错了。但物理定律可不是这样的，大到行星轨道，小到电子磁矩，实验结果和理论计算都必须精确符合，如果有一点点不符合，物理学家就要找个新的理论。

你会觉得这个世界特别"讲理"，它从来不违背数学。而且，但凡物理定律的数学方程预言的东西，还真的就能找到。

这到底是为什么呢？因为世界本来就是数学的产物。泰格马克认为，这个世界不但软件是数学的，而且连硬件从根本上来说，也是纯数学结构的。

泰格马克有篇著名的论文，提出了一个关键的名词，叫"包袱"（baggage）。所谓包袱，就是人类强加在数学系统上的概念。

比如一个篮球，明明是一堆原子，但我们为了方便起见，把这堆原子当成同一个东西，叫"篮球"——篮球就是一个包袱。生物体的底层逻辑就是化学，泰格马克说，化学是更基本的结构，而生物体各个器官的名称，就是包袱。同样的道理，化学的底层是物理，所以化学概念也是包袱。

那如果把所谓的包袱都剥离掉，剩下来的是什么？

哲学上一直有个悖论，叫"无穷后退问题"。我们说这个物质是由分子组成的，分子是由原子组成的，原子是由质子、中子和电子组成的，这些又是由夸克组成的……那以此类推，推到哪里才算到头呢？泰格马克说，其实推到基本粒子那里，就已经到头了！

最后不带包袱的这个东西，就是数学结构。终极理论，不管它是什么样子的，它必然是一个没有任何包袱的纯数学结构。

凡是有包袱的东西，都有一些"内禀"的性质。比如一把椅子，它的内禀的性质就包括它是什么颜色、是什么材质、有什么历史等。但是像"上夸克"这样的基本粒子是没有"内禀"性质的！

上夸克没有历史，世界上所有上夸克都是一模一样不可区分的。什么是上夸克呢？只要带 2/3 个电荷、1/3 个单位的重子数、1/2 个自旋和 1/2 个同位旋，再有一些质量，那就是上夸克。上夸克的所有性质都只是数学性质，是纯数学的产物。再问"上夸克是什么组成的"就没有多大意义了，正如你不能问"立方体是什么组成的"——立方体就是立方体。

因此，世界是什么组成的，这个问题最简单的答案，大约就相当于，"世界是立方体组成的——而立方体，因为是个数学结构，所以立方体就是立方体"。

❹ 为什么"守恒"

世界是数学结构的产物，还有另一个证据，那就是为什么我们这个世界会有各种守恒定律。

你往天上扔一个球，球飞到一定高度就会落下来，这是因为能量守恒：动能和势能加起来总和不变。那为什么非得有能量守恒，为什么球不是越飞越高、越飞越快呢？如果这里多了一个东西，我们总觉得必然有个地方少了一个东西，我们默认能量就应该是守恒的，可是世界其实没有义务是这个样子的。

在物理学家看来，之所以会有能量守恒，是因为物理定律的方程具有"时间平移不变性"——物理定律不随时间发生改变。数学家称不变性为"对称性"，我们也可以说，是数学方程的时间对称性，决定了能量守恒。

早在 1922 年，德国女数学家埃米·诺特（Emmy Noether）就证明了，每一个连续的对称性，都通往一个守恒定律。为什么能量守恒？因为物理定律在过去、现在和未来是一样的。为什么会有动量守恒？因为物理定律在这里和那里是一样的。为什么会有角动量守恒？因为物理定律在这个方向和那个方向是一样的。

一切都是数学结构的性质。为什么我们这个世界有这些守恒定律？因为决定这个世界的数学结构，具有对称性。你发现一个对称性，就找到一个守恒的"量"，然后你赋予这个守恒量一个"包袱"，比如你管它叫"能量"，你就得到了一个物理守恒定律。更进一步，物理学家尤金·维格纳（Eugene Wigner）还发现，我们说的那些基本粒子的各种数学性质，比如自旋，也都是数学对称性的结果。

所以将来找到终极理论的方程之后，物理学家做的第一件事，就是看看它有什么对称性。

❺　数学宇宙

我们来总结一下泰格马克的这个世界观。

首先，有一个永远不变的数学王国，很多人把它叫作"柏拉图世界"。柏拉图世界里有各种各样的数学结构。

每一个数学结构，都对应一个物理实体。这个观念被称为"数学民主主义"：数学上存在，物理上就存在。无数个数学结构，就对应着无数个数学宇宙。

数学宇宙的特点就是除了数学就没有别的东西——一切包袱都只不过是人为的概念而已。基本粒子是纯粹的数学结构，底层的一切，只有数学。

当然，并不是所有数学宇宙里都适合生命生存。有的数学宇宙非常简单，有的数学宇宙里能量不守恒，有的数学宇宙里不存在稳定的质子。我们这个宇宙看起来很不错，这只不过因为我们恰好生活在这个宇宙里，也可以说，这个宇宙恰好适合生命生存。现在物理学家苦苦寻找的终极理论，就是我们这个数学宇宙的数学结构。

但是那些不适合生命生存的数学宇宙，也都存在。什么叫存在？不一定非得让你看得见摸得着才叫存在，数学上存在就等于存在。

我们经常幻想的魔法世界，其中有神仙，可以修炼内功，有七十二般变化，这种世界存在吗？只要你能找到一个合适的数学结构，那个数学结构允许魔法，那么魔法世界就是存在的。

每一部小说的剧情，每一个可能的人物，只要在数学上是合理的，那就一定在某个数学宇宙里真实存在。

每一个数学上合理的可能性都会发生，都发生过，而且发生过无数次。

我们完全不需要什么上帝之类的造物主，我们这个世界不需要任何理由就存在。

你、我、我们都是数学的产物，我们的各种活动只是在实践数学上的可能性而已——我们，就是数学的一部分。

到底有没有"随机"

我儿子嘴里长了个小水泡，一刷牙就疼。他很恼火，问我怎么会长这个水泡。我说这没有为什么，它就是长了。但他拒绝接受这个说法，说"它不可能就这么随机地（randomly）长出来！"

我们在家里总是督促孩子说中文，但是听儿子用到"random"这个词，我很欣慰。

我大概上高中才知道"随机"，对我来说这是个科学词汇——可能英文里这个词没有那么高的格调。"随机"的意思，就是无缘无故地发生。

我儿子哪里知道，他这个问题正在让无数物理学家和哲学家寝食难安。这个世界上到底有没有什么事情，是无缘无故发生的？

物理学家眼中的世界有"随机"吗？这是一个大反转的故事。

❶ 日常生活中有随机

生活中有些事，一念之间，人的命运就可能有巨大不同。

美国纽约市成功学院招生，因为名额有限，公平起见，采用了抽签的方法录取。这次抽签对很多贫困家庭的孩子来说是一生之中改变命运的最重要机会。如果一个一心向学的好孩子，因为没抽中而不得不去很差的学校，难道你能说这是因为他父母"积德"不够吗？

世界上有些事情跟你的"个人素质"没关系，根本不可控，和彩票没区别，你抽这个还是抽那个没有对错之分。你不得不承认，生活中有"随机"。

但是在物理学家看来，你不可控的事情，不等于就是"随机"的事情。

❷ 经典物理学没有随机

从物理学来看，人无非就是一堆原子，大脑决策无非也是原子的运动，而原子的运动都符合物理方程。一个小球，我告诉你它的位置在哪儿，它现在的速度是多少，它受到的力是什么样的，你就一定可以算出未来任何时刻这个小球会在什么位置。

当然，如果小球比较多，计算就会非常复杂。但是，从原则上来说，只要知道现在宇宙中每个原子的状态，我们就可以计算未来任何一个时刻的宇宙是什么样子，我们还能算出以前任何一个时刻的宇宙是什么样子。

一切都是确定的，哪有什么随机性可言？

比如抽签，为什么你抽中了这个签？那是因为你手的动作。你手的动作，是你大脑中某个电信号决定的。你的大脑里之所以会有那个电信号，是因为你当时想到了什么东西。你之所以想到那个东西，和你昨天晚上做的梦有关。你之所以会做那个梦，又是你以前的经历决定的。总而言之，有果必有因，你也是物理世界的一部分，一切都是确定的。

这就是经典物理学的世界观。经典世界观有个推论，非常有意思——宇宙中的信息应该是守恒的。

我只要知道现在宇宙中所有物质的信息，就能计算出它们将来的信息和过往的信息——这就等于说过去和未来都没有意外。宇宙中的总信息既不会增加，也不会减少，信息是守恒的！

现在的宇宙里有几乎无穷多的星球，它们是由几乎无穷多的基本粒子组成的。想要精确描述这个宇宙，据估计，至少需要 10 的 100 次方比特的信息。

可是，宇宙大爆炸理论告诉我们，早期宇宙起源于一个非常非常小的区域，里面没有什么复杂的东西。如果早期宇宙很简单，所包含的信息一定很少——可是现在宇宙中信息又是如此庞大，那些多出来的信息，是从哪里来的呢？

要想解决这个问题，似乎必须借助量子力学。

❸　量子世界有真随机吗

在奥地利物理学家薛定谔（Schrödinger）提出的思想实验"薛定谔的猫"[2] 中，我们知道，量子力学里，似乎是有真正的随机性的。一个光子通过两道缝到达屏幕，如果你观测，就会发现它或者是从左边的缝过去，或者是从右边的缝过去——到底从哪走，你无法决定。做完实验打开容器，薛定谔的猫或者是死的或者是活的，是死是活你事先没有任何办法控制。波函数坍缩到什么结果，是完全随机的事件。

对物理学家来说，量子随机性是唯一随机性，是物理定律不能预测的结果，是真正的意外。正因为量子力学不断制造意外，我们才在本质上也无法计算每个粒子的运动，所以宇宙中的信息才会越来越多。

再进一步，量子力学的随机性对早期宇宙至关重要。如果早期宇宙是绝对均匀的，那大爆炸就应该向各个方向均匀地爆炸，那就会得到一个绝对均匀的宇宙——可是我们这个宇宙显然不是绝对均匀的，有些地方产生了星球，有些地方是一片空旷的空间。想要有这样的差异，我们就得要求早期宇宙中有一点点的不均匀。

物理学家把那一点点的不均匀叫作"量子涨落"。幸亏有量子涨落，今天的宇宙才多姿多彩。

这就是很多物理学家心目中的"主流"世界观。

可是如果你相信数学宇宙，这个允许量子随机的世界观可就不对了。

量子力学也是数学公式的结果吗？数学公式里，可没有随机性！

❹ 数学宇宙里没有真的随机

我们前面讲了，"数学宇宙"这个思想认为，宇宙是个数学结构，宇宙里的一切都是数学的。虽然我们不知道这个宇宙的终极理论是什么样的，但是我们知道，它一定是数学公式。而只要是数学公式，它就没有随机性。

不管是什么公式，你输入一组数字，它就会算出一个结果——它不可能有时是这个数，有时是那个数。公式就是公式，没有自由意志，也不会跟你开玩笑。

那量子力学的随机性是从哪来的呢？还真不是从数学公式来的。量子力学里的波函数遵守的薛定谔方程完全是个正常的、确定性的公式——随机性不是来自波函数本身，而是来自波函数的"坍缩"。而波函数到底怎么坍缩，则不受数学控制！

这就是为什么很多物理学家觉得量子力学这个随机性特别别扭，所以有人建议用量子平行宇宙取代波函数坍缩。

关键在于，如果取消了量子力学的随机性，那数学宇宙思想，怎么解释宇宙里越来越多的信息呢？

还真能解释。简单的数学，就能生产非常复杂，甚至看起来就好像是随机产生的信息。举个最简单的例子：

$\sqrt{2}$ =1.414213562373095048801688724209698078569671875376948073 17667973799……

我们从中截取一段数字，比如"42096980785"，你会觉得这是一段完全随机的数字——但事实上它一点都不随机！

根号 2 是个无理数，它的小数部分无穷无尽，而且不会循环。表面上看，这串数字中包含了无穷多的信息，实际上它只是根号 2 这么一个信息！

还有一个特别著名的例子，叫"曼德布洛特复数集合"。简单说来这是复平面上的一张图，横坐标是实数轴，纵坐标是虚数轴。咱们先看看这张图的一个局部，如下图[3]所示。

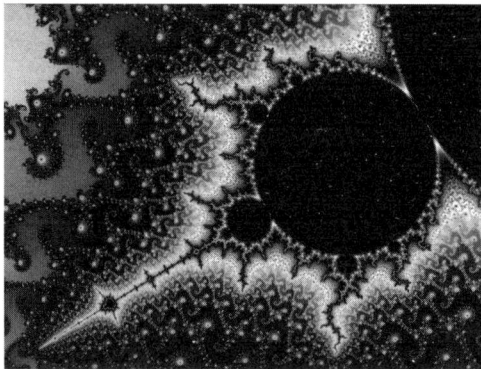

这张图非常漂亮，而且感觉特别复杂。这张图的看点在于各个地方看起来有点相似，但又不是完全一样，所以你没办法用复制粘贴的方法画这个图，你也没有办法高效地压缩它。

那这么复杂的图是怎么生成的呢？其实非常简单！你只要选定一个复

数 c，然后从 $z=0$ 开始，反复迭代 $f_c(z) = z^2 + c$。

这样生成一连串的数字 z，每一个新数都是前一个数用这个公式计算出来——然后你把所有这些数都标记在复平面上。全局图是下图[4]这个样子的。

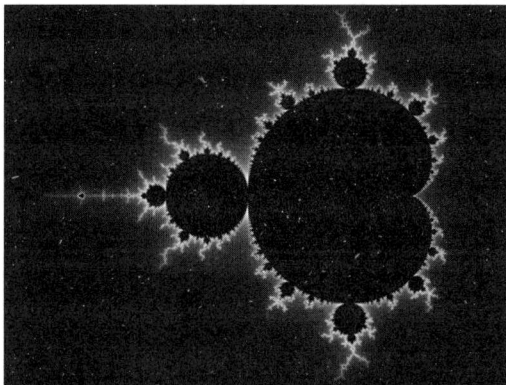

为了好看，你可以根据一定的规则标记颜色。从这张图上一点深入进去，可以有无穷无尽的变化。

而这美丽的复杂其实是个幻觉！这一切源于 $f_c(z) = z^2 + c$ 这个无比简单的公式。

我们这个宇宙现在的一切，看似无比的繁华复杂，其实都是从一个简单数学公式推演出来的。除了终极理论的那个公式，宇宙从来都没有过新信息！

泰格马克的看法没有这么极端，他认为早期宇宙的那一点点涨落信息还是需要的。不过那一点点涨落信息也是数学的产物，就好像"42096980785"是根号 2 的产物一样——我们只知道一个根号 2 还不够，还得知道具体到根号 2 的哪里去找这段数字，它只是个位置信息。

但无论如何，终极理论之外那个涨落的信息，并不代表物理实在的本质——它只与我们这个宇宙在那段数学结构中的位置有关。根号 2 中的每一段数字都能跟终极理论配合生成一个略微不一样的宇宙，而我们正好处在地址是"42096980785"的这个宇宙中。

　　我们抬头看看周围的一切。天文学家有充分的观测证据表明，以前的宇宙看起来没这么复杂——宇宙起源于一次大爆炸。那你想想，现在这一切到底是怎么来的。

　　你相信其中有"上帝"之类精神力量的干预吗？你相信其中有不受任何力量控制的"随机"的作用吗？还是你相信，这一切都不过是一个简单的数学公式，再加上一个涨落地址的产物？

　　如果你相信数学，你就不得不相信一些听起来匪夷所思的东西，比如说时间的流逝是个错觉，比如说平行宇宙。

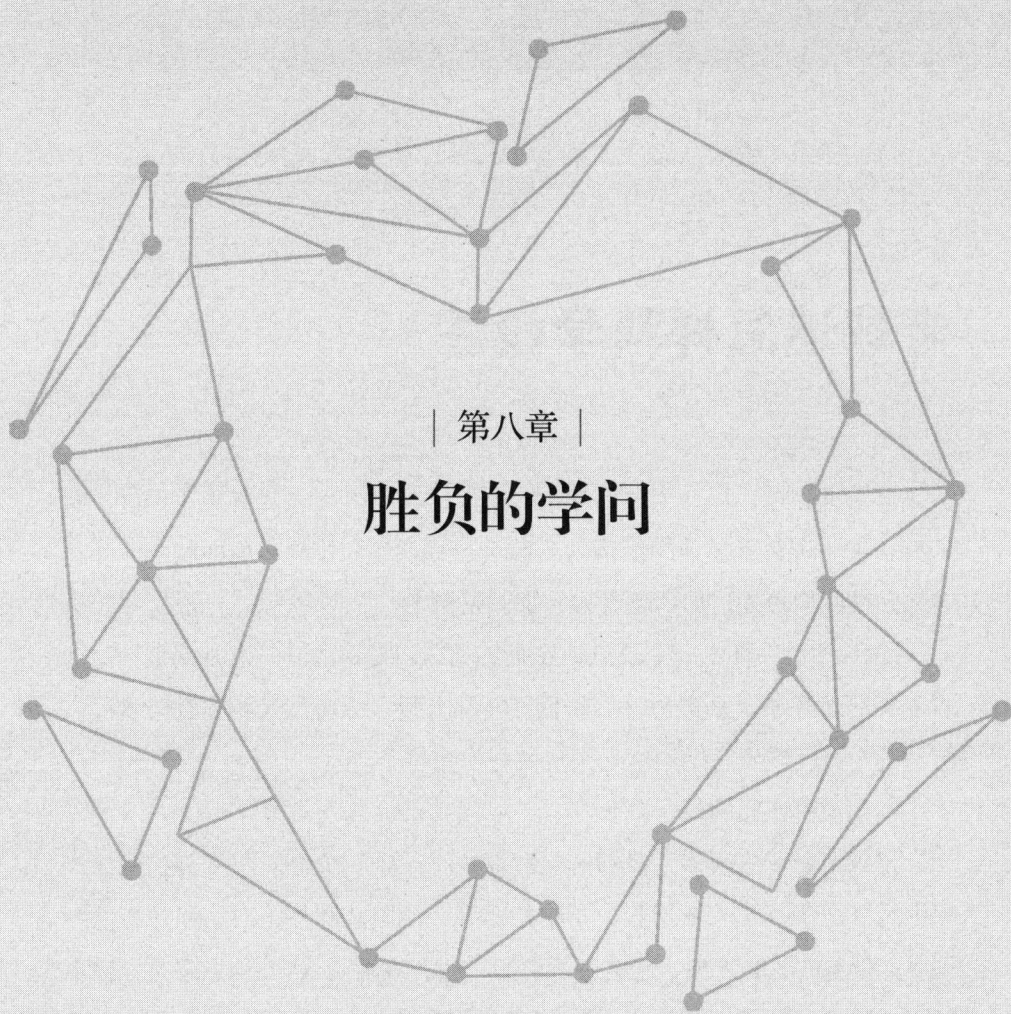

第八章

胜负的学问

体育是商业化了的、简直是被糟践了的随机性。

——纳西姆·塔勒布《随机生存的智慧》

老球迷怎样科学投注

每届世界杯，都是全世界球迷的狂欢日，2018 年世界杯也不例外。我们就来讲一讲关于足球的经济学、数学、心理学和技战术里面的学问。首先还是从我们最爱讲的话题开始，那就是概率。

2018 年世界杯，一个热点话题是感觉冷门挺多的——这其实不是这届世界杯的新迹象，事实是每一届世界杯都有很多冷门。我倒是觉得这届世界杯的一个新迹象是中国球迷中玩博彩的变多了。

咱们说说博彩的数学。

足球博彩玩法很多，我们研究最直观的一种。2018 年世界杯德国队对墨西哥队，我查了一下博彩公司给的赔率，德国队胜是 1.45，墨西哥队胜是 8，双方打平是 4.75。这个是所谓的"欧洲规则"，赔率的意思是，你下注 1 元赌德国队赢，德国队要是真赢了，博彩公司就退给你 1.45 元，也就是你净赚 0.45 元。而如果是墨西哥队赢了或者双方打平，你这 1 元钱就没了。

规则很简单。那博彩公司给的赔率是怎么定的呢？博彩公司是不是特别希望比赛爆冷门呢？有没有什么科学的投注方法呢？

❶　博彩的系统思维

我们首先要清楚，赌徒的思维和赌场的思维是很不一样的。赌徒总希望赢一把大的，最好有个戏剧性的结果，让他赢一大笔钱走人。赌场想的是怎么长期地、稳定地赚钱，赌场不喜欢大波动。赌徒靠的是运气，赌场靠的是系统。

比如你去赌场，不管是玩什么项目，如果你每把玩的都比较小，但是总去总玩，赌场会非常欢迎你。如果你一进赌场就说，把你们老板找来，我要玩一把大的，你们赌场值多少钱我就押多少钱——赌场是绝对不会跟你玩的。赌场会给你设一个赌注的上限——开玩笑，我踏踏实实就能赚钱，干嘛冒输光的风险？

据我所知，美国赌场设定的毛利率大约是 5%。也就是说假设每个赌徒每天拿 100 元钱到赌场玩，可能有的人赢了 1000 元高高兴兴回家，有的人把 100 元输光，有的人不输不赢——平均下来，赌场只想赢你 5 元。这 5% 赢的不显山不露水不拉仇恨，但是概率站赌场这边，稳稳当当平均下来都是赢，这才是合法生意，而且是好生意。

回到足球博彩，合法的博彩公司也不需要靠冷门赚钱。博彩公司的最大利益所在，就是让赔率尽可能地符合胜负平的真实概率。

2017 年出版了一本书叫《足球数学》（*Soccermatics*），作者是瑞典应用数学教授大卫·森普特（David Sumpter）。森普特本人喜欢足球且喜欢研究足球，他在书中详细分析了博彩公司的赔率设定。

比如巴西对冰岛，假设我们认为巴西队获胜的概率是 70%，而博彩公司给的赔率是 1 赔 2。那你投入 1 元钱，有 70% 的可能性这 1 元会变成 2 元，有 30% 的可能性这 1 元钱就没了，所以这 1 元钱投注的数学期望是 $2 \times 0.7 = 1.4$，预期挣 0.4 元，那你当然应该买巴西队赢。可这样一来，如果巴西队真的按照 70% 的概率赢，博彩公司不就赔了吗？博彩公司必须降低这个赔率。

反过来说，如果博彩公司给的赔率是 1.2，那你投入 1 元钱的数学期望就只有 0.84 元，这种情况下你就不会买这个赔率了。或者说，就算你不在乎概率，别的博彩公司也可能会以一个更高的赔率吸引你。所以博彩公司会提高这个赔率。

高了就要调低，低了就要调高，一直调到赔率正好反映了概率为止。这时候，赔率 × 概率 ≈ 1。

一般来说，博彩公司会首先做大量的研究，比如综合考虑两个队过往的比赛记录、近期的表现、球员的情况等，计算一个尽可能准确的概率，并且根据概率定下赔率。开盘之后，博彩公司还会结合实时的购买数据，随时调整赔率。

所以赔率一方面反映了博彩公司自己的专业研究，另一方面也反映了押注球迷的观点。事实上考虑到群体的智慧，球迷用钱投票投出来的概率基本上和专业研究的观点一致。

我们只要看看博彩公司开出的赔率，根据各方面信息的反馈，就能合理地判断这场比赛胜负平的概率分别是多少。概率 =1/ 赔率。

比如前面说的德国队对墨西哥队这场比赛，博彩公司给的德国队胜、负、平的赔率是 1.45、8、4.75，这就意味着博彩公司和当前市场认为德国队胜、负、平的概率分别是 1/1.45=0.69、1/8=0.125 和 1/4.75=0.21。然后把这三个概率加起来，1/1.45+1/8+1/4.75=1.025。

几乎就等于 1。多出来的 0.025 是博彩公司的利润！也就是说，在这场博彩中，博彩公司想要的利润率是 2.5%，可以说是相当厚道了。这大概是因为世界杯比赛投注的人多，这个钱赚得容易，同行的竞争把利润率压低了。按森普特的说法，英超联赛中博彩公司要求的利润率在 5% 到 6% 左右，也还算可以。

经营博彩业就好像是开赌场。可能预测不准确，这把多赚了点，那把还赔了钱，但是博彩公司并不在乎一场比赛的盈利。只要使用这个方法，它就可以长期地、稳定地赚钱。

那根据这个原理，我们应该怎么科学投注呢？

② 科学投注

绝大多数球迷使用的投注方法，是觉得哪种情况出现的可能性最大，就买哪种情况。你认为德国队能赢墨西哥队，也不问赔率是多少，就买德国队胜墨西哥队。这个方法不科学。

事实是你并不真的相信德国队能赢墨西哥队。你相信的其实是德国队赢墨西哥队的概率比较高。比如，你认为德国队有 60% 的可能性赢墨西哥队，有 15% 的可能性会输，还有 25% 的可能性打平。

我们再看博彩公司给的赔率，胜、负、平的赔率分别是 1.45、8、4.75。现在按照你自己的概率算，投入 1 元钱买德国队胜，你的数学期望是 $1.45 \times 0.6 = 0.87$。买德国队输，数学期望是 $8 \times 0.15 = 1.2$。买平，数学期望是 $4.75 \times 0.25 = 1.1875$。数学期望最高的是买德国队输！

虽然你认为比赛最可能的结果是德国队赢，但是你应该买德国队输！因为只有每次都坚持这样按照数学期望的最高值买，你才有可能以系统的方式从博彩中赚钱！

这个关键就在于，博彩公司给德国队输这个结果的开价超出了你的预期。

这才叫科学投注。但是这里面有个问题。

你凭什么相信自己的概率判断比博彩公司的更准呢？要知道博彩公司为了持续稳定地赚钱，是在竭尽全力给最准的概率。

③ 博彩公司有多厉害

答案是你根本就不应该相信自己的判断！森普特对比统计了博彩公司对英超联赛整个赛季的各场比赛开出的赔率和比赛的实际结果，得到下面这张图[1]。

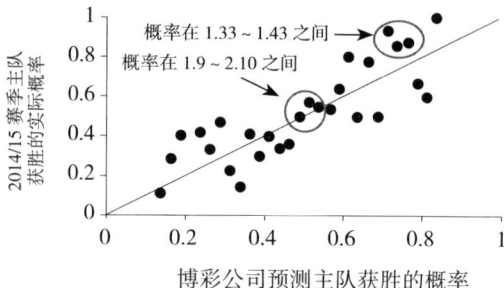

图中横坐标是博彩公司预测主队获胜的概率，纵坐标是主队获胜的实际概率。博彩公司的预测的确经常不准确，但是你要注意，其中没有系统误差！这意味着博彩公司从未系统性地高估或者低估，实际比赛结果是在预测值的周围变动。

博彩公司并不神，但是你找不到它的漏洞。森普特在图中画圈的地方讨论了球迷的心理对赔率的影响，试图从中找到系统性投注赚钱的机会，但结论是就算有机会，利润也只在 1% 以下，而且在统计上还不显著。

我们再强调一遍，博彩公司开出的赔率，是专家预测和投注者共识联合作用的结果。你作为一个没有任何内幕消息的业余球迷，凭什么相信自己比博彩公司还厉害？

如果我们干脆就相信博彩公司算的概率，那应该怎么投注呢？答案是买哪个结果都一样。所以我认为有人在微博中说的买法非常合理——"因为不喜欢韩国队，所以我买了瑞典队胜；因为喜欢比利时队，所以我买了比利时队胜"。

事实证明他买的全中！

总结一下，关于博彩：

（1）赌徒靠运气赚钱，博彩公司靠系统赚钱。博彩公司要求的毛利润率并不高。

（2）博彩公司开出的赔率，直接反映了其对比赛结果的概率预测，而这个预测已经是专家意见和投注者共识的综合体现。

（3）科学投注，不是买自己认为最大的可能性，而是根据赔率计算最值钱的可能性。

（4）鉴于第（2）点，最科学的投注方法是随便买。

所以别指望从足球博彩上系统性地赚钱——你要买的多，只能是系统性地输钱。

足球博彩的主要作用是让球迷陶冶情操。对于世界杯这种没有中国队参加的比赛，我建议买你支持的球队赢，这样能让你的情绪波动加倍，看球更刺激。如果中国队也参加了比赛，我建议买中国队输，这样至少你能够获得一点金钱上的安慰。

一半是技艺，一半是运气

2018 年世界杯，德国队输给墨西哥队，巴西队被瑞士队逼平，哥伦比亚队开场 3 分钟就送给日本队一个点球加自罚一人的"大礼包"，荷兰队和意大利队早在预选赛就被淘汰。

记者管这叫冷门，科学家管这叫测量误差。我们还是讲讲科学家的眼光。

为什么在足球比赛中强队会输给弱队？如果单看一两场比赛，你甚至会觉得这里面有阴谋：是不是博彩集团插手了？事实是足球是一种非常不可控的比赛。也正因为比赛非常不可控，博彩集团很难在国际大赛中插手。如果你抛开情绪，像科学家一样冷静地分析比赛，把足球比赛当成测量两支球队水平的实验的话，你会发现这种实验的误差实在太大了。

❶ 足球与随机性

2013 年，一位行为经济学家和一位统计学家出了本用大数据分析足球的书，叫《数字游戏》(*The Numbers Game*)，其中提到一个非常能说明问题的统计事实。比如说一场事先看来强弱比较分明的比赛，赛前球迷看好强队，那么，强队真取胜的可能性有多大呢？

答案是，平均而言，强队获胜的概率只有 50%。考虑到足球比赛有打平的可能，这个概率的确比完全随机强——但仍然是非常低的。以弱胜强在足球界是非常容易发生的事情，根本不需要用阴谋论解释。

这两位教授量化估计，影响足球比赛结果的，一半靠技艺，一半靠运气。为什么足球比赛有这么大随机性呢？有微观和宏观两方面的原因。[1]

微观上的原因是足球这个项目的进球太少。足球的球场太大、球门太小、守门员的手太长、禁区里后卫的腿太多。一支球队哪怕是面对比自己弱的对手，90分钟内也只有大约十几次射门机会，整场比赛下来双方总共只有两三个进球。这就好像一场匆忙的面试，只问了两个问题，怎么能准确判断这人行不行呢？人说怀才就像怀孕，时间长了别人肯定能看出来——足球比赛不是一个给你充分机会"怀孕"的项目。

宏观上的原因，则是现代足球是个充分竞争和充分交流的项目。非洲有天才没钱，非洲的天才可以到欧洲踢球。冰岛队战平阿根廷队之后很多人说冰岛队是业余球员组成的，其实冰岛队大部分都是职业球员，效力于德国、英格兰和丹麦的职业联赛。[2]事实是最好的球员几乎都在欧洲踢球，不太好的球员也是欧洲教练和欧洲教科书培养出来的。充分竞争和充分交流的结果是足球圈的整体水平都很高，技战术没有秘密。

我看有些伪球迷说得非常不靠谱。有人说弄一批死刑犯练一年足球，打不进世界杯就枪毙——这是以为只要有所谓的"拼搏精神"就能踢好球，殊不知拼搏精神根本不稀缺，现代足球根本不是关于拼搏精神的项目。还有人说"高考加一门足球"，中国足球就有希望了——高考非常重视数学，但请问中国现在有几位世界级的数学家？

以我之见，竞技水平行不行，关键在于你在不在那个充分竞争、充分交流的圈子里。圈外的边远地区基本没戏，圈内各国的水平差不了太多。

低竞争水平的项目可能比智慧、比技术，而越是高竞争水平的项目，因为大家水平都很高，运气因素就非常重要了。

但就算运气很重要，技战术水平也还是很重要啊，不可否认强队的水平就是高。这样说来，2018年世界杯的冷门是不是有点太多了呢？

其实一点都不多。冷门注定要发生。

❷ 强队的体现

以德国队对墨西哥队那场比赛为例。博彩公司开出的赔率，德国队胜是 1.45，墨西哥队胜是 8，两队打平是 4.75。对应的概率分别是 0.69、0.125 和 0.21。

墨西哥队有 12.5% 的可能性取胜，这不叫奇迹：目睹一个概率是 12.5% 的事件发生是很平常的事情。如果 12.5% 就算爆冷，那小组赛第一轮 16 场比赛都不爆冷的概率是 $(1-12.5\%)^{16}$=11.8%。也就是说，有高达 88.2% 的可能性，这 16 场比赛中至少出现一次墨西哥队胜德国队的事件。"众多可能的小概率事件中至少发生一个"，这是大概率事件。

事实上，强队不但不能保证在单场比赛中获胜，而且就算是打上很多场，也未必一定比弱队表现好。说一个稍微有点难的例子。假设现在是 NBA（美国职业篮球联赛）决赛，七局四胜。比赛双方一强一弱，单场获胜概率分别是 55% 和 45%。那请问，这个强队最终赢得冠军的概率有多大？

55% 对 45% 这个优势似乎已经挺大了，七局四胜的一个重要目的就是为了避免偶然性，让强队久经考验脱颖而出。但即便如此，这个强队最终夺冠的概率也只有 60%。[3]

这还不算。我在大卫·森普特的《足球数学》里看到他对英超联赛做过一个研究。他设定每个队的平均得失球数不变，强队还是强队，弱队还是弱队，然后随机模拟每场比赛的比分。我们知道英超一共有 20 支球队，每个队每赛季要打 38 场比赛，那这么漫长的联赛是否足以确保强队夺冠呢？

研究中设定实力最强的是曼联队。森普特总共模拟了一万次英超联赛，曼联队只在其中 26.3% 的模拟中取得了冠军。这么长的联赛也不能保证最强者脱颖而出！我不知道莱斯特城队在这种模拟中有多大的夺冠概率，这支由一群身价不高的球员组成的小球队在 2016 年居然超越众多豪门球队获得英超冠军。

这就是足球。单场很可能爆冷门，杯赛冠军可能爆冷门，连联赛冠军都可能是冷门。

那如此说来，足球这个项目是不是太不公平了呢?

❸ 运气和公平

想要让足球比赛结果更公平，办法非常简单——只要把球门加大就可以了。大幅增加每场比赛的进球数，强队就更容易表现实力。

但足球界的理性选择是不应该这么做。

足球不是高考，足球界最想要的不是每场结果都公平，而是每场都能吸引更多观众。有悬念才有观众，有随机性才有悬念。

这其实是所有比赛项目的共同课题。篮球和美式足球每场得分都比足球大很多，按理说随机性应该更低。根据《数字游戏》一书中的统计，赛前预测的强队，在 NBA 和 NFL（National Football League，美国职业橄榄球大联盟）中取胜的概率都是 70%。但考虑到比赛没有平局，这个随机性其实也不小。

其中一个重要原因是 NBA 和 NFL 都采取了限制强队实力的措施，比如说工资帽和给弱队选秀优先权的制度。联盟不希望球队之间强弱太分明。如果强队稳赢弱队，比赛失去悬念，联盟就会失去观众!

也许恰恰是因为足球天生的随机性就大，足球联赛里一般没有限制强队的措施。欧洲联赛中有一些超级豪门俱乐部，花最多的钱买了最好的球星。而它们之所以能稳稳当当地做豪门，恰恰是因为有可能会输给非豪门!

所以随机性并不是足球比赛的缺陷，而是特色。乒乓球从每局 21 分改成 11 分，排球从有发球权才能得分改成每球得分，都是在增加比赛的随机性。观众喜欢公平，但观众也喜欢意外。公平 + 随机 = 熟悉 + 意外。

随机性是给穷人的礼物。你是富人靠科技，但是你也得允许穷人靠变异——这个项目才能长久地玩下去。

一半靠技艺，一半靠运气，生活中像这样的事儿恐怕不只是体育。不过话说回来，技艺也很重要。之后我们会讲到技艺，会讲为什么C罗（C. Ronaldo）和梅西是逆天的存在，以及为什么他们并不容易率领自己的球队逆天。

明星和精英团队

在足球比赛中，球星和球队之间的关系，特别值得研究。是球星造就了球队呢，还是球队捧红了球星？

其实每一个精英团队都有这个问题。明星很耀眼，身价也特别贵，那市场有没有可能高估了明星的价值？如果团队的支持比球星本人重要，那我们就要重新考虑，到底值不值得花那么大的价钱买球星。

当今足球天下真正的超级巨星只有两个，一个是 C 罗，一个是梅西。2018 年世界杯中，C 罗在葡萄牙队的作用显然是核心中的核心，一人进4 球。

福克斯电视台的解说员一提 C 罗就爱说一句话："He delivers." "deliver" 的意思差不多是"交付"——C 罗总能按时按点、保质保量地给你交付成果。你要是明星，在别人指望你的时候你得 deliver。

但是这次梅西好像没有 deliver。离开巴萨队友的支持，梅西有点无所适从。那是不是说葡萄牙队应该感谢 C 罗，而梅西却应该感谢巴萨队友、感谢教练、感谢领导、感谢"CCTV"和"MTV"呢？

想要科学分析球星的作用，你不能只看一两场比赛的高光时刻。咱们还是用数据说话。

❶ bug 级的存在

评判一个明星的厉害程度，数据往往比直觉更能提供直观的感受。

比如下面这张图[1]，是 1912 年到 2012 年这 100 年间，男子百米世界纪录的演变。

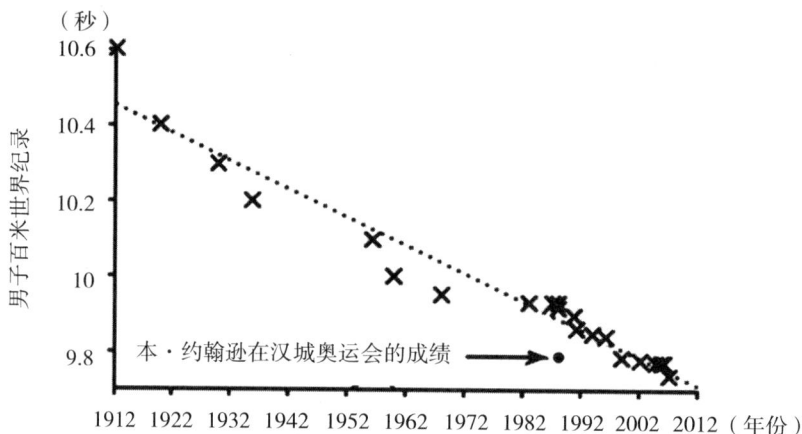

图中每一个 × 号代表一个新的世界纪录。可以看到图中好像有个规律：这些历史上的世界纪录，几乎排成了一条直线。特别是 20 世纪 80 年代以后，比赛成绩测量更准确、打破纪录更频繁，数据也显得更整齐。

这个直线下降的规律是可以理解的。每一个世界纪录都代表了当时的最高训练水平，而人类进步是逐渐的。

但是你一眼就能发现，图中有一个数据看上去非常不对。1988 年本·约翰逊（Ben Johnson）在汉城奥运会上创造的 9 秒 79 的成绩，明显不在这条直线上。

研究生做实验要是得到这个数据，肯定会怀疑是不是哪里搞错了。约翰逊的成绩好像是个 bug（漏洞）。

事实上这的确是个 bug，后来人们得知约翰逊当时服用了兴奋剂。

那我们去掉约翰逊，继续看下面这张图上 1982 年以后的数据[2]。

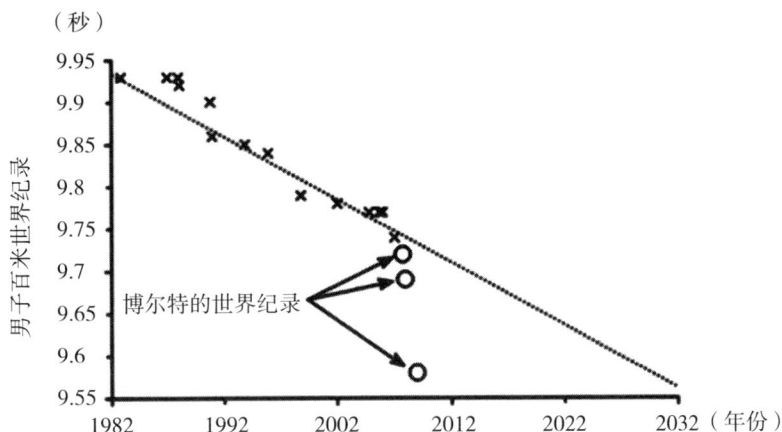

你马上就能注意到，博尔特（Bolt）创造的纪录，更不寻常。

本来世界纪录是基本上按直线匀速地下降，但是到了博尔特参加 2008 年北京奥运会，直线没有了。博尔特大大加速了世界纪录的演化！

博尔特在奥运会预赛中的成绩为 9 秒 72，在决赛的时候跑出了 9 秒 69。到 2009 年，他居然又创造了 9 秒 58 的纪录！

按照之前"正常"的直线规律预测，人类应该到 2030 年才能取得 9 秒 58 的成绩。博尔特让历史加速了 20 年。我们只能说博尔特是个略不世出的天才人物。如果我们这个世界是计算机模拟出来的一场电子游戏，那设计游戏的人肯定把博尔特的参数搞错了。

博尔特，是个 bug 级的存在。

咱们再用同样的道理分析一下 C 罗和梅西。下面这张图[3]是 1986 年到 2010 年间，西甲联赛最佳射手的进球统计。

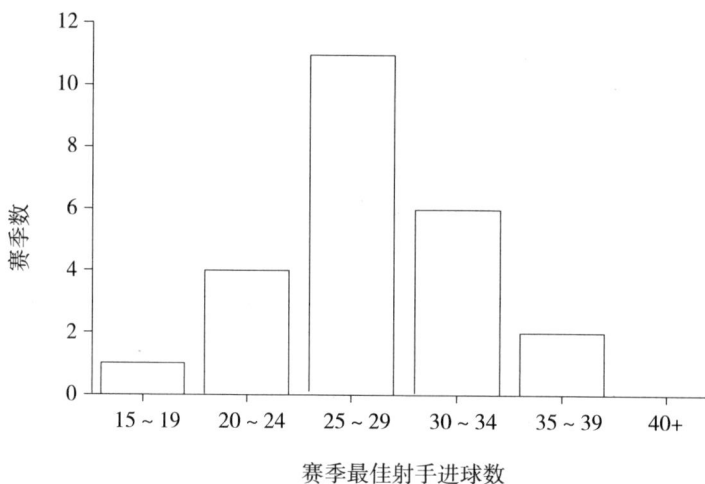

一般来说一个赛季进二三十个球就能当最佳射手，最多的一年有人踢进了 38 个球。

而在 2010/11 赛季，梅西进了 31 个球，C 罗，居然进了 41 个球。要知道西甲联赛总共只有 38 轮，这相当于 C 罗平均每场踢进超过一个球！这是什么效率的前锋？！没错，C 罗 delivers。

到 2011/12 赛季，C 罗更进一步，进了 46 个球，而梅西居然进了 50 个球！这还不算他缺席了一场比赛。在西甲这种高水平联赛中 37 场比赛进 50 个球，这是什么概念呢？

《足球数学》这本书的作者大卫·森普特使用一个统计模型进行了分析，西甲联赛最佳射手进 50 个球的概率，大概是 1.36%——相当于每 73 年出现一次。

换句话说，像梅西这样的球员，我们基本上一生只能遇到一位。

我在大数据预测网站 538 上还看到了另一个统计。[4] 下面这张图 [5] 是 2010 年世界杯结束以后到 2014 年 7 月间，全世界 16000 多名球员参加的比赛和在比赛中进球和助攻的总数。

总分统计

2010 年世界杯进球和助攻总数统计

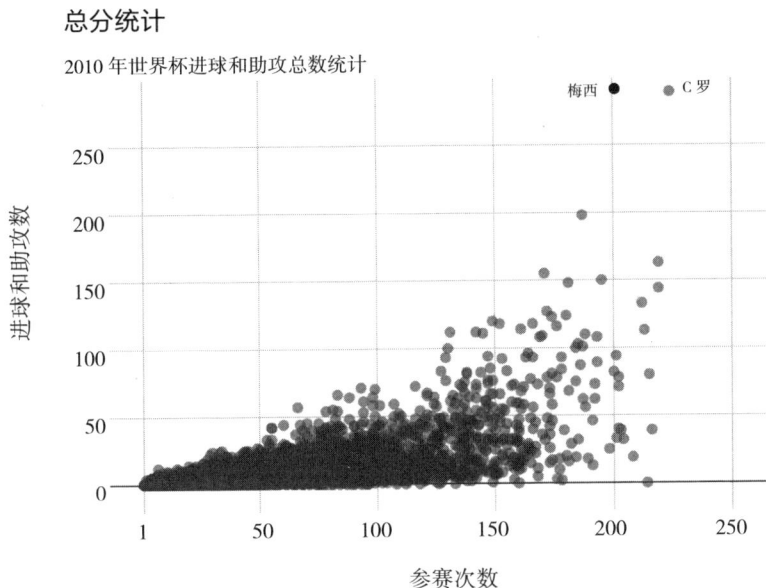

梅西和 C 罗鹤立鸡群。

所以球星和球星还不一样，梅西和 C 罗是球星中的球星。使用大规模的数据统计，我们才知道这两个人是多么逆天的存在。

厉害是真厉害。但是我们还是有个疑问。足球毕竟不是百米赛跑，它是一个集体的运动，能踢进这么多球肯定也离不开队友的帮助，最起码队友得给你制造这么多射门机会才行。那怎么判断队友的贡献呢？

② 谁的贡献大

足球比赛里最露脸的肯定是制造进球的进攻球员，那难道后卫和守门员就只能做无名英雄吗？我没有看到在 C 罗和梅西最耀眼的时刻，他们队友的数据统计。但是《足球数学》这本书介绍，英超联赛有个非常好的评判系统。

这个系统还是出品获得 FIFA（国际足联）授权的足球游戏的 EA（美国艺电公司）赞助的，叫"英超球员表现指数"。这个系统要看很细的数据，包括每个球员的助攻和射门次数、跑动距离、盘带次数、抢截成功率、铲球、解围等。但系统并不是简单地把这些数据加起来，而是要看每个动作值多少钱。

我理解统计学家弄了一个类似于因果模型的东西，要精确计算各种动作对得失球的贡献。比如说，形成射门之前一般都会有好多次传球，队友有各种配合，那哪种配合对最后的射门最有帮助呢？

一个计算结果是 1 次成功的传中，价值相当于 10 次普通传球。那如果一个球员的传中特别准，他就算不怎么进球，价值也很高。这才是比较科学的评估。你光说我在场很拼命不行，你干的这些活儿得对得失球有切实贡献才行。

用这个模型算，得分最高的大都是后卫和守门员，有时候只有一个前锋和一个中场球员能进入前 10 名。2008/09 赛季 C 罗在英超曼联踢球，他也参加了这个评比，但是都没有进入前 20 名。

也就是说，从对球队胜负影响的效率来说，价值最大的恐怕不是前锋，而是后卫和守门员。观众只注意到进球，殊不知防守队员化解掉对方的进球也同样重要！每一次围追堵截、每一次大脚解围，都是实打实的功劳。

前锋之所以得分低，是因为前锋浪费了太多机会。全队努力，好不容易把球送到你脚下让你射门，结果你一脚浪射踢飞了……

那逆天的梅西和 C 罗，难道他们的价值被高估了吗？

❸ 真正的 C 罗

咱们来看看 C 罗到底有什么样的价值。

下面这张图[6]是 2014/15 赛季皇家马德里队参加欧洲冠军联赛 12 场比赛的一个统计。对 C 罗、本泽马（Benzema）和贝尔（Bale），图中每个黑点代表一次射门的地点，每个圆圈代表一次进球。

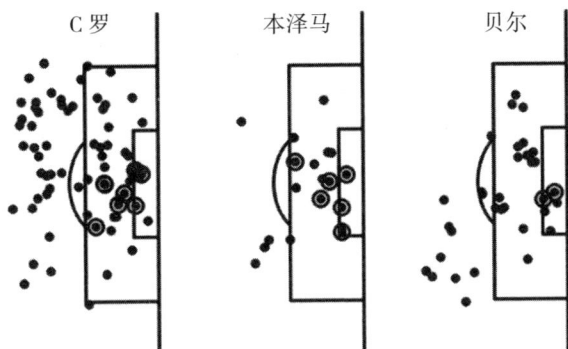

12 场比赛里 C 罗一共进了 7 个球（不包括 3 个点球），本泽马 6 个球，贝尔 2 个球。C 罗的进球数最多……可是 C 罗的射门次数也是最多的。进球效率最高的是本泽马。

如果队友无条件地信任你，让你任何时候想射门就射门，那你理所应当进很多球。C 罗的进球数似乎还有点辜负了这么多的射门机会。C 罗有多达 35 次禁区外的远射，一次都没进。

事实上，如果你考虑更多的数据就会发现，C 罗的进球效率真不算特别高。下面这张图[7]是对 866 个球员的统计，横坐标代表平均每场射门次数，纵坐标代表这些射门中进球占的比例。

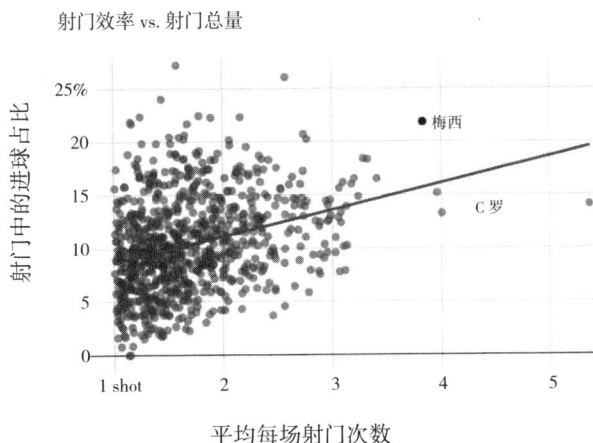

我们看到总趋势是进球效率越高的球员，射门次数也越多——这体现了队友对高水平射手的信任。但是我们看到，C罗在代表平均水平的线以下——他的射门效率有点配不上他的射门次数。反倒是图上的梅西，不但进球多，而且效率高。

所以C罗绝对应该感谢皇家马德里队的队友。

但是我们也不能说C罗就被高估了。森普特认为，C罗的价值不仅仅在于进球，更在于他制造威胁的能力特别强。下面这张图[8]表现的是形成有效射门之前的15秒钟，球的来源——也就是说，是谁在什么地方把球传给射门的人。图上的每一个小方块代表一次这样的威胁传球。颜色越深，就说明从那个区域发动的有效传球越多。

角球区和球门前都是传出威胁球最常见的地方，不足为奇。图中最引人注目的，是左前场那一片黑色区域——这是皇家马德里队的关键进攻发起区。那个区域属于C罗和马塞洛（Marcelo）。

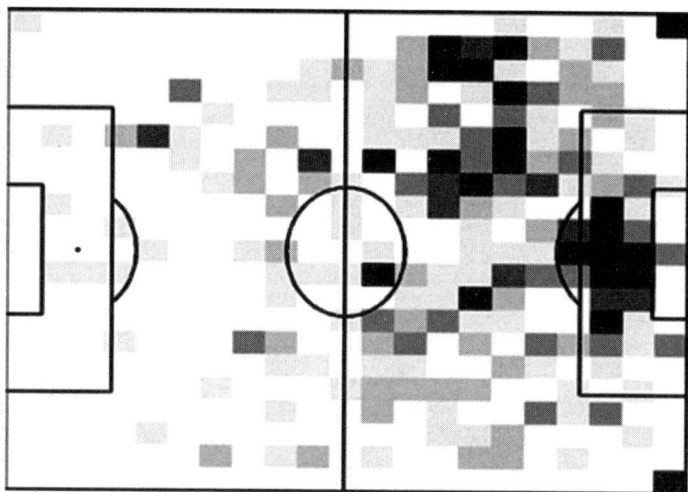

C罗不仅仅自己射门，他还是关键进攻的发起者！皇家马德里队的打法，简单来说，就是想方设法把球递到左路，由C罗或者马塞洛把球送到禁区前的有效射门区，然后在那里形成射门。12场欧洲冠军联赛中C罗不但有 7 个进球，而且还有 4 个助攻。

　　所以到底什么是明星？如果这个项目的合作度比较低，那明星完全可以单干，自己就能刷出漂亮成绩。但如果合作度比较高，那明星就必须在团队的支持之下才能有高光表现。现代足球是个合作度很高的项目，而其中真正的明星，除了自己直接做出成绩，还要给团队里其他人提供支持，成为领袖。

梅西与系统

我们这个时代非常关注明星，这个时代的精英人士非常喜欢谈论"领导力"——但是"明星"这个词并不经常能跟"领导力"联系在一起。明星是自带主角光环的人，人们关心的是他本人；领导力，是这个人能对团队起到什么作用。那我们是不是应该要求明星有领导力呢？

其实对团队来说，有一个东西比领导力更厉害。明星和团队的关系应该由这个东西决定。最高水平的团队不应该指望什么领导力，而应该致力于建设这个东西。

这个东西就是系统。

咱们就以梅西为例，说说团队的系统。

❶ 唯一正确的足球打法

阿根廷人梅西，是西班牙巴塞罗那足球俱乐部（巴萨）的拉玛西亚训练营的产物。虽阿根廷有才，西班牙实用之。这个事实非常重要。拉玛西亚训练营传授的是现代足球的正确打法，而阿根廷的俱乐部没有这种打法。

早在 2009 年，西蒙·库珀（Simon Kuper）和史蒂芬·西曼斯基（Stefan Szymanski）就在《足球经济学》（Soccernomics）这本书里提出，从 20 世

纪 70 年代开始，几个西欧国家——西班牙、德国、意大利、荷兰、法国和比利时——已经找到了现代足球的秘密：那就是欧洲大陆足球的打法。谁使用这个打法谁就是先进的，谁不用谁就是落后的。谁距离这几个国家近谁就容易学到先进打法，谁距离远谁就是足球的边远地区。

这个打法的原则是讲整体、多传球、快速推进、避免粘球盘带。在这个原则的基础之上，每个队的具体风格可能略有不同，但是区别很小。《数字游戏》的作者分析了英超、德甲、西甲和意甲联赛的球队打法，认为它们基本上都是一样的，所谓的不同风格就好像是……化妆品。

资深球迷肯定会对这个结论表示抗议：西班牙队和荷兰队的打法显然不一样，你怎么能说是一样的呢？其实这只是视野的区别。小尺度上打法肯定可以变化，但是大尺度上原则是一样的。

比如巴萨和西班牙国家队一个著名的战术名叫"tiki-taka"。这个打法起源于荷兰队的"全攻全守"，被巴萨发扬光大，拿了很多很多冠军，并且让西班牙队获得 2010 年世界杯冠军，然后被德国队发展成"德意志的 tiki-taka"，并且获得 2014 年世界杯冠军。那到底什么是 tiki-taka 呢？

在《足球数学》这本书中，大卫·森普特用数学的眼光解释了 tiki-taka。咱们先看看 tiki-taka 和老式足球阵型的区别，如下图[1]所示。

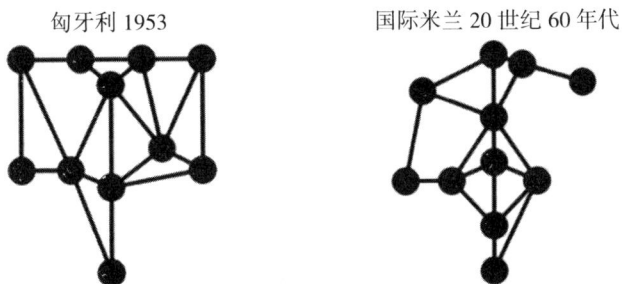

匈牙利 1953　　　　　国际米兰 20 世纪 60 年代

利物浦 20 世纪 70 年代后期　　巴萨 2010/11

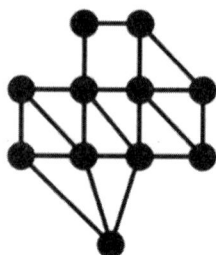

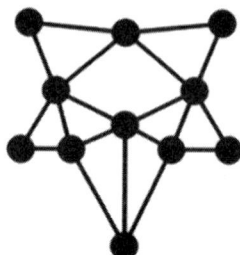

图中每个点代表一个球员，线段代表球员之间最常见的传球线路。巴萨 2010/11 赛季的这个阵型就是 tiki-taka。跟传统阵型相比，tiki-taka 的特点是三角形的传球网络。

从数学上讲，如果你要用网络铺满平面，比如在很多个村庄之间建设道路，那么三角形结构是最节省距离的。从四方形阵型到 tiki-taka，不仅仅是风格的不同，而且是数学意义上的优化！

tiki-taka 打法的原则就是使用这种三角形网络，通过频繁的传球，把球快速推进到对方门前。这意味着，第一，要多传球，少自己带；第二，无球球员的跑位非常重要，好机会是跑出来的。

打 tiki-taka，球员必须建立"区域"（zone）的观念。根据前面巴萨的阵型，每个球员都有一个自己的专属区域，如下图所示。

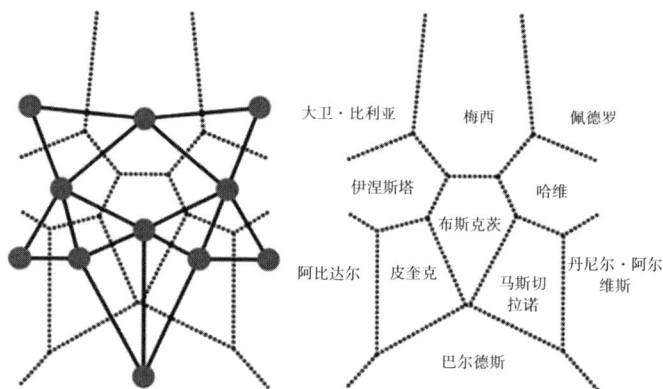

球员一定要通过跑位确保自己的区域足够大，这样你邻近区域的球员

都可以跟你传接配合。

接球球员最好的跑位，是让对方防守球员处在你和要传给你球的队友的两个区域的交界线上。比如下图这个局面，梅西在禁区前拿球，哈维（Xavi）在他前方，伊涅斯塔（Iniesta）在他左边，对方两个防守球员正好在梅西和哈维的区域交界线上。

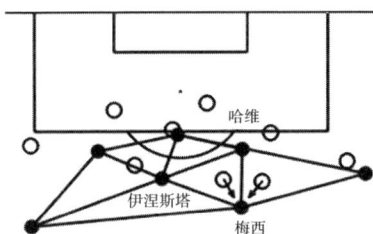

这种情况对防守球员来说是非常难受的。你要过来抢梅西的球，梅西马上就会把球传给哈维；你要是盯防哈维，梅西拿着球可以自由活动！

真实结局是防守球员冲向梅西，梅西把球传给哈维，同时自己立即往左边跑位，哈维接球之后马上再传给梅西。一次漂亮的撞墙配合，如下图所示。

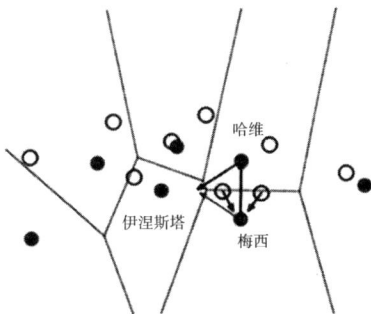

要点在于，传球区域是跑出来的。哪怕面对禁区前的密集防守，你也要尽可能地把自己的区域最大化，让队友始终能舒服地传球，让对手始终面临前抢和盯防的两难选择。

当然球员不是数学家，但球员也不需要是数学家。只要熟练掌握基本的配合规则，传球跑位就可以直觉式地自动进行。而这样区域观念下的跑位和传球意识的确需要从小培养。梅西等人是从小就在拉玛西亚训练营摸爬滚打一路长大的。

不管具体的战术是什么，也不管叫不叫 tiki-taka，欧洲大陆足球的基本原则是不变的。足球是个团体项目，要靠传球和跑位，而不是个人的任性发挥。踢球是一个系统，每个球员都只是系统的一员。

梅西属于系统。

那在这样的系统里，"领导力"有什么作用呢？

❷ 两种传球网络

同样是欧洲大陆足球，如果你使用数学思维细看，你会发现其中传球网络的结构分两种。《足球数学》介绍了数学社会学家托马斯·格伦德（Thomas Grund）的研究。

下面这两张图是 2012 年欧洲杯半决赛，意大利队对英格兰队的传球网络。这场比赛打了加时赛，图中表现了 120 分钟之内，每两个球员之间所有超过 13 次成功传球的线路。

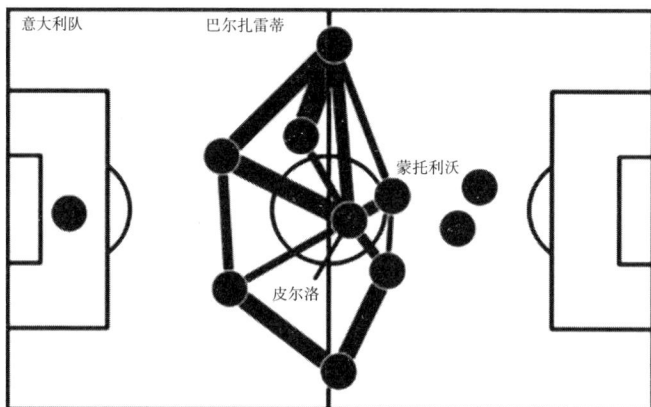

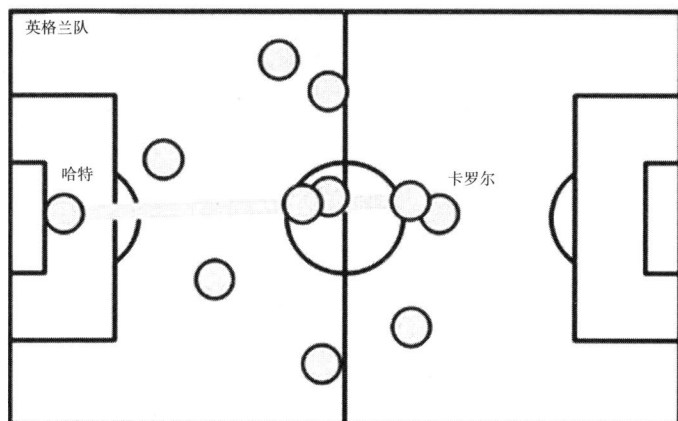

你马上就能看出来，英格兰队的传球网络实在太简单。一开始英格兰队是得球就找鲁尼（Rooney）。等到第 60 分钟，身高 1.93 米的卡罗尔（Carroll）被换上场之后，英格兰队的战术基本上就是守门员哈特（Hart）直接开大脚把球给卡罗尔。

反观意大利队，传球线路就复杂得多了。中场和后场的 8 个球员组成了一张以皮尔洛（Pirlo）为核心的传球网络。意大利队总是先找皮尔洛，再由皮尔洛策划下一步进攻。

现代足球，通常是简单打不过复杂。整场比赛意大利队的控球时间占比 68%，射门 36 次，大大优于英格兰队。比赛之所以能坚持到加时赛，可能主要还是英格兰队的卡罗尔个人能力太强，几乎每次都能接到哈特的球。不过最后还是意大利队在点球大战中获胜。

而在格伦德看来，意大利队这个传球网络还不够先进。决赛是意大利队对西班牙队，我们看看下图西班牙队的传球网络。

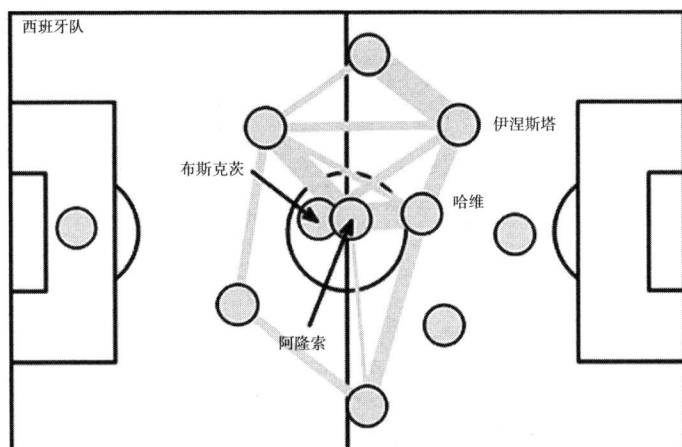

意大利队依靠一个核心皮尔洛，可是西班牙队有四个传球核心！布斯克茨（Busquets）、阿隆索（Alonso）、伊涅斯塔和哈维，这四个人共同承担了球队的组织任务。西班牙队和意大利队的传球率都是每分钟9次多一点，但是西班牙队的控球时间达到了71%。

最后结果，西班牙队4：0击败意大利队夺冠。

西班牙队得益于它"去中心化"的网络结构，而意大利队则是个中心化的网络结构……至于英格兰队，根本没有网络结构。格伦德针对英超联赛的研究结果是，去中心化网络结构相对于中心化网络结构有8%的得分优势。

英格兰队靠的是卡罗尔这个球星。意大利队靠的是皮尔洛的领导力。而西班牙队，靠的是系统。

在西班牙，梅西是巴萨的队长，但是巴萨并不要求梅西有什么领导力。回到阿根廷，人们说梅西你为什么不体现领导力呢？你为什么不发挥核心作用？

也许有的人喜欢当核心，也许梅西的性格不喜欢当核心，但是这都不重要。重要的是，梅西肯定不期待回阿根廷当什么核心。梅西是世界最强球队的人，他知道最厉害的球应该怎么踢。

最厉害的踢球系统，根本就不应该有核心！

❸　梅西在阿根廷队

　　世界最高水平的足球比赛是欧洲冠军联赛。相比之下，世界杯有点像是以展现各地文化多样性为目的的"春节联欢晚会"。只有本国球员才能入选国家队，本国球员要是不行，你有钱也没办法完善阵容。

　　比如你本来在一线城市的大公司工作，跟同事经常有精妙的配合，感觉得心应手。后来你听父母安排回到家乡工作，哪怕被领导高度重视、被同事众星捧月般对待，你也未必会有如鱼得水的感觉。但梅西愿意为家乡服务。

　　我敢说如果把梅西放在葡萄牙队，他的表现会比 C 罗好。强队需要你服从系统，弱队需要你单干，梅西既能服从系统也能单干。下面这张图是538 网站对一些主流前锋的统计，横坐标是有人助攻情况下的射门成功率，纵坐标是自己制造机会射门的成功率。

梅西在无助攻下有更多进球

无助攻和有助攻的进球率对比

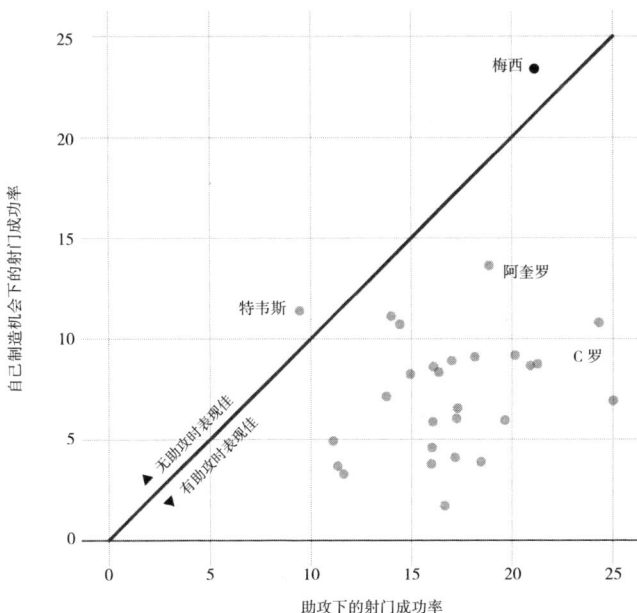

一般人——这次包括 C 罗——都是别人给球的时候进球率高；而梅西，居然自己制造机会的进球率还稍微高一点。给我机会我能打进，没机会我自己创造机会，还是能打进。

像这样的球员放哪个队都是宝，当然也包括阿根廷队。梅西率领阿根廷队拿了 2014 年世界杯亚军，而且决赛一直打到加时，梅西还拿了金球奖，谁也不能否定梅西在阿根廷队的表现。

但是梅西在阿根廷队踢球，的确有点别扭。

任何情况下梅西一旦拿到球，就会吸引对方至少两人，甚至多人来抢。

在巴萨这是好机会！前面我们说了，梅西的队友会迅速跑位，填满梅西附近的"区域"，让对方球员进退两难，梅西有多个传球选择。可能防守球员还没近身，梅西的球已经传出去了。但是在阿根廷队，队友没有这个区域跑位意识！梅西找不到传球机会，往往陷入苦战。

在巴萨，对手还没有对梅西形成包夹之前，五个队友已经在邻近区域就位。在阿根廷队，梅西陷入五个人的包围，邻近区域没有一个队友。

是你你怎么办？

可见，普通的团队指望明星，高水平的团队指望领导力，最厉害的团队指望系统。

我们知道好系统应该有自组织能力，最好是去中心化的，足球也是这样。

雷·达里奥在《原则》一书中讲到，桥水公司（目前美国最大的对冲基金公司）不怎么讲领导力，更不讲什么个人魅力，它的所有领导都像普通员工一样是可替换的。靠原则，就是靠系统。

足球似乎也是这样，但梅西不是可替换的。梅西有阿根廷和西班牙双重国籍，他原本可以加入西班牙国家队，但是他选择了几十年来多灾多难的祖国阿根廷队。

2010 年世界杯，有记者问主教练马拉多纳（Maradona）说："面对弱队，你还会派梅西上场吗？"马拉多纳说当然会。

马拉多纳说人民喜欢梅西，梅西属于人民，梅西一定会为人民上场。

梅西属于人民，梅西也属于系统。

竞争越激烈越好吗

经济学有个关键词叫"激励"，英文是 incentive。学经济学时，我们要记住一句话：人会对激励做出反应。

苹果价格变高，商家就会想方设法增加苹果的供应；地铁票提价，乘坐地铁的人就会减少，这就是人对价格激励做出的反应。既然激励这么好使，政策制定者，特别是政府机构和公司的管理人员，也想搞一些激励让人做出反应。

但是有些反应可能会违背初衷。

比如，为了提高员工的工作积极性，公司搞了个内部的竞争。按照业绩排名，排前面的员工能拿很多奖金，而排名靠后的则面临被开除的危险。这种激励就有可能出问题。我们设想，如果竞争过分激烈，员工不但自己会更加努力工作，也有可能为了提升名次而作弊，甚至对同事搞破坏。

所以经济学家非常想知道一个激励政策的正面作用和负面作用分别有多大。

《魔鬼经济学》（Freakonomics）这本书里讲过作者史蒂芬·列维特（Steven Levitt）的一个研究。美国某些地区实行了用学生的标准化考试成绩评估老师的业绩以后，有些老师会直接给学生泄露答案，帮学生作弊。而列维特这个研究之所以有名，就在于作弊本来是件很隐蔽的事儿，但他使用了一个特别聪明的方法抓住了证据。

这样的研究很难得。大多数情况下是你明明感觉这个政策不行，但你就是很难找到切实的证据。

Beautiful Game Theory（《美丽的运动博弈论》）这本书里有一个关于竞争加剧的研究，是作者本人参与的。我们前面讲系统思维说到"坏政策和好政策"时，列举了中国足协的几个坏政策，这里我们说一个国际足联的坏政策。

❶ 三分制

不知道有多少读者还记得 1990 年的世界杯。那届世界杯的一大特点是进球数太少，好多 0:0、1:1 的比分，国际足联觉得有点对不起观众。

1994 年世界杯在美国举行，国际足联很希望借此机会开拓美国的足球市场。国际足联想，美国人喜欢刺激，在美国流行的比赛一般比分都很大，要是总不进球观众肯定没法感兴趣啊。为了取悦美国观众，国际足联改了一个规则。

以前小组赛赢一场得两分，平一场得一分，输了不得分——现在改成赢一场得三分，平一场还是得一分，输了还是不得分。平局和取胜差距非常大，这就意味着打平对两个队都是一种惩罚。国际足联设想，新规则下球队肯定会想方设法、宁可冒险也要争胜，比赛会更加激烈，进球会增多。

1995 年，国际足联把这个规则推广到了全世界，要求所有成员国在联赛中必须使用三分制。当时我看报纸说中国足协一开始还不想在甲 A 联赛搞三分制，跟国际足联说我们的球队还没准备好，能不能先等等……国际足联说不行。

经济学家特别喜欢这种突然的政策变化，等于是拿人做实验。我们来看看三分制下，比赛是不是更精彩了，进球数是不是增加了呢？

❷ 争胜与保守

三分制实行后，竞争加剧了，比赛的激烈程度确实会增加，球队会为了赢球而更加努力。但激烈竞争之下，破坏性的行为会不会也增加呢？比如恶意犯规、中国球迷说的"卧草"（假装受伤倒在草坪上拖延比赛时间），这些上不了台面的负面行为是不是也会增加？如果正面和负面行为都增加，那比赛到底是更好看还是更不好看，可就不一定了。

选择研究足球项目好就好在数据详细，所有这些都可以量化分析。

研究者考察的是西甲联赛的两个赛季：一个是旧规则实行的最后一年，也就是 1994/95 赛季；一个是新规则实行之后的第四年，也就是1998/99 赛季。之所以等四年是因为球队适应新规则可能需要一些时间。这时候球队在新规则下的打法已经成熟，只要对比这两个赛季打法的变化，就能知道新政策到底带来了什么。

结果是正反两方面都增加了。

下面这张图[1]是西甲联赛实行三分制新规则前后，主场球队跟对手的比分差距。

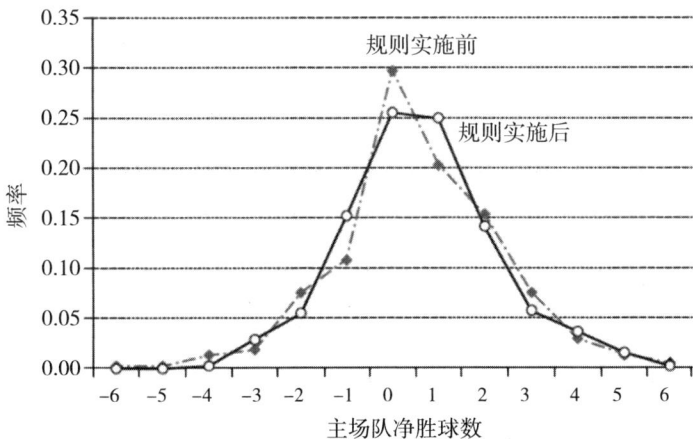

其中，比分差距为 0，也就是双方平局的频率确实减少了。从这一点来说国际足联不想要平局的愿望实现了。与之对应的是双方差一个球的情况增加了，1:0 的价值远大于 0:0，比赛更经常能分出胜负。国际足联应该满意这个结果。

但是，请注意，双方差两个球、三个球的比赛数也减少了。这说明当球队以一球领先时，它会踢得更加保守，不再追求扩大战果，而是想保住胜利果实。进攻总是冒险的。如果现在 1:0 领先，而赢球又如此重要的话，应该首先考虑保住胜利。要继续进攻，万一让对手打个 1:1，太不值得。

这个保守倾向，大概不是国际足联想要的。

❸ 竞争和破坏

我们再看看球队在正经的攻防和搞破坏方面是怎么投入的。

进攻方面，新规则实行之后，各球队在前锋线上平均增加了 0.28 到 0.41 个球员，的确是更加注重进攻了。射门数和角球数总体增加了 10%，这些行为都能让比赛更好看。

防守兵力也有所增加，防守端平均每场大概增加了 0.1 到 0.25 个人。而中场兵力有所减少，攻防两端都在增加，但总体上进攻增加得更多。这样说来，我们应该看到更多的攻势足球……但真实的情况并非如此。

因为后卫踢得更加凶狠了。破坏行为可以用犯规和红牌、黄牌的数量来量化。总体来说，虽然进攻行为增加了 10%，但是破坏行为增加了 12.5%——正反两方面的综合作用，结果是进球数并没有增加。国际足联增加进球的设想落空了。

就算进球数不变，但是比赛毕竟更激烈了，对抗增加了，观众可能更爱看了吧？也不是。

观众人数的变化受各种因素的影响，对抗的因素不好测量。但是经济学家发现，那些经常犯规的球队不管到哪里比赛，观众人数都有一个下降的趋势。经济学家搭建了一个因果模型，从量化估算的结果看，新规则导致的破坏行为增加，使得现场观众大概减少了 6% 到 8%，电视机前的观众大概减少了 2% 到 4%。

不过后来国际足联还是想办法解决了进球少的问题。2002 年以后的世界杯进球数都很多。但据我理解这并不是因为三分制，而是因为国际足联又想了一个办法——把球变轻！足球变得很轻，球速就会变得很快，打出各种弧线就会更容易，守门员就反应不过来，进球数的确增加了。

但这也有一个坏处。看到进球，观众经常反应不过来。要不看慢镜头都不知道球是怎么进的！好在现在连现场观众都习惯了看电视回放，这个改革大约是可以接受的。

为什么中国足球不行

讲了多个有关足球的话题，我们来说说中国足球。

❶ 关于足球的大局观

足球并不是一项神秘的活动。中国足球为什么不行，也不是一个未解之谜。老百姓有各种开玩笑式的议论，比如说什么"中国人种不适合踢足球"，当然都是盲人摸象。但是只要抓住正确的大局观，答案是明摆着的。

这个正确的大局观就是现代足球只有一种正确打法，那就是欧洲大陆足球的打法。

我最早看到这个论断是在 2009 年出版的《足球经济学》这本书里，那时中国足球人还在苦苦探索中国足球到底应该学谁。现在 10 年过去了，欧洲足球越来越强，巴西和阿根廷都在没落之中，可以说这个论断经受了历史的考验。

《足球经济学》这本书的说法是，以西班牙为代表的西欧国家，已经发现了足球的秘密。革命从 20 世纪 70 年代开始，到 2000 年就已经完成了。

我们前文提到过，这个打法的特点是讲整体、多传球、快速推进、避免粘球盘带。这不是一种风格，这是足球这个运动的正确比赛方法。什么美洲风格、欧洲拉丁派，那都是原始足球踢法。

《数字游戏》一书对英超、意甲、德甲、西甲联赛做过统计，发现它们本质上都是这种打法。球队平均每场传球总数、一般传球的距离、射门次数及角球次数，几乎都是一样的。打法都是这个打法，剩下的都是对这个打法的完成度在技艺水平上的区别。

② 现代化青训系统的缺失

抓住这个大局，我们就知道中国足球为什么是现在这个水平了。简单地说就是中国足球不是这套打法的圈内人。

现代足球是个专业性非常强的项目，这就意味着需要从小——甚至是从6岁就开始按照这个体系进行训练。比如说，如果你不知道球该怎么踢，你可能会觉得喜欢盘带过人的孩子很不错，应该纵容他自由发挥——那就大错特错了。现代足球训练要求从6岁开始就得练快速传球和无球跑动，树立战术意识。

如果你家小孩从小不是这么练的，那就练废了。足球不再是12岁了还在街头踢野球，然后长大还能成名的项目了。

为什么中国足球不行？因为中国足球长期以来都没有一个按照现代足球打法科学训练的青训系统。

天才球员不是在野地里自然长出来的，足球水平跟国家人口总数关系不大——但是跟参加科学训练的小球员人数关系很大。有人说高考和独生子女政策使得中国踢球的孩子少了，其实这都不是问题。高考不考唱歌跳舞，也没影响中国孩子的影视明星梦。只要有一个现代化的青训体系，根本不需要全民足球，只要有几个省市重点建设一下就可以了。

事实是以前中国从未好好搞过现代化青训。国产教练文化水平低，又不太懂现代足球，有的还收受家长的贿赂。等到想学国外，又走了很多弯路，比如学巴西队的踢法。青训的正确办法是请欧洲教练到中国来。

在亚洲，澳大利亚在文化上离欧洲更近，很多球员在欧洲踢球。日本和韩国的青训体系一直比中国正规。这三个队，中国现在确实比不了。亚洲其他国家，包括伊朗在内，其实跟中国一样，都是现代足球圈外的人。偶尔也许能出几个天才球员，但整体水平不佳。

所以这个问题的答案就是现代足球已经是一个成熟的体系，足球水平是由从小开始的系统青训所决定的。中国足球之所以不行，就是因为中国从来都不是这个系统的一员。中国足球是圈外人。

但是现在中国正在进入现代足球圈子。中国有好几个俱乐部就在加大投入搞欧式的青训，所以未来还是可以期待的。

❸ 关于足球的错误认识

抓住这个大局思想，剩下的就都容易想明白。比如说，为什么中国女足比男足强？这本身就是一个错误的提问。

把女足和男足比较，是一个认知错误。女足和男足是完全不同的两个项目，根本就没有可比性，甚至可能根本就不应该归同一个部门管。

男足，是高度竞争、高度交流、完全职业化的竞技项目，是世界第一运动。女足，是一个只有少数国家的少数人参与的项目。男足的成熟度非常高，中国男足正走在变成熟的路上。女足的成熟度相对低。

女足一赢球，网上就有球迷说怎么不把给男足的钱用来支持女足，这个说法完全错误。男足是市场经济，是自己挣钱，男足球员的高工资不是从政府税收里拨的。女足没有市场，真正花国家钱的恰恰是女足——甚至有可能，是足协用男足挣的钱支持女足。

类似的认知错误还有把盲人足球、残奥会足球跟男足比。其实把足球跟跳水、乒乓球等相提并论，都是认知错误。

中国在跳水和乒乓球项目上拿了很多金牌，但这些项目的竞争度和交流度都不高。

我们得面对现实。中国在奥运会拿了很多金牌，但是实事求是地说，中国在竞技体育上的成就相当有限。除了姚明，并没有多少中国体育明星在全世界范围内有号召力。体育产业只占中国经济和生活中很小一部分。

还有一个认知错误，是把竞技体育和"全民健身"相提并论——说国家与其花这么多钱搞竞技体育，不如花钱搞一些社区的体育设施，促进全民健身。与其花这么多钱搞职业足球，不如搞校园足球。这都是完全不懂体育的说法。竞技体育是让观众花钱"看"的事儿，是一种产业，是人民精神生活的范畴。全民健身和竞技体育完全是两码事，全民健身是人民生活水平提高以后自动就会去做的事情，应该属于医疗保健的范畴。

我看微博有人说，真不知道看自己的国家队在世界杯进几个球，赢几场比赛，是什么样的感觉。我特别特别想体验那种感觉。我还想知道，自己国家的学者、艺术家和文化产品在全世界被人追捧是什么样的感觉。

拖延时间的"厚黑学"

体育竞技中，伟大的运动员应该堂堂正正地比赛，用技艺、智慧和勇气争取胜利，可是也有很多人为了赢球不择手段，搞各种小动作，完全不讲体育精神。一个理想的、公平的系统应该淘汰第二种人，让第一种人成为主流。那像足球这样得到充分关注、充分交流、充分研究的成熟项目，是否达到理想状态了呢？

答案是没有。世界没有那么理想。

比如2018年世界杯期间，巴西队的内马尔（Neymar）就受到很多的批评。他习惯假摔，一碰就倒，还爱在巴西队领先的时候"卧草"——躺在地上滚来滚去，拖延比赛时间。连巴西队的球迷都非常反感内马尔，人们对他各种恶搞。巴西队最后还是输给比利时队未能进入四强，内马尔灰溜溜地离开了世界杯。

那么，内马尔这样的行为到底好不好，我们能不能用科学的数据分析评价一下他这种踢法——是不是"知耻近乎勇，不知耻近乎神勇"呢？

如果内马尔用不正当方法获取了利益，那他最后既输了球又输了人，是得到了应有的惩罚吗？如果足球比赛规则仍然有漏洞，那至少我们在舆论上谴责了内马尔，说明这个世界总的来说还是公平的吗？

完全不是。我要说的是世界杯和整个世界都不怎么公平——而且我们还过度谴责了内马尔。

大数据分析网站 538 连发了两篇报告[1, 2]来分析世界杯比赛中拖延时间的问题，我看完之后的感觉是，内马尔是好人啊！

① 拖延时间有道理

如果你的球队正在领先，你会希望剩下的有效比赛时间越少越好。

足球比赛的规则和篮球非常不一样。篮球是比赛一中断就停表，每节 12 分钟是实打实的 12 分钟比赛时间——出界、罚球、换人等所有是死球的都不算在时间之内。足球比赛不会停表，所有这些都算在比赛时间内。有些球队就会故意拖延时间，希望比赛能在无效时间中消磨结束。为了反对这种行为，现在的规则规定，在上下半场结束之前，第四官员会统计一下比赛中拖延的时间，再补回来，这叫"伤停补时"。

如果拖延的时间最后都会被补回来，那拖延是不是就没有意义了呢？并非如此。

538 网站对世界杯的 32 场比赛做了统计，其中符合足球规则规定的换人、受伤、球员喝水、犯规等死球一共发生了 3194 次，把这些时间都算上，平均每场应该补时 13 分 10 秒。

但是实际平均每场只补时 6 分 59 秒。裁判决定补时很大程度上是人为的，一般会尊重"传统"，而且过长的补时还可能会影响电视转播。所以拖延时间有利可图。这就好像贪污 100 元只会被追讨 50 元一样，还不受惩罚！

职业球员都知道这个道理。他们还应该知道，像内马尔那样"卧草"并不是拖延时间最有效的方法。

② 最有效的拖延时间办法

538 网站专门统计了各种死球类型占用的时间，如下表[3]所示。

什么拖延了比赛时间

在世界杯期间，各类型死球平均浪费的时间的统计

死球类型	在所有比赛中的占比		平均占每场比赛的分钟数
任意球	10.8%		10：29
界外球	8.1		07：50
球门球	6.2		06：03
角球	4.4		04：14
受伤	4.3		04：10
换人	3.1		03：03
庆祝进球	3.0		02：55
预订	0.9		00：55
异议	0.6		00：36
罚球	0.6		00：33
视频回放	0.5		00：31
警告	0.3		00：17
争执	0.1		00：05

2018 年世界杯前 32 场比赛

　　根据这份统计，罚任意球会拖延最多的时间，平均每场浪费了 10 分 29 秒。我们想想也是这样，罚任意球双方都要排人墙，这就花掉不少时间。你可以先把球放在发球点上等着自己的队友到位，好不容易大家都到位了，你又不想自己罚了，换个人罚又可以花点时间，你们两个在球前比画来比画去，时间就这么白白地溜走！

　　排第二位的是界外球，平局每场浪费 7 分 50 秒。按理说球童把球捡回来给你，你就应该赶紧掷出去，但是你可以先等一等队友……你招一招手，队友们慢慢吞吞才到位，你往这个方向看看、又向那个方向示意……全场观众就这么静静地看着你装……角球和球门球也都可以这么发，分别浪费了 4 分 14 秒和 6 分 03 秒。

　　关键在于以上所有这些都好像是在做战术动作。罚球之前难道不该先等队友就位吗？比画来比画去难道不是在寻找最佳的攻击角度吗？磨刀不误砍柴工，我们现在多花一点时间，就是为了给观众呈现更好看的比赛啊！

　　但是数据不会说谎。发一个球到底需要多少时间，得看这个球队现在是领先还是落后——球队只在自己领先的时候拖延时间。

538 网站对 48 场比赛的 4529 个数据做了另一个分析。结果发现，领先的球队发一个界外球需要 14 秒；如果在双方比分还是平局时，发一个界外球只需要 12.5 秒；而如果球队正处于落后，发界外球就只需要 9.6 秒了，如下表[4]所示。如果发界外球之前的排兵布阵如此重要，难道对落后者就不重要了吗？

球队在哪里浪费比赛时间

世界杯上球队做常规动作的耗时长短，取决于自己当时是领先、平局还是落后

	平均耗时（秒）			
	领先	平局	落后	领先球队比落后球队多花的时间
界外球	14.0	12.5	9.6	+45.8%
球门球	25.0	23.8	19.6	+27.6%
任意球	26.4	23.8	20.3	+30.0%
角球	31.5	28.4	25.5	+23.5%
换人	37.6	36.9	29.9	+25.8%
总计	22.8	20.1	17.0	+34.1%

2018 年世界杯前 48 场比赛

综合而论，把界外球、球门球、任意球、角球、换人这五项都考虑在内，领先的球队在这些事儿上要花的时间比落后的球队平均要多 34.1%。这还是对 90 分钟的比赛进行综合计算的。如果你从比赛第 60 分钟开始算——这时领先和落后的局面已经非常明朗，拖延时间也更有意义，那领先者要比落后者平均多花 43% 的时间。

而这一切都是合法合理的，连观众都不会说什么。比如说换人，538 网站有个评论说，如果球队领先，被换下的球员走下场的速度，比一个 80 岁的老人去邮箱里取信的速度还要慢。如果是换队长就更麻烦——队长袖标怎么办？队长要把自己的袖标取下来，给场上另一个球员带上。这个戴袖标的动作可以做得非常非常慢，观众还以为这是一个郑重的仪式，或者袖标很不好戴——其实都是在拖延时间。

而对比之下，假装受伤在草地上多躺一会儿，这还真不是个好办法。首先你拖延不了多少时间，真正受伤拖延的时间平均每场才 4 分 10 秒，

排在任意球、界外球、球门球和角球之后的第五位，仅略高于换人。而且你躺在地上打滚，摄像机对着你拍，向全世界转播，这太引人注目了。别人那是战术动作，你这是撒娇动作，会让观众起哄。

人们只道内马尔面厚心黑，殊不知还有"厚而无形、黑而无色"的拖延方法。

❸ 谁是真正的"厚黑"

538 网站统计了 2018 年世界杯小组赛阶段各个球队故意拖延时间的情况。相对于完成一个动作平均需要的时间，各队在领先时做这些动作多花费的时间如下表[5]所示。

浪费时间国家排行榜

世界杯球队在自己领先时完成常规动作的耗时，相对于平均水平的差距

			与平均时长的比较			
国家	角球	任意球	球门球	换人	掷界外球	高于 / 低于所有球队平均时长的值
秘鲁	+2.2	+7.9	+8.6	+15.0	−1.9	+6.1
塞尔维亚	+11.2	+5.4	+8.8	+20.0	+2.0	+5.7
瑞典	+13.7	+2.9	+0.7	+25.0	+3.7	+5.7
法国	+5.1	+8.6	−0.1	+10.3	+4.2	+5.6
英格兰	−1.3	+9.3	−0.3	+11.5	+2.3	+4.0
塞内加尔	+16.4	+0.1	+1.1	−5.3	+8.2	+3.7
墨西哥	−0.3	+2.9	+3.0	+12.0	+0.9	+2.8
葡萄牙	+7.7	+3.1	−0.1	+4.7	+1.8	+2.3
乌拉圭	+4.9	+3.9	+2.3	−4.2	+0.7	+1.9
西班牙	−1.3	−0.2	−2.2	+5.4	+5.0	+1.7
俄罗斯	+8.8	+4.8	+0.7	−14.8	+1.1	+1.2
克罗地亚	+6.5	−3.1	+4.7	−8.9	+3.3	+0.5
比利时	+4.2	−0.8	−2.8	+9.0	+2.0	+0.1
日本	+13.7	−0.4	−6.9	−18.0	−0.6	−1.4
巴西	−6.7	−0.9	−3.6	−3.3	+1.4	−2.0
波兰	−6.8	−7.3	−7.4	−17.8	+0.0	−5.6

仅在小组赛阶段，球队在领先时至少有 25 个拖延动作

我们看到在进入八强的球队中，法国、瑞典和英格兰队才是最擅长拖延时间的，在这张表上名列前茅。而巴西队，居然在所有领先过的球队中在拖延时间方面排在了倒数第二——巴西队是个节省时间的模范！

巴西队即便是在领先的情况下，罚一个角球也比平均水平要少 6.7 秒，罚任意球要比平均水平少 0.9 秒，守门员发球门球的时间比平均水平少 3.6 秒，换人比平均水平少 3.3 秒，只在发界外球方面多花了 1.4 秒。巴西队绝对是良心球队。

伊朗队对西班牙队的那场比赛，第 35 分钟时伊朗队有一个界外球，当时双方是平局，伊朗队非常想让平局保持到最后，那他们是怎么做的呢？伊朗队竟然用 48 秒的时间才掷出这个界外球。

在突尼斯队对巴拿马队那场比赛中，突尼斯队的守门员竟然要用掉 103 秒时间才发出一个球门球。

英格兰队在这届世界杯上备受好评，感觉球员智商显著提高。他们赢突尼斯队那场比赛中，发一个任意球花 95 秒；对巴拿马队的那场，则是用了 70 秒发一个界外球。

这些球队浪费时间于无形，观众和裁判挑不出任何毛病来。可是内马尔却把自己的形象毁了，可能以后接广告都受影响。最后一场对比利时队，巴西队从未领先，内马尔无须卧草翻滚，他的假摔也不再有效，可能还因为"狼来了"的典故被裁判漏判一个点球。

那你能不能说内马尔特别愚蠢呢？

当你想要批评内马尔的时候，你要记住，内马尔未必有你作为观众所拥有的那些优越条件。本来拖延时间的脏活应该让队里的普通球员干，可我们也看到了，巴西队似乎没有拖延时间的比赛习惯。内马尔作为球星，是被侵犯最多的队员，他选择了能倒下就倒下，能多躺一秒钟是一秒钟。难道内马尔不知道假装次数多了裁判就不信了吗？难道内马尔不知道要从长远考虑问题吗？

观众看世界杯可以看一辈子，可是对球员来说，无法对世界杯进行长远考虑。这场没打好，就得回家了。

所以在批评别人之前，我们最好先分析一下其中的门道和苦衷。坐在电视机前说话不腰疼，可内马尔是不管有没有腰疼都要倒在草坪上的。

有人统计说，内马尔一个人就浪费了 14 分钟的世界杯时间。

我宁愿把这 14 分钟交给内马尔。

注释

第一章

一个基于信息论的人生观

[1] 这个网页可以自动帮你计算一段字符的信息熵: http://www.shannonentropy. netmark.pl/。

[2] 关于香农在贝尔实验室研究信息论的故事，可以参考：Jimmy Soni and Rob Goodman，*A Mind at Play: How Claude Shannon Invented the Information Age*，Simon & Schuster，2017。

[3] 原话是 "it relates not so much to what you do say, as to what you could say"，http://highered.mheducation.com/sites/dl/free/0073523925/228359/information2.html。

[4] 这个例子和下面给 ABCD 字母编码的例子，均来自: Rob Goodman & Jimmy Soni，How a Polymath Transformed Our Understanding of Information，Aeon Essays 8/30/2017，https://aeon.co/essays/how-a-polymath-transformed-our-understanding-of-information。

提高学习成绩的最简单心法

[1] Bradley Busch, This Cheap, Brief "Growth Mindset" Intervention Shifted Struggling Students onto a More Successful Trajectory, *BPS Research Digest*, 3/23/2018.

[2] Amanda Ripley, *The Smartest Kids in the World: And How They Got That Way*, Simon & Schuster, 2014, Ch.7.

〔3〕Scott Barry Kaufman, *Ungifted: Intelligence Redefined*, Basic Books, 2013, Ch.7.

〔4〕Ashley Merryman, Po Bronson, Top Dog: The Science of Winning and Losing, *Ebury Digital*, 2013, Ch.7.

〔5〕祝穆《方舆胜览·眉州·磨针溪》：世传李太白读书山中，未成，弃去。过小溪，逢老媪方磨铁杵，问之，曰："欲作针。"太白感其意，还卒业。

正确的学习方法只有一种风格

〔1〕http://vark-learn.com.

〔2〕Cindi May, The Problem with"Learning Styles", *Scientific American*, May 29, 2018.

〔3〕相关研究参见 https://cft.vanderbilt.edu/2011/01/learning-styles-fact-and-fiction-a-co。

第二章

"正能量"的负作用

〔1〕Po Bronson, Ashley Merryman, *Top Dog: The Science of Winning and Losing*, Ebury Press, 2013, Ch.8.

〔2〕Kraus M., and Chen T. (2013), A Winning Smile? Smile Intensity, Physical Dominance, and Fighter Performance, Emotion DOI: 10.1037/a0030745.

怎样用系统下一盘大棋

〔1〕David J. HandJanuary, The Deceptions of Luck: Nature Makes Chance, Humans Make Luck, *Nautilus*, December 2017.

〔2〕Christopher Chabris, Daniel Simons, *The Invisible Gorilla*, Broadway Books, 2011, Ch.4.

正念运气观

〔1〕Maia J Young, Ning Chen, Michael W. Morris, Belief in Stable and Fleeting Luck and Achievement Motivation, *Personality and Inpidual Differences* 47 (2009)

150-154.

［2］Gompers, Paul A. and Kovner, Anna and Lerner, Josh and Scharfstein, David S., Skill vs. Luck in Entrepreneurship and Venture Capital: Evidence from Serial Entrepreneurs, *Nber Working Papers*, July 2006.

正常化偏误

［1］资料来源：https://www.offgridweb.com/survival/normalcy-bias-understanding-your-brains-reflex/。

［2］Chip Heath and Dan Heath, *Decisive: How to Make Better Choices in Life and Work*, Currency, 2013, Ch.1.

标准差和人生哲学

［1］台北市北安"国中"七年级学生的身高分布图，出自该中学测验题库。

［2］图片来源：《男女大不同！？》，http://wow1.morningstar.com.tw/healthqa/sick_print.asp?id=193。

［3］图片来源：https://de.wikipedia.org/wiki/Datei:Gaussian_distribution.svg。

［4］图片来源：http://mafai.herokuapp.com/blog/2014/10/15/introduction-to-computer-science-and-programming-unit-2。

［5］图片来源：https://commons.wikimedia.org/wiki/File:IQ_distribution.svg。

复利的鸡汤和真实世界的增长

［1］Stock-Picking Fund Managers Are Even Worse Than We Thought At Beating the Market, *JEFF BUKHARI*, April 13, 2017, http://fortune.com/2017/04/13/stock-indexes-beat-mutual-funds/.

［2］图片来源：获取自谷歌金融 2017 年 1 月 19 日数据。

［3］图片来源：http://www.everythingai.co.in/2018/02/15/logistic-regression/。

［4］图片来源：https://www.streetwisereports.com/article/2018/02/12/the-s-curve-reveals-it-is-early-days-in-the-marijuana-growth-cycle.html。

［5］图片来源：http://www.nlreg.com/aids.htm。

［6］图片来源：http://stats.areppim.com/stats/stats_mobilex2017.htm。

［7］信息来源：http://stats.areppim.com/stats/stats_mobilex2017.htm。

［8］Why "Growth" Companies Stop Growing, https://wdpower.wordpress.com/2011/04/01/why-growth-companies-stop-growing-3/.

［9］图片来源：https://money.cnn.com/2010/09/02/technology/ipod_classic/index.htm。

［10］Allan Roth, Compound Interest-The Most Powerful Force in the Universe, https://www.cbsnews.com/news/compound-interest-the-most-powerful-force-in-the-universe/.

对冲风险的数学原理

［1］图片来源：https://www.statisticshowto.datasciencecentral.com/probability-and-statistics/correlation-analysis/。

总有一种力量让我们回归平均

［1］图片来源：http://mathworld.wolfram.com/GaltonBoard.html。

［2］图片来源：https://zh.wikipedia.org/wiki/ 高尔顿板。

［3］图片来源：https://zh.wikipedia.org/wiki/ 高尔顿板。

第三章

丑小鸭定理

［1］图片来源：https://commons.wikimedia.org/wiki/File:Watanabe_UglyDucklingTheorem_svg.svg。

不特殊论者

［1］Geraint Lewis, Space Oddity：Our Galaxy is Looking Increasingly Freakish, Which Poses a Looming Challenge for Cosmology, *New Scientist*, 28 October 2017, Pages 24-25.

广义迷信

［1］Jim Davies, Explaining the Unexplainable, *Nautilus*, May 2018.

［2］图片来源：https://zh.wikipedia.org/wiki/ 塞东尼亚区。

［3］同上。

目的论的幽灵

［1］A. Schachner et al., Is the Bias for Function-based Explanations Culturally Universal? Children from China Endorse Teleological Explanations of Natural Phenomena, *Journal of Experimental Child Psychology*, Volume 157, May 2017.

真实世界和魔法世界的区别

［1］Podemska-Mikluch, Marta and Deyo, Darwyyn, It's Just Like Magic: The Economics of Harry Potter (May 31, 2013), *Journal of Economics and Finance Education*, Vol. 13 (2), Winter 2014: 90-98.

［2］此处的详细考证见 http://harrypotter.wikia.com/wiki/Gamp%27s_Law_of_Elemental_Transfiguration。

［3］Megan McArdle, Successful Magical Worlds Depend on Basic Economic Principles, and That's Where JK Rowling's Harry Potter Falls Short, https://amp.theguardian.com/commentisfree/2007/jul/20/harrypottertheeconomics.

［4］这个设定来自我强烈推荐的一本小说《道门法则》，作者为八宝饭。

第五章
所罗门悖论

［1］Wray Herbert, The (Paradoxical) Wisdom of Solomon, Association for Psychological Science, March 14, 2015, https://www.psychologicalscience.org/news/were-only-human/the-paradoxical-wisdom-of-solomon.html.

［2］这是我对《中庸》的解释。

［3］Grossmann, I., Wisdom and How to Cultivate It: Review of Emerging Evidence for a Constructivist Model of Wise Thinking, *European Psychologist*, 2017, 22(4), 233-246, http://dx.doi.org/10.1027/1016-9040/a000302.

〔4〕Alex Fradera, Wisdom Is a Journey, *BPS Research Digest*, February 22, 2018.

决策理性批判

〔1〕Davidai, S., & Gilovich, T., The Ideal Road Not Taken: The Self-discrepancies Involved in People's Most Enduring Regrets, *Emotion*, 2018, 18(3), 439-452.

纪律的悖论

〔1〕Rebecca Mead, Success Academy's Radical Educational Experiment, *New Yorker*, December 11, 2017.

坏人分类学

〔1〕Eric Schwitzgebel, How to Tell If You're a Jerk, *Nautilus*, November 16, 2017.

做坏人的好处

〔1〕Jerry Useem, Why It Pays to Be a Jerk, *The Atlantic*, June 2015.

〔2〕Eric Jackson, Why Narcissistic CEOs Kill Their Companies, *Forbes*, Jan 12, 2012.

第六章

父爱式鸡汤

〔1〕Tyler Cowen, The Five Most Influential Public Intellectuals? http://marginalrevolution.com/marginalrevolution/2018/01/five-influential-public-intellectuals.html.

〔2〕Hari Kunzru, 12 Rules for Life by Jordan B Peterson Review-a Self-help Book from a Culture Warrior, *The Guardian*, Thu 18 Jan 2018.

〔3〕Charles Stampul, The Last Professor, https://simplicityandpurity.wordpress.com/2018/01/03/the-last-professor/.

〔4〕David Brooks, The Jordan Peterson Moment, *New York Times*, January 26,

2018.

最需要的人没有，最有的人不需要

［1］Alex Fradera, First Randomised-controlled Trial of an Employee "Wellness Programme" Suggests They Are a Waste of Money, *BPS Research Digest,* August 23, 2018.

［2］Christian Jarrett, "Act More Like an Extravert" Intervention Has "Wholly Positive" Benefits for Many, But There Are Drawbacks for Introverts, *BPS Research Digest*, August 24, 2018.

如果女生成绩更好，为什么事业成功的大多是男的

［1］本文第 1、2 两节的一系列研究都出自［美］杰夫·科尔文的《不会被机器替代的人：智能时代的生存策略》，俞婷译，中信出版集团 2017 年版。

［2］Voyer, D. & Voyer, S. D., Gender Differences in Scholastic Achievement: A Meta-analysis, *Psychological Bulletin* 140, 1174-1204 (2014).

［3］Brian Gallagher, Why Women Choose Differently at Work, *Nautilus*, March 1, 2018.

［4］Susan Pinker, *The Sexual Paradox: Extreme Men, Gifted Women, and the Real Gender Gap*, Scribner, 2008.

现代医疗（仍然）是个畸形体系

［1］图片来自美国政府问责局（Government Accountability Office，GAO）的报告。

［2］图片来源：https://www.usatoday.com/story/news/politics/ 2016/05/03/second-study-says-medical-errors-third-leading-cause-death-us/83874022/。

第七章
意识 ABC

［1］这张图片的来源和解释均来自 Chris Frith, Our Illusory Sense of Agency Has a Deeply Important Social Purpose，*Aeon*，Sept. 22，2017。

［2］同上。

［3］图片来源：https://commons.wikimedia.org/wiki/File:Grey_square_optical_illusion.svg。

［4］图片来源：https://en.wikipedia.org/wiki/Checker_shadow_illusion。

［5］图片来源：https://www.cell.com/trends/cognitive-sciences/abstract/S1364-6613(14)00104-1。

意识上传者最后的问题

［1］Tristan Quinn, The Immortalist: Uploading the Mind to a Computer, *BBC News*, 14 March 2016.

［2］Eugene Kuznetsov, If You Copy the Contents of Your Brain to A Computer, Does It Become You Too? *Quora* 2017.

宇宙是计算机吗

［1］表格来源：https://www.homeschoolmath.net/teaching/rational-numbers-countable.php。

哥德尔不完备性定理的世界观

［1］图片来源：Apostolos Doxiadis, Christos H. Papadimitriou, Alecos Papadatos, Annie di Donna, *Logicomix*, Bloomsbury USA, 2009.9。

［2］霍金：《哥德尔和物理学的终结》, http://www.sohu.com/a/58813350_372479。

宇宙是平的……这很令人费解

［1］图片来源：https://www.universetoday.com/120157/what-shape-is-the-universe/。

穿越平行宇宙

［1］图片来源：https://link.springer.com/article/10.1007/s10701-007-9186-9。

［2］有关“薛定谔的猫”的详细介绍参见 http://zh.wikipedia.org/wiki/薛定谔的猫。

［3］图片来源：https://en.wikipedia.org/wiki/Mandelbrot_set。

［4］同上。

第八章

老球迷怎样科学投注

［1］图片来源：David Sumpter, *Soccermatics: Mathermatical Adventures in the Beautiful Game,* Bloomsbury Sigma, 2017。

一半是技艺，一半是运气

［1］John Tierney, Soccer, a Beautiful Game of Chance, *New York Times*, July 7, 2014.

［2］《冰岛球员是兼职的？解说名记齐出来解释，工人厨子踢平阿根廷是一场闹剧》，http://www.sohu.com/a/236293943_100078132。

［3］Leonard Mlodinow, *The Drunkard's Walk: How Randomness Rules Our Lives*, Vintage, 2009。具体的计算方法是把强队取胜的四种可能性列出来，包括 4:0、4:1、4:2、4:3，每种可能性的排列组合数和两队的输赢概率相乘，然后再把这四种可能性相加。

明星和精英团队

［1］图片来源：David Sumpter, *Soccermatics: Mathermatical Adventures in the Beautiful Game,* Bloomsbury Sigma, 2017。

［2］同上。

［3］同上。

［4］Benjamin Morris, Lionel Messi Is Impossible, https://fivethirtyeight.com/features/lionel-messi-is-impossible/.

［5］图片来源：https://fivethirtyeight.com/features/lionel-messi-is-impossible/。

［6］图片来源：David Sumpter, *Soccermatics: Mathermatical Adventures in the Beautiful Game,* Bloomsbury Sigma, 2017。

［7］图片来源：Benjamin Morris, Lionel Messi Is Impossible, https://

fivethirtyeight.com/features/lionel-messi-is-impossible/。

［8］图片来源：David Sumpter, *Soccermatics: Mathermatical Adventures in the Beautiful Game,* Bloomsbury Sigma, 2017。

梅西与系统

［1］本文图片均来源于：David Sumpter, *Soccermatics: Mathermatical Adventures in the Beautiful Game,* Bloomsbury Sigma, 2017。

竞争越激烈越好吗

［1］图片来源：David Sumpter, *Soccermatics: Mathermatical Adventures in the Beautiful Game,* Bloomsbury Sigma, 2017。

拖延时间的"厚黑学"

［1］David Bunnell, We Timed Every Game. World Cup Stoppage Time Is Wildly Inaccurate, https://fivethirtyeight.com/features/world-cup-stoppage-time-is-wildly-inaccurate/.

［2］David Bunnell, Which World Cup Team Is the Best At Wasting Time? https://fivethirtyeight.com/features/which-world-cup-team-is-the-best-at-wasting-time/.

［3］表格来源：https://fivethirtyeight.com/features/world-cup-stoppage-time-is-wildly-inaccurate/。

［4］表格来源：https://fivethirtyeight.com/features/which-world-cup-team-is-the-best-at-wasting-time/。

［5］表格来源：https://fivethirtyeight.com/features/which-world-cup-team-is-the-best-at-wasting-time/。